高等职业教育系列教材

西门子 S7–300 PLC 基础与应用
第 3 版

主编 吴 丽 何 瑞

机械工业出版社

本书以工程实际应用和便于教学使用为出发点，以西门子 S7-300 系列 PLC 为蓝本，主要介绍可编程序控制器的工作原理、指令系统、程序结构、编程软件使用、编程规则与技巧、控制系统设计与应用技术等内容。

本书力求语言简洁、通俗易懂、实用性强、理论联系实际，通过大量工程案例介绍 PLC 的设计方法。本书作为新形态教材，关键知识点处配有二维码扫描视频，且每章都有相关技能训练，以突出对实践技能和应用能力的培养。

本书适合作为高职高专院校电气自动化、楼宇智能化、机电一体化、机械设计与制造及其相关专业"PLC 基础与应用"课程的教学用书，也可作为电气技术人员的参考书和培训教材。

本书配有电子课件、二维码微课视频、习题答案，可登录机械工业出版社教育服务网 www.cmpedu.com 免费注册后下载，或联系编辑索取（微信：15910938545，电话：010-88379739）。

图书在版编目（CIP）数据

西门子S7-300 PLC基础与应用 / 吴丽，何瑞主编． —3版． —北京：机械工业出版社，2020.6（2024.8重印）
高等职业教育系列教材
ISBN 978-7-111-65586-2

Ⅰ．①西… Ⅱ．①吴… ②何… Ⅲ．①PLC 技术-高等职业教育-教材 Ⅳ．①TM571.61

中国版本图书馆 CIP 数据核字（2020）第 078861 号

机械工业出版社（北京市百万庄大街 22 号　邮政编码 100037）
策划编辑：李文轶　　责任编辑：李文轶
责任校对：张艳霞　　责任印制：郜　敏

北京富资园科技发展有限公司印刷

2024 年 8 月·第 3 版第 6 次印刷
184mm×260mm·14.25 印张·353 千字
标准书号：ISBN 978-7-111-65586-2
定价：49.00 元

电话服务　　　　　　　　　　网络服务
客服电话：010-88361066　　　机　工　官　网：www.cmpbook.com
　　　　　010-88379833　　　机　工　官　博：weibo.com/cmp1952
　　　　　010-68326294　　　金　书　网：www.golden-book.com
封底无防伪标均为盗版　　　　机工教育服务网：www.cmpedu.com

前　言

可编程序控制器（简称为 PLC）是以微处理器为基础，综合了计算机技术、自动控制技术和通信技术发展起来的一种新型、通用的工业自动控制装置。它具有可靠性高、配置扩充灵活等特点，且具有易于编程、使用维护方便等优点，因而广泛应用于工业自动化控制的各个领域，它代表着控制技术的发展方向，被称为现代工业自动化的三大支柱之一。

近年来，随着 PLC 应用领域的日益扩大，新产品、新技术不断涌现，尤其是德国西门子公司的 SIMATIC S7 系列 PLC，具有功能强、性价比高等优点，能为自动化控制应用提供安全可靠和比较完善的解决方案，深受用户的欢迎，特别适合当前工业企业对自动化的需要。

本书以工程实际应用和便于教学使用为出发点，以西门子 S7-300 系列 PLC 为蓝本，以工作任务为导向，基于工作过程的思维方式进行组织与编写，注重过程性知识的讲解，适度介绍概念和原理，突出技能训练和能力培养，力争使本书满足"教、学、练、做"一体化的教学需要。

本书共 10 章，第 1 章介绍 PLC 的基本知识；第 2 章介绍 STEP7 编程软件的应用；第 3 章介绍基本逻辑指令的应用；第 4 章介绍 5 种定时器及时钟存储器；第 5 章介绍置位和复位指令的应用；第 6 章介绍计数器的应用；第 7 章介绍功能指令的应用；第 8 章介绍模拟量信号的模块、模拟信号的处理和控制；第 9 章介绍顺序控制系统、顺序功能图的结构、顺序功能图的梯形图编程方法、S7 GRAPH 语言；第 10 章介绍相关的通信知识和应用。

本书力求语言简捷、通俗易懂、内容丰富、实用性强、理论联系实际，详细叙述了 PLC 的应用技术，并通过大量工程案例介绍 PLC 的设计方法。本书作为新形态教材，每章关键知识点处配有二维码扫描视频，且每章都有相关技能训练，以突出对实践技能和应用能力的培养。

本书配有电子课件、二维码微课视频、习题答案，可登录机械工业出版社教育服务网 www.cmpedu.com 免费注册后下载，或联系编辑索取（微信：15910938545，电话：010-88379739）。

本书适合作为高职高专院校、电气自动化、楼宇智能化、机电一体化、机械设计与制造及相关专业"PLC 基础与应用"课程的教学用书，也可作为电气技术人员的参考书和培训教材。

本书由黄河水利职业技术学院吴丽和何瑞担任主编，其中吴丽编写第 9 章，何瑞编写第 2 章、第 5 章和第 10 章。郑州电力职业技术学院刘华杰编写第 1 章，邱全富编写第 3 章，穆淑红编写第 4 章，李叶编写第 6 章，魏欢欢编写第 7 章，许东艳编写第 8 章。全书由胡健老师主审。

由于编者水平有限，书中难免存在错误和不妥之处，恳请广大读者批评指正。编者邮箱为 625657092@qq.com。

编　者

目　　录

前言
第1章　PLC 的基本知识 1
1.1　PLC 概述 1
1.1.1　PLC 的产生和定义 1
1.1.2　PLC 的结构组成 1
1.1.3　PLC 的基本原理 3
1.1.4　PLC 的编程语言 5
1.1.5　PLC 的应用和发展 7
1.2　S7-300 PLC 概述 8
1.2.1　西门子 PLC 系列产品 8
1.2.2　S7-300 PLC 的硬件组成 11
1.2.3　CPU 的操作模式 13
1.2.4　S7-300 PLC 的工作过程 14
1.2.5　S7-300 PLC 的模块安装 16
1.2.6　S7-300 PLC 数字量信号模块的地址分配 19
1.3　习题 20
第2章　STEP 7 编程软件 21
2.1　STEP 7 软件安装 21
2.1.1　安装需求 21
2.1.2　安装 STEP 7 软件包 21
2.1.3　STEP 7 的授权管理 23
2.2　SIMATIC 管理器 24
2.2.1　SIMATIC 管理器概述 24
2.2.2　STEP 7 项目结构 25
2.2.3　SIMATIC Manager 自定义选项设置 25
2.2.4　PG/PC 接口设置 27
2.3　技能训练　电动机起/停控制 28
2.3.1　用继电器-接触器控制三相交流异步电动机起/停 28
2.3.2　用 PLC 控制三相交流异步电动机起/停 29
2.3.3　PLC 系统的硬件组态及程序编制 31
2.3.4　方案调试 40
2.4　PLC 控制系统与其他控制系统的区别 42
2.4.1　PLC 控制与继电器-接触器控制的区别 42

2.4.2　仿真 PLC 与实际 PLC 的区别····················43
　　2.4.3　PLC 系统的设计步骤··44
　　2.4.4　PLC 设计项目的下载··44
　　2.4.5　TIA 博途···45
2.5　习题···45

第 3 章　基本逻辑指令的应用··47
3.1　指令基础···47
　　3.1.1　指令的基本知识···47
　　3.1.2　寻址方式和累加器···50
3.2　触点与线圈···52
3.3　基本逻辑指令···53
　　3.3.1　逻辑"与"指令···53
　　3.3.2　逻辑"或"指令···54
　　3.3.3　逻辑"异或"指令···54
　　3.3.4　逻辑块的操作···55
　　3.3.5　信号流取反指令···56
3.4　边沿检测指令···56
　　3.4.1　RLO 的上升沿检测指令··56
　　3.4.2　RLO 的下降沿检测指令··57
　　3.4.3　触点信号的上升沿检测指令··58
　　3.4.4　触点信号的下降沿检测指令··59
3.5　技能训练　电动机的基本控制···60
　　3.5.1　PLC 控制系统的硬件设计··60
　　3.5.2　PLC 控制系统的软件设计··61
　　3.5.3　方案调试···66
3.6　习题···67

第 4 章　定时器的应用··68
4.1　定时器···68
　　4.1.1　定时器指令···68
　　4.1.2　CPU 的时钟存储器···76
4.2　技能训练　人行横道控制···77
　　4.2.1　控制要求···77
　　4.2.2　任务实施···78
　　4.2.3　方案调试···82
4.3　编程注意事项···85
　　4.3.1　常闭输入触点的处理···85
　　4.3.2　热继电器 FR 与 PLC 的连接··85
　　4.3.3　定时器的扩展···86
　　4.3.4　编程规则···87

4.4 习题 ··· 87

第5章 置位与复位指令的应用 ··· 89

5.1 置位与复位 ·· 89
   5.1.1 置位与复位指令 ·· 89
   5.1.2 RS 触发器指令与 SR 触发器指令 ··· 90

5.2 STEP 7 的用户程序结构 ··· 92
   5.2.1 STEP 7 的程序块 ··· 92
   5.2.2 STEP 7 的用户程序结构和调用 ·· 94

5.3 技能训练1 抢答器的控制 ··· 96
   5.3.1 控制要求 ·· 96
   5.3.2 任务分析 ·· 96
   5.3.3 任务实施 ·· 96

5.4 技能训练2 多级传送带的控制 ·· 99
   5.4.1 控制要求 ·· 99
   5.4.2 任务分析 ··· 100
   5.4.3 任务实施 ··· 101
   5.4.4 方案调试 ··· 106

5.5 习题 ·· 108

第6章 计数器的应用 ·· 110

6.1 计数器指令 ·· 110
   6.1.1 加/减计数器（S_CUD）··· 110
   6.1.2 加计数器（S_CU）··· 112
   6.1.3 减计数器（S_CD）··· 112
   6.1.4 线圈形式的计数器 ·· 113

6.2 数据传送指令 ··· 114

6.3 比较指令 ··· 115
   6.3.1 整数比较指令 ·· 115
   6.3.2 双整数比较指令 ··· 116
   6.3.3 实数比较指令 ·· 117

6.4 移位指令 ··· 118
   6.4.1 基本移位指令 ·· 118
   6.4.2 循环移位指令 ·· 119

6.5 技能训练 多台电动机单个按钮的控制 ·· 120
   6.5.1 控制要求 ··· 120
   6.5.2 任务分析 ··· 120
   6.5.3 任务实施 ··· 120

6.6 计数器的扩展 ··· 123
   6.6.1 计数器与定时器配合使用 ·· 123
   6.6.2 计数器的加法和乘法扩展 ·· 124

6.7	习题	126
第 7 章	**功能指令**	**128**
7.1	数据装入、传输和转换指令	128
	7.1.1 数据装入指令和传输指令	128
	7.1.2 转换指令	132
7.2	算术运算指令	135
	7.2.1 基本算术运算指令	135
	7.2.2 扩展算术运算指令	137
7.3	字逻辑运算指令	138
7.4	技能训练 1　功能指令的应用	139
	7.4.1 转换指令的应用	139
	7.4.2 求补指令的应用	139
	7.4.3 运算指令的应用	140
	7.4.4 移位指令的应用	141
	7.4.5 循环指令的应用	141
7.5	技能训练 2　节日彩灯的控制	142
	7.5.1 控制要求	142
	7.5.2 任务分析	142
	7.5.3 任务实施	142
	7.5.4 方案调试	144
7.6	习题	146
第 8 章	**模拟量的控制**	**148**
8.1	模拟量的处理	148
	8.1.1 模拟量输入通道的量程调节	148
	8.1.2 模拟量模块的系统默认地址	149
	8.1.3 模拟量转换值的分辨率	149
	8.1.4 模拟量的数据表达方式	150
	8.1.5 模拟量的规范化读入	151
	8.1.6 模拟量的规范化输出	152
8.2	技能训练　搅拌器的控制	153
	8.2.1 控制要求	153
	8.2.2 任务分析	154
	8.2.3 任务实施	154
	8.2.4 方案调试	162
8.3	习题	164
第 9 章	**顺序控制系统控制方法的设计**	**166**
9.1	顺序控制系统	166
	9.1.1 顺序控制	166
	9.1.2 顺序控制系统的结构	167

9.2 顺序功能图 168
    9.2.1 顺序功能图的结构 168
    9.2.2 顺序功能图的类型 169
9.3 顺序功能图的梯形图编程方法 170
    9.3.1 简单流程的编程 170
    9.3.2 选择分支流程的编程 171
    9.3.3 并进分支流程的编程 172
9.4 S7 GRAPH 语言 174
    9.4.1 认识 S7 GRAPH 的语言环境 174
    9.4.2 步与步的动作命令 177
    9.4.3 在主程序中调用 S7 GRAPH 功能块 181
9.5 技能训练 洗车的控制 185
    9.5.1 控制要求 185
    9.5.2 任务分析 185
    9.5.3 任务实施 186
    9.5.4 方案调试 191
9.6 习题 192

第 10 章 PLC 通信 193

10.1 西门子 PLC 网络 193
10.2 PROFIBUS 总线技术 194
    10.2.1 PROFIBUS 协议结构 194
    10.2.2 PROFIBUS 拓扑结构 194
    10.2.3 PROFIBUS 的组成 195
    10.2.4 PROBUS DP 网络连接 196
    10.2.5 PROFIBUS DP 设备分类 197
    10.2.6 PROFIBUS DP 的 DX 通信 198
10.3 工业以太网 205
    10.3.1 工业以太网的 TCP/IP 205
    10.3.2 工业以太网的拓扑结构 206
    10.3.3 工业以太网的网络连接 208
    10.3.4 CPU 31x-2PN/DP 之间的工业以太网通信 209
10.4 习题 219

参考文献 220

第 1 章 PLC 的基本知识

可编程序控制器（Programmable Logic Controller，PLC）是以微处理器为基础的通用工业控制装置，它综合了现代计算机技术、自动控制技术和通信技术，具有功能强大、使用方便、可靠性高、通用且使用灵活和易于扩充等优点，特别适于在恶劣的工业环境中使用，是为了顺应现代制造业生产出小批量、多品种、多规格、低成本和高质量的产品要求而出现的，在交通、冶金、化工、制造、建筑、造纸以及食品等行业得到了广泛应用。

1.1 PLC 概述

1.1.1 PLC 的产生和定义

1. PLC 的产生

为了尽可能地减少重新设计和安装的工作量，降低成本，缩短周期，美国通用汽车公司在 1968 年公开招标，要求用新的控制装置取代继电器-接触器控制系统。1969 年，美国数字设备公司（DEC）研制出了第一台 PLC（Programmable Logic Controller），即可编程序逻辑控制器，型号为 PDP-14，用它取代传统的继电器-接触器控制系统，应用在美国通用汽车公司的汽车自动装配线上，取得了巨大成功，很快在其他工业领域推广应用。

随着计算机技术、自动控制技术和通信技术的发展，PLC 大致经历了 4 次更新换代，现在已经渗透到工业控制的各个领域。

2. PLC 的定义

1987 年国际电工委员会（IEC）对可编程序控制器定义如下："可编程序控制器是一种数字运算操作的电子系统，专为在工业环境下应用而设计。它采用了可编程序的存储器，用来在其内部存储执行逻辑运算、顺序控制、定时、计数和算术运算等面向用户的指令，并通过数字式和模拟式的输入和输出，控制各种类型的机械或生产过程。可编程序控制器及其有关的外围设备，都按易于与工业系统连成一个整体、易于扩充其功能的原则设计。"

二维码 1-1 PLC 定义

1.1.2 PLC 的结构组成

PLC 由中央处理单元（Central Process Unit，CPU）、存储器、输入单元、输出单元、通信单元、电源以及扩展单元有机组合而成，如图 1-1 所示。根据结构形式的不同，PLC 可以分为整体式和模块式两类。

整体式 PLC 又称为单元式或箱体式，体积小、价格低且结构紧凑。一般小型 PLC 采用整体式，如西门子的 S7-200 系列 PLC。整体式 PLC 将 CPU 模块、I/O 模块和电源模块装在一个箱体内构成主机。还提供许多 I/O 扩展模块供用户需要时选用，另外还配备多种专用的特殊功能模块，使 PLC 的功能得到扩展。

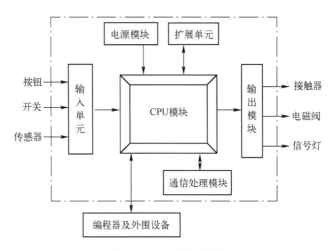

图 1-1 PLC 的基本结构

模块式 PLC 又称为组合式 PLC，由机架和模块组成，配置灵活。中、大型 PLC 常采用模块式，如西门子的 S7-300 和 S7-400 系列 PLC。模块式 PLC 将组成 PLC 的多个单元分别做成相应的模块，各模块可以灵活安插在机架上，通过总线相互联系，进行广泛地组合和扩展。

1．CPU 模块

CPU（Central Process Unit）模块是 PLC 的核心部分，主要由微处理器（CPU 芯片）和存储器组成。CPU 模块在 PLC 系统中的作用类似于人的大脑，其主要任务是：接收输入的用户程序和数据，送入存储器存储；采集现场的输入信号，存入相应的数据区；监控和诊断电源、电路的工作状态和用户程序中的语法错误，执行用户程序，从存储器逐条读取用户指令并完成其功能；根据数据处理的结果刷新系统的输出。PLC 采用的 CPU 芯片随机型不同而异，芯片的性能决定了 PLC 处理信号的能力和速度。

存储器主要用来存储程序和数据，分为系统程序存储器、用户程序存储器和系统 RAM 存储区。系统程序存储器用来存放系统管理程序、用户指令解释程序、标准程序模块与系统调用程序，是由生产厂家编写并固化在 ROM 内的，用户不能直接更改；用户程序存储器用来存放用户根据控制任务编写的控制程序，可以是 RAM、EPROM 或 E^2PROM 存储器，其内容可以由用户任意修改或删减；系统 RAM 存储区包括 I/O 映像区和系统软设备存储区，如逻辑线圈、定时器、计数器、数据寄存器和累加器等。

2．电源模块

电源模块将输入的交流电转换为 CPU、存储器和 I/O 模块等需要的 DC 5 V 工作电源，是整个 PLC 的能源供给中心，直接影响到 PLC 的功能和可靠性。电源模块还向外部提供 DC 24 V 稳压电源，向传感器和其他模块供电。

3．信号模块

信号模块是 PLC 与工业现场连接的接口，包括输入（Input）模块和输出（Output）模块，简称为 I/O 模块。其中开关量输入、输出模块分别称为 DI 模块和 DO 模块，模拟量输入、输出模块分别称为 AI 模块和 AO 模块。输入模块用来接收和采集现场的输入信号，输出模块用来控制输出负载，同时它们还有电平转换和隔离作用，使不同的过程信号电平与

PLC 内部的信号电平相匹配。

开关量输入模块用来接收从按钮、数字开关、限位开关以及各种继电器等传送来的开关量输入信号，模拟量输入模块用来接收从电位器、测速发电机和各种变送器提供的连续变化的电压或电流模拟量信号。

开关量输出模块用来控制接触器、电磁阀、电磁铁、指示灯、显示和报警装置等输出设备，模拟量输出模块用来控制变频器、电动调节阀等执行器。

4．通信处理模块

通信处理模块用于 PLC 之间、PLC 与计算机和其他智能设备之间的通信，可以将 PLC 接入 PROFIBUS-DP、ASI 和工业以太网，或用于点对点连接等。

5．编程器及外围设备

编程设备可以是专用编程器，也可以是配有专用编程软件的通用计算机系统。使用编程器可以进行程序的编制、编辑、调试和监控。使用编程软件可以在计算机上直接生成和编辑用户程序，并且可以实现不同编程语言之间的相互转换。程序被编译后下载到 PLC，也可以将 PLC 中的程序上传到计算机。

1.1.3　PLC 的基本原理

PLC 是一种工业控制计算机，其工作原理却与普通计算机有所不同；PLC 最初是用于替代传统的继电器控制装置的，但与继电器控制系统的工作原理也有很大区别。

1．PLC 的工作原理

任何一个继电器控制系统从功能上都可以分为 3 部分：输入部分（按钮、开关、传感器等）、控制部分（继电器、接触器连接成的控制电路）以及输出部分（被控对象，如电动机、电磁阀、信号灯等）。这种系统是由导线硬连接起来实现控制程序的，称为硬程序。

PLC 控制系统也分为 3 部分：输入部分、控制部分和输出部分，如图 1-2 所示。输入部分的作用是将现场输入信号送入 PLC，再变成 CPU 能够接收的信号存入输入映像寄存器后等待 CPU 输入采样，然后进入控制部分进行运算；输出部分的作用是将 PLC 的输出信号转存到输出映像寄存器后等待输出刷新，才能驱动被控对象。因此，PLC 控制系统与继电器控制系统不同的地方主要是控制部分。

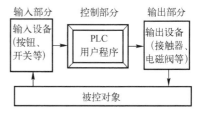

图 1-2　PLC 的控制系统图

PLC 控制系统的内部控制电路是由用户程序形成的，是按照程序规定的逻辑关系，对输入、输出信号的状态进行计算、处理和判断，然后得到相应的输出。PLC 在执行用户程序时，根据程序从首地址开始自上而下、从左到右逐行扫描执行，并分别从输入映像寄存器、输出映像寄存器中读出有关元件的状态，根据指令执行相应的逻辑运算，把运算的结果写入对应的元件映像寄存器中保存，同时把输出状态写入对应的输出映像寄存器中保存。

用户程序用触点和线圈实现逻辑运算，基本逻辑电路如图 1-3 所示，逻辑运算关系表如表 1-1 所示。

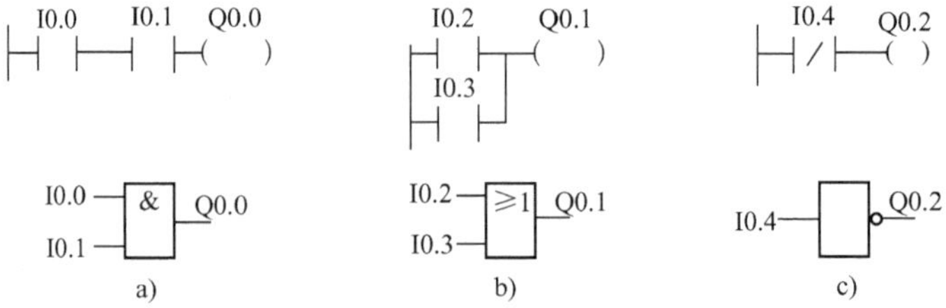

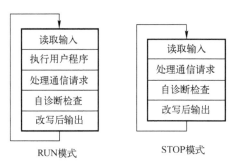

图 1-3 基本逻辑电路

a) 逻辑与 b) 逻辑或 c) 逻辑非

表 1-1 逻辑运算关系表

逻辑与			逻辑或			逻辑非	
Q0.0=I0.0*I0.1			Q0.1=I0.2+I0.3			Q0.2=$\overline{I0.4}$	
I0.0	I0.1	Q0.0	I0.2	I0.3	Q0.1	I0.4	Q0.2
0	0	0	0	0	0	0	1
0	1	0	0	1	1	1	0
1	0	0	1	0	1		
1	1	1	1	1	1		

2. PLC 的工作方式

PLC 的工作方式是从 0000 号存储地址存放的第一条用户程序开始，在无中断或跳转的情况下，按存储地址号递增的方向顺序逐条执行用户程序，直到 END 指令结束；然后再从头开始，并周而复始地执行整个用户程序，直到停机或从运行（RUN）工作状态切换为停止（STOP）工作状态，这种执行程序的工作方式称为周期循环扫描工作方式。扫描过程如图 1-4 所示。

图 1-4 扫描过程

3. PLC 的工作过程

图 1-5 为 PLC 的工作过程图。PLC 上电或从 STOP 状态切换到 RUN 状态后，在系统程序的监控下，周而复始地按一定的顺序对系统内部的各种任务进行查询、判断和执行，这个过程就是按顺序循环扫描的过程。

1）初始化。PLC 上电后首先进行系统初始化，包括清除内部存储区、复位定时器等。

2）CPU 自诊断。PLC 在每个扫描周期都要进入自诊断阶段，对电源、PLC 内部电路、用户程序的语法进行检查，定期复位监控定时器等，确保系统的稳定。

3）通信信息处理。每个扫描周期中在对每个通信信息处理的阶段，PLC 进行 PLC 之间、PLC 与计算机之间的信息交换。

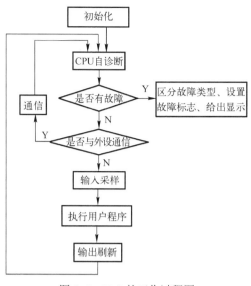

图 1-5　PLC 的工作过程图

4）与外部设备交换信息。PLC 与外部设备连接时，在每个扫描周期都要与外部设备交换信息。这些外部设备包括编程器、终端设备、彩色显示器和打印机等。

5）执行用户程序。PLC 在运行状态下，每一个扫描周期都要执行用户程序。在执行用户程序时，是以扫描的方式按顺序逐句处理的，扫描一条执行一条，并把运算处理结果存入输出映像寄存区对应的位中。

6）输入、输出信息处理。PLC 在运行状态下，每一个扫描周期都要进行输入、输出信息处理，以扫描的方式把外部输入信号的状态存入输入映像寄存区，将运算处理后的结果存入输出映像寄存区，直到传入外部被控设备。

1.1.4　PLC 的编程语言

PLC 是一种工业计算机，不同厂家不同型号的 PLC 都有自己的编程语言。目前，PLC 常用的编程语言有以下几种：

1. 梯形图

梯形图编程语言简称梯形图，与继电器控制电路图很相似，是用程序来代替继电器硬件的逻辑连接，很容易被电气人员掌握，特别适合数字量逻辑控制系统。

梯形图由触点、线圈或指令框组成。触点代表逻辑输入条件，如外部的开关、按钮、传感器和内部条件等输入信号；线圈代表逻辑运算的结果，常用来控制外部的输出信号（如指示灯、交流接触器和电磁阀等）和内部的标志位等；指令框用来表示定时器、计数器和数学运算等功能指令。

梯形图左、右的竖直线称为左、右母线。梯形图从左母线开始，经过触点和线圈，终止于右母线。可以把左母线看作是提供能量的母线。实际上，梯形图是 CPU 效仿继电器控制电路图，使来自"电源"的"电流"通过一系列的逻辑控制元件，根据运算结果执行逻辑输出的模拟过程。

梯形图中，每个输出元素可以构成一个梯级，每个梯级由一个或多个支路组成，但最右边的元件只能是输出元件，且只能有一个。每个梯形图由一个或多个梯级组成。

梯形图编程语言形象、直观、实用，逻辑关系明确，是使用最多的 PLC 编程语言。

虽然 PLC 的梯形图与继电器控制电路图很相似，但是两种控制系统却有本质的区别，主要表现在以下几点。

1）组成器件不同。继电器控制系统是由许多硬件继电器组成的，而梯形图是由许多所谓的"软继电器"组成的。这些"软继电器"实质上是存储器的触发器，"软继电器"的"通"或"断"状态也就是触发器置"0"或置"1"的状态，因此不存在电弧、磨损和接触不良等故障。

2）触点数量不同。硬继电器的触点数量是有限的，而梯形图中"软继电器"触点的通断是由对应的触发器的状态决定的，所以每只"软继电器"的触点数是无限制的。

3）控制方法不同。在继电器控制系统中，实现各种逻辑控制关系和联锁关系是通过硬接线来解决的；而 PLC 是通过梯形图即软件编程解决的。

4）工作方式不同。继电器控制系统采用硬逻辑并行运行的方式，如果某个继电器的线圈通电或断电，无论该继电器的触点在控制系统的哪个位置，也无论是常开触点还是常闭触点，该继电器的所有触点都会立即同时动作。而 PLC 的 CPU 采用顺序逻辑扫描用户程序的运行方式，如果一个输出线圈和逻辑线圈被接通或断开，该线圈的所有触点不会立即动作，必须等扫描到该触点时才会动作，所以是串行方式。

2. 语句表

语句表编程语言是用一系列操作指令（即指令助记符）组成的语句表将控制流程描述出来。不同 PLC 厂家语句表所使用的指令助记符并不相同。

语句表是由若干条指令组成的程序，指令是程序的最小独立单元。每个操作功能由一条或几条指令来执行。PLC 的指令表达形式与计算机的指令表达形式很相似，也是由操作码和操作数两部分组成的。操作码用指令助记符表示，用来说明要执行的功能，告诉 CPU 应该进行什么操作，如与、或、非等逻辑运算，加、减、乘、除等算术运算，计时、计数、移位等控制功能。操作数一般由标识符和参数组成，标识符表示操作数的类别，如表明输入继电器、输出继电器、定时器、计数器以及数据寄存器等；参数表明操作数的地址或一个预先设定值。

3. 逻辑功能块图

逻辑功能块图主要采用类似于数字逻辑门电路中"与""或""非"等图形符号的编程语言，这种编程语言逻辑功能直观，逻辑关系一目了然。

4. 顺序功能图

对于一个复杂的控制系统，尤其是顺序控制系统，由于内部的联锁、互动关系极其复杂，用梯形图或语句表编程时往往数百行。如果在梯形图上不加注释，则梯形图的可读性将会大大降低。

顺序功能图包含步、动作和转换 3 个要素。先把一个复杂的控制过程分解为一些小的工作状态，即划分为以若干个顺序出现的步；步中包含控制输出的动作，根据一步到另一步的转换条件，再依照一定的顺序控制要求将其连接成整体的控制程序。

5. 结构文本

结构文本是一种基于"BASIC"或"C"等高级语音的文本，针对大型、高档的 PLC 具有很强的运算与数据处理功能。它是便于用户编程，增加程序的可移植性，用来描述功能、功能块和程序的高级编程语言。

1.1.5 PLC的应用和发展

1. PLC的应用

近年来,随着PLC的成本下降和功能大大增强,能解决复杂的计算和通信问题,因而应用面也日益增大。目前,PLC已广泛应用于钢铁、采矿、石油、化工、电力、机械制造、汽车、造纸、环保以及娱乐等行业。PLC的应用领域包括以下几个方面。

(1) 逻辑控制

逻辑控制是目前PLC应用最广泛的领域,它取代了传统的继电器顺序控制,应用于单机控制、多机群控制和生产自动线控制。

(2) 运动控制

PLC把描述目标位置的数据送给拖动步进电动机或伺服电动机的单轴或多轴位置控制模块,模块移动一轴或多轴到目标位置。当每个轴移动时,位置控制模块保持适当的速度和加速度,确保运动平滑。

(3) 过程控制

PLC能控制大量的物理参数,如温度、压力、速度和流量。采用PID(Proportional-Integral-Derivative)模块使PLC实现闭环控制的功能,即一个具有PID控制能力的PLC可用于过程控制。

(4) 数据处理

在机械加工中,出现了将支持顺序控制的PLC与计算机数字控制(CNC)设备紧密结合的趋向。

(5) 工业网络通信

为了适应工厂自动化(FA)系统发展的需要,不仅要发展PLC之间、PLC和上级计算机之间的通信功能,而且作为实时控制系统,PLC数据通信速率要高,要考虑出现停电、故障时的对策等。

2. PLC的发展

(1) 产品规模向大、小两个方向发展

I/O点数达14336点的超大型PLC,使用32位微处理器,多个CPU并行工作并具有大容量存储器,使PLC的扫描速度高速化。

小型PLC的整体结构向小型模块结构发展,增加了配置的灵活性。最小配置的I/O点数为8~16点,可以用来代替最小的继电器控制系统。

(2) PLC向过程控制方向渗透与发展

微电子技术的迅速发展,大大加强了PLC的数学运算、数据处理、图形显示及联网通信等功能,使PLC得以向过程控制方向渗透和发展。

(3) PLC加强了通信功能

为了满足柔性制造单元(FMC)、柔性制造系统(FMS)和工厂自动化(FA)的要求,近年来开发的PLC都加强了通信功能。

(4) 新器件和模块不断推出

为了满足工业自动化各种控制系统的需要,近年来,利用微电子学、大规模集成电路

（LSI）等新技术成果，先后开发了不少新器件和模块。高档的 PLC 一般采用多个 CPU 以提高处理速度，CPU 用 32 位微处理器，使每条指令处理速度达 0.5 μs 的 PLC 产品已不是少数。

（5）编程语言趋向标准化

PLC 编程语言的国际标准是 IEC 61131-3，目前国内外 PLC 厂家均按照国际标准语言进行开发和生产，力求达到编程语言标准化。

1.2　S7-300 PLC 概述

1.2.1　西门子 PLC 系列产品

二维码 1-2
S7 PLC 家族产品

德国西门子公司的 PLC 在国内外具有较高的市场占有率，其主要产品有 S5、S7、C7、M7 及 WinAC 等几个系列。其中 S7 系列 PLC 于 1994 年发布，是西门子公司 PLC 市场的主流产品，有下面几个子系列。

1. SIMATIC S7-200 系列 PLC

SIMATIC S7-200 系列 PLC 是针对简单控制系统而设计的小型 PLC，采用集成式、紧凑型结构，一般适用于 I/O 点数为 100 点左右的单机设备或小型应用系统。S7-200CN PLC 是在 SIMATIC S7-200 PLC 基础上专为中国用户开发的产品，于 2005 年 12 月 16 日在中国正式发布，具有与 SIMATIC S7-200 PLC 相同的功能及技术指标。典型的 SIMATIC S7-200 系列 PLC 如图 1-6 所示。

SIMATIC S7-200 系列 PLC 的编程软件为 STEP 7 MicroWin，STEP 7 MicroWin 从 V4.0 SP6 版本开始支持 Vista 系统，从 V3.2 版本开始即为多语言版本，可以通过"Option"选项直接选择中文界面。

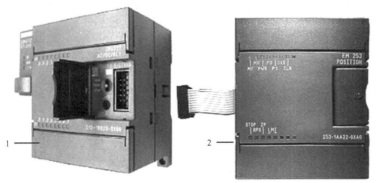

图 1-6　典型 SIMATIC S7-200 系列 PLC

1—基本模块　2—扩展模块

2. SIMATIC S7-200 SMART

S7-200 PLC 已于 2007 年 10 月正式进入退市阶段。S7-200 SMART 是 S7-200 的升级，它们的指令、程序结构和监控方法等几乎完全相同。S7-200 SMART 一方面继承了 S7-200 丰富的功能，另一方面融入了新的亮点，如图 1-7 所示。产品上市至今，S7-200 SMART 在包装、纺织、机床、食品、橡胶和塑料等众多行业得到广泛应用，在提升设备性能和降低设备成本上发挥着重要作用。

图 1-7　SIMATIC S7-200 SMART 系列 PLC

3．SIMATIC S7-300 系列 PLC

SIMATIC S7-300 系列 PLC 是针对中小型控制系统而设计的中型 PLC，采用模块化、无风扇结构，一般适用于 I/O 点数为 1000 点左右的集中或分布式中小型控制系统。典型 SIMATIC S7-300 系列 PLC 系统如图 1-8 所示。

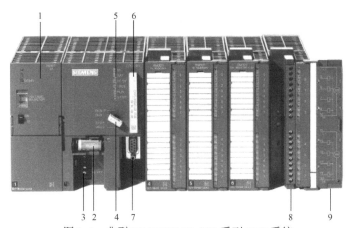

图 1-8　典型 SIMATIC S7-300 系列 PLC 系统

1—负载电源（选项）　2—后备电池（CPU 313 以上）　3—DC 24V 连接　4—模式开关
5—状态和故障指示灯　6—存储器卡（CPU 313 以上）　7—MPI 多点接口　8—前连接器　9—前门

4．SIMATIC 新一代的 PLC S7-1200

S7-1200 PLC 是西门子开发的新产品，实现了模块化和紧凑型设计，可完成简单逻辑控制、高级逻辑控制、HMI（人机界面）和网络通信等任务。它可扩展性强、灵活度高，具有支持小型运动控制系统、过程控制系统的高级应用功能。S7-1200 的性能介于 S7-200 和 S7-300 之间，其编程软件由博途（TIA PORTAL）完成。S7-1200 如图 1-9 所示。

5. SIMATIC S7-400 系列 PLC

SIMATIC S7-400 系列 PLC 是针对大中型控制系统而设计的大型 PLC，采用模块化、无风扇结构，一般适用于 I/O 点数为 10000 点左右的自动化控制系统。SIMATIC S7-400 系列 PLC 还包括 H（冗余）系统和 F（故障安全）系统，如 S7-400H PLC、S7-400F PLC 等。典型 SIMATIC S7-400 系列 PLC 系统如图 1-10 所示。

图 1-9 S7-1200 系列 PLC

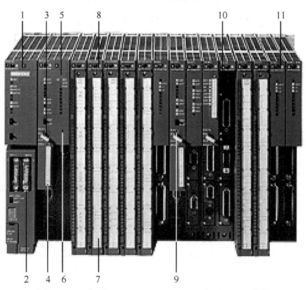

图 1-10 典型 SIMATIC S7-400 系列 PLC 系统

1—电源模块 2—后备电池 3—模式开关（钥匙操作） 4—存储器卡（MMC） 5—状态和故障 LED
6—CPU 模块 1 7—有选项卡区的前连接器 8—信号模块 9—CPU 模块 2 10—IM 接口模块 11—通信处理器

SIMATIC S7-300/400 系列 PLC 的编程软件为 STEP 7，中英文最新版本为 STEP 7 V5.6 SP1，多语言版为 STEP 7 V5.6 SP1 及 SIMATIC STEP 7 Professional 2017 SR1。

6. SIMATIC S7-1500

SIMATIC S7-1500 PLC 是 SIMATIC S7-300/400 PLC 的升级版，如图 1-11 所示。S7-1500 PLC 借助于西门子新一代框架结构的 TIA（Totally Integrated Automation）博途平台，采用统一的工程组态和软件环境，通过添加不同领域的软件，进行自动化系统的组态、编程、调试，方便轻松、快速地进行互连互通，真正达到了控制系统的全集成自动化。

总之，S7-200 SMART 是微型的 PLC，S7-300 是中型 PLC，S7-400 是大型 PLC，S7-1200

是小型PLC，S7-1500是中型和大型的PLC，目前S7-1200和S7-1500具有广大的应用前景。

图1-11　S7-1500系列PLC

1.2.2　S7-300 PLC的硬件组成

SIMATIC S7-300系列PLC采用配置灵活的模块化结构，SIMATIC S7-300系列PLC的逻辑结构如图1-12所示。系统以中央处理单元（CPU）为核心，通过背板总线（BUS）与输入信号模块、输出信号模块、功能模块、通信处理器模块、接口模块及其他模块共同组成完整的PLC应用系统。

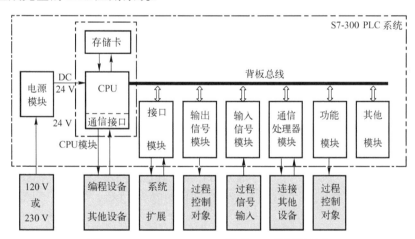

图1-12　SIMATIC S7-300系列PLC的逻辑结构

1．机架（Rack）

机架用于安装和连接PLC的所有模块，CPU所在机架为主机架，如果主机架不能容纳控制系统的全部模块，可以增设一个或者多个扩展机架。

2．中央处理单元（CPU）

与一般计算机一样，中央处理单元（CPU）是PLC的核心，它按PLC系统程序赋予的功能指挥PLC有条不紊地进行工作，其主要任务有：为背板总线提供5 V电源；通过输入信号模块接收外部设备信息；存储、检查、校验和执行用户程序；通过输出信号模块送出控制信号；通过通信处理器或自身的通信接口与其他设备交换数据；进行故障诊断等。

S7-300 系列 PLC 的 CPU 模块从 CPU 312～CPU 319 有 20 多种型号，CPU 序号越高，其功能越强，技术指标的主要区别在 CPU 的内存容量、数据处理速度、通信资源及编程资源（定时器、计数器的个数）等方面，按功能可分为 6 个子系列。

1）紧凑型 CPU，即 CPU 31xC 系列，其特征是 CPU 模块上集成有输入/输出点、高速计数器、脉冲输出及定位功能等，如 CPU 312C、CPU 313C、CPU 313C-2PtP、CPU 313C-2DP、CPU 314C-2PtP、CPU 314C-2DP。

2）标准型 CPU，即 CPU 31x 系列，如 CPU 313、CPU 314、CPU 315、CPU 315-2DP、CPU 316-2DP。

3）革新型标准 CPU，其具有与标准型 CPU 相同的系列表示，是标准 CPU 的技改产品，如 CPU 312、CPU 314、CPU 315-2DP、CPU 317-2DP、CPU 318-2DP、CPU 319-2DP。

4）户外型 CPU，如 CPU 312 IFM、CPU 314 IFM、CPU 314（户外型）。

5）故障安全型 CPU，如 CPU 315F-2DP、CPU 315F-2PN/DP、CPU 317F-2DP、CPU 319F-3PN/DP。

6）特种型 CPU，如 CPU 317T-2DP、CPU 317-2 PN/DP。

3．输入信号模块（DI/AI）

输入信号模块主要负责接收现场设备的信息（如锅炉的温度、压力等）或控制设备的状态（如控制按钮的状态），并进行信号电平的转换，然后将转换结果传送到 CPU 进行处理。根据接收的信号类型，可以将输入信号模块分为数字量输入模块（DI）和模拟量输入模块（AI）。数字量输入模块（DI）只能接收高、低逻辑电平信号，如开关的接通与断开；模拟量输入模块（AI）可接收连续变化的模拟量信号，如温度传感器输出的 DC 4～20 mA 电流信号。

数字量输入模块有 8 点、16 点、32 点和 64 点几种，可连接的外部输入信号电压等级有 DC 24 V、AC 120 V、DC/AC 24/48 V、DC 48～125 V、AC 120/230 V 等多种，可根据信号类型进行选择。S7-300 系列 PLC 的数字量输入模块型号以"SM 321"开头。例如，SM 321 DI 16×DC 24 V 是一块额定输入电压为直流 24 V，具有 16 个输入点的数字量输入模块。

模拟量输入模块的转换精度有 12 位、13 位、14 位和 16 位等几种，有 2 通道、8 通道和 16 通道，能接入热电阻、热电偶、DC 4～20 mA 或 DC 0～10 V 等多种不同类型和不同量程的模拟信号，可根据需要进行选择。S7-300 系列 PLC 的模拟量输入模块型号以"SM 331"开头。例如，SM 331 AI 2×12 bit 是一块转换精度为 12 位，具有 2 个模拟量输入通道的模拟量输入模块。

4．输出信号模块（DO/AO）

输出信号模块主要负责对 CPU 处理的结果进行电平转换并从 PLC 向外输出，然后驱动现场执行设备（如电磁阀、电动机等）或控制设备（如按钮、状态指示灯等）。根据输出的信号类型，可以将输出信号模块分为数字量输出信号模块（DO）和模拟量输出信号模块（AO）。数字量输出信号模块（DO）只能输出高、低变化的电平信号，使被控对象工作或停止工作，如控制电动机的起动和停机、指示灯的点亮和熄灭；模拟量输出信号模块（AO）可输出连续变化的模拟量电信号，使被控对象连续改变工作状态，如控制电磁阀的开度等。

数字量输出模块有 8 点、16 点、32 点和 64 点几种，有继电器（适用于感性及交流负载)、晶体管(适用于直流负载)和晶闸管(适用于交流及直流负载)3 种输出形式,可连接的外部负载电压等级有 DC 24 V、AC 120 V、DC/AC 24/48 V、DC 48～125 V、AC 120/230 V、DC 120 V、AC 230 V 等多种,可根据信号类型进行选择。S7-300 系列 PLC 的数字量输出模块型号以"SM 322"开头。例如,SM 322 DO 8×Rel. AC 230 V 是一块额定负载电压为交流 230 V,具有 8 个输出点的继电器输出型数字量输出模块。

模拟量输出模块的转换精度有 12 位、13 位和 16 位等几种,有 2 通道、4 通道和 8 通道之分,可根据需要进行选择。S7-300 系列 PLC 的模拟量输出模块型号以"SM 332"开头。例如,SM 332 AO 4×16 bit 是一个转换精度为 16 位,具有 4 个模拟量输出通道的模拟量输出模块。

5. 电源模块(PS)

电源模块负责将外部电压变换成稳定的直流 24 V 及 5 V 电压,为 PLC 系统的所有模块提供工作电源。

S7-300 PLC 的电源模块有输入为交流 120 V 或 230 V、输出为直流 24 V 的 PS 307 2 A、PS 307 5 A、PS 307 10 A 等标准电源模块。

6. 通信处理器模块(CP)

通信处理器模块负责扩展 CPU 的通信能力。当 CPU 自身提供的通信接口不能满足 PLC 与其他设备的通信需要时,可通过通信处理器模块扩展相应的通信接口(如 PROFIBUS DP 分布式现场总线接口、PROFINET 工业以太网接口等)并进行相应的通信处理。

7. 接口模块(IM)

接口模块用来提高 PLC 系统扩展能力,当 PLC 系统规模不能满足控制要求时,可通过接口模块扩展新的机架从而安装并支持更多的信号模块。

S7-300 PLC 有 3 种规格的接口模块:IM365、IM360、IM361。其中,IM365 接口模块专用于 S7-300 PLC 双机架系统扩展,IM360 和 IM361 接口模块一般用于 2～4 个机架系统扩展。

8. 功能模块(FM)

功能模块负责实现 CPU 不能实现的特殊功能,如高速计数、定位或闭环控制等。

S7-300 系列 PLC 的功能模块有 FM350-1 高速单通道计数器模块、FM350-2 高速 8 通道计数器模块、FM351 快速进给和慢速驱动的双通道定位模块、FM352 电子凸轮控制器模块、FM352-5 高速布尔处理器模块、FM353 单轴步进电动机定位控制模块、FM354 单轴伺服电动机定位模块、FM355 PID 控制器、FM355-2 温度 PID 控制器、FM 357-2 定位和连续通道控制模块、SM 338 超声波位置探测模板、SM 338 SSI 位置探测模板等。

1.2.3 CPU 的操作模式

1. 操作模式

S7-300 PLC 的 CPU 面板上都有一个模式选择开关,有些可通过专用钥匙旋转控制。这些 CPU 一般有 3 种工作模式(RUN、STOP、MRES)或 4 种工作模式(RUN、STOP、MRES、RUN-P),这些工作模式的意义如下。

1)RUN-P:可编程序运行模式。在此模式下,CPU 不仅可以执行用户程序,在运行的同时还可以通过编程设备读出、修改、监控用户程序。在此位置钥匙不能拔出。

2）RUN：运行模式。在此模式下，CPU 执行用户程序，还可以通过编程设备读出、监控用户程序，但不能修改用户程序。在此位置可以拔出钥匙，以防止 PLC 在正常运行时被改变操作模式。

3）STOP：停机模式。在此模式下，CPU 不执行用户程序，但可以通过编程设备从 CPU 读出或修改用户程序。在此位置可以拔出钥匙，防止误操作。

4）MRES：存储器复位模式。该位置不能保持，当开关在此位置释放时将自动返回到 STOP 位置。将钥匙从 STOP 模式切换到 MRES 模式时，可复位存储器，使 CPU 回到初始状态。存储器一旦被复位，工作存储器、RAM 装载存储器内的用户程序、数据区、地址区、定时器、计数器和数据块等将全部清除（包括有保持功能的元件），同时还会检测 PLC 硬件，初始化硬件和系统参数，并将 CPU 或模块参数设置为默认值，但保留对 MPI（信息传递应用程序接口，Message Passing Interface）的设置。

如果 CPU 配置有微存储卡（Micro Memory Card，MMC），CPU 在复位完成后，自动将存储卡内的用户程序和系统参数装入工作存储器。

MRES 模式只有在程序错误、硬件参数错误、存储卡未插入等情况下才需要使用。当 STOP 指示灯以 0.5 Hz 的频率闪烁时，表示 PLC 需要复位。复位操作步骤如下：将模式开关从 STOP 位置转换到 MRES，STOP 指示灯灭 1 s→亮 1 s→灭 1 s→常亮，释放开关使其回到 STOP 位置，然后再转换到 MRES 位置，STOP 指示灯以 2 Hz 的频率闪烁（表示正在对 CPU 复位）3 s→常亮（表示已复位完成），此时可释放开关使其回到 STOP 位置，复位操作完成。

因为 S7-300 PLC 的 CPU 内部没有装载存储器，所以 CPU 必须插入一个微存储卡，其类型为非易失存储器（Flash Memory），否则无法工作。

2. 状态指示灯

CPU 面板上的信号灯用来显示 CPU 当前的状态或故障。各个信号灯的功能如下。

- SF（红色）：系统出错/故障指示，当 CPU 硬件故障或软件错误时亮。
- DF（红色）：总线出错指示灯（针对带 DP 接口的 CPU）。
- BATT（红色）：电池故障指示，当电池失效或未被装入时亮。
- DC5V（绿色）：+5 V 电源指示，当 CPU 和 S7-300 PLC 总线的 5 V 电源正常时亮。
- FRCE（黄色）：强制作业有效指示，至少有一个 I/O 在强制状态时亮。
- RUN（绿色）：运行状态指示灯，CPU 处于 RUN 状态时亮；LED 在 STARTUP 状态以 2 Hz 频率闪烁；在 HOLD 状态以 0.5 Hz 频率闪烁。
- STOP（黄色）：停止状态指示灯，CPU 处于 STOP、HOLD 或 STARTUP 状态时亮；在存储器复位时以 0.5 Hz 频率闪烁；在存储器置位时以 2 Hz 频率闪烁。
- BUSF（红色）：总线错误指示，PROFIBUS-DP 接口硬件或软件故障时信号灯亮（针对 DP 接口的 CPU）。

1.2.4 S7-300 PLC 的工作过程

1. PLC 的工作过程

PLC 采用了一种不同于一般微型计算机的运行方式——周期性循环处理的顺序扫描工作方式。当 S7-300 系列 PLC 得电或从 STOP 模式切换到 RUN 模式时，CPU 首先执行一次全启动操作，清除非保持位存储器、定时器和计数器，删除中断堆栈和块堆栈，复位所有的硬件中断和诊断中断等，并执行一次用户编写的"系统启动组织块"OB100，完成用户指定的初始化操作。然后 PLC 进入周期性的循环扫描操作：CPU 从第一条指令开始，按顺序逐条地执行用户程序直到用户程序结束，然后返回第一条指令开始新一轮的扫描，PLC 的工作流程如图 1-13 所示。CPU 的循环操作包括 3 个主要部分。

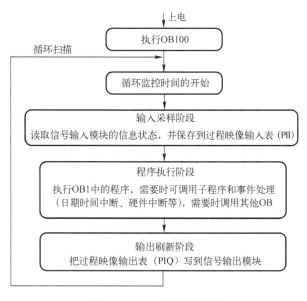

图 1-13　PLC 的工作流程

（1）输入采样阶段

PLC 在输入采样阶段检查输入信号的状态并刷新过程映像输入表（PII）。PLC 首先扫描所有输入模块，并将各输入端子状态存入内存中对应的过程映像输入表，此时过程映像输入表被刷新。在程序执行阶段和输出刷新阶段，过程映像输入表与外界隔离，无论输入信号如何变化，其内容保持不变，直到下一个扫描周期的输入采样阶段。

（2）程序执行阶段

根据 PLC 梯形图程序扫描原则，PLC 按先左后右、先上后下的步序对 OB1 的指令进行逐句扫描，当遇到程序跳转指令时，则根据跳转条件是否满足来决定程序的跳转地址；当遇到子程序调用指令时，则执行子程序（FB、FC 或 SFB、SFC），子程序执行结束后继续执行 OB1 的其他指令。当指令中涉及输入、输出状态时，PLC 就从过程映像输入表"读入"上一阶段存入的对应输入端子的状态，从元件寄存器"读入"对应元件（"软继电器"）的当前状态，然后进行相应的运算，运算结果再存入元件寄存器中。对元件寄存器来说，每一个元件（"软继电器"）的状态会随着程序执行结果而变化。

程序执行阶段可以被某些事件（日期时间中断、硬件中断等）中断，并暂停 OB1 的执行，由操作系统直接调用与事件相关的其他组织块（OB）。当事件处理结束后，再继续执行 OB1 的程序指令。

（3）输出刷新阶段

在输出刷新阶段，PLC 把过程映像输出表（PIQ）的值写到输出模块。在所有指令执行完毕后，过程映像输出表（PIQ）中所有输出继电器的状态（接通/断开）在输出刷新阶段被转存到输出锁存器,通过一定方式输出并驱动外部负载。

2．PLC 的循环扫描周期

循环扫描周期是指 PLC 执行一次循环扫描所用的时间。PLC 运行正常时,扫描周期的长短与 CPU 的运算速度、I/O 点的情况、用户应用程序的长短及编程情况等有关。

3．出错处理

在 PLC 的每个扫描周期都要执行一次自诊断检查,以确定 PLC 自身的动作是否正常,如 CPU、电池电压、程序存储器、I/O 以及通信等是否异常或出错。如检查出异常,CPU 面板上的 LED 及异常继电器会接通,在特殊寄存器中会存入出错代码。当出现致命错误时,CPU 被强制为 STOP 模式,所有的扫描被停止。

1.2.5 S7-300 PLC 的模块安装

S7-300 系列 PLC 采用模块化结构,所有模块均安装在标准机架(导轨)上,其机架标称长度有 160 mm、482 mm、530 mm、830 mm、2000 mm 共 5 种规格,一个机架最多可以安装 1 个电源模块、1 个 CPU 模块、1 个接口模块及 8 个 I/O 模块(如信号模块、通信处理器模块、功能模块、占位模块、仿真模块等),可根据实际需要选择。机架可以采用水平方向安装,也可以采用竖直方向安装,S7-300 PLC 机架的安装形式如图 1-14 所示。若采用水平方向安装,CPU 和电源必须安装在左面;若采用竖直安装,CPU 和电源必须安装在底部,且保证下面的最小间距。

图 1-14　S7-300 PLC 机架的安装形式

- 机架左右间距为 20 mm。
- 单层组态安装时,上下间距为 40 mm。
- 两层组态安装时,上下间距至少为 80 mm。

1．单机架安装

CPU 312、CPU 312C、CPU 312 IFM 和 CPU 313 等只能使用一个机架,在该机架上除了电源模块、CPU 模块和接口模块外,最多只能再安装 8 个信号模块、功能模块或通信模块。单机架上的电源模块总是装在最左边的槽位上,CPU 模块总是安装在电源右边的槽位上,3～10 号槽位则可以安装信号模块、功能模块或通信模块。

S7-300 系列 PLC 电源模块不需要背板总线连接器,可直接将电源模块悬挂在导轨上,并靠左侧固定。其他模块都带有背板总线连接器,安装时需先将背板总线连接器装到 CPU 模块的背板上(见图 1-15),然后将 CPU 模块安装在导轨上并向左靠紧,再向下转动模块(见图 1-16),最后用螺钉将 CPU 模块固定在导轨上(见图 1-17)。按同样的方式依次将接口模块、I/O 模块(信号模块、功能模块、通信模块及其他模块等)安装在导轨上。

2．多机架安装

CPU 314、CPU315 及 CPU 315-2DP 等最多可以扩展 4 个机架,安装 32 个信号模块(含功能模块和通信模块),多机架的安装结构如图 1-18 所示。

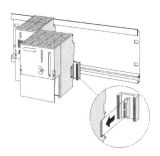

图 1-15 在 CPU 模块上安装背板总线连接器

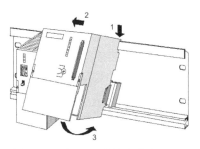

图 1-16 将 CPU 模块安装在导轨上

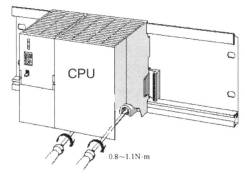

图 1-17 将 CPU 模块固定在导轨上

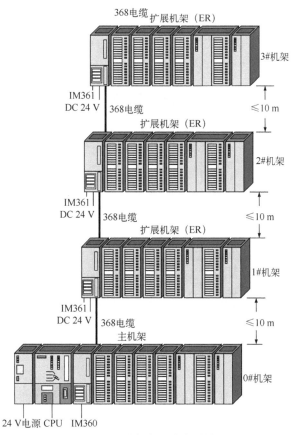

图 1-18 多机架的安装结构

对于多个机架需利用接口模块 IM 360/IM 361 将 S7-300 PLC 的背板总线从一个机架连接到下一个机架。CPU 模块总是安装在 0 号机架（主机架）的 2 号槽位上，1 号槽位安装电源模块，3 号槽位总是安装接口模块（如 IM360），4～11 号槽位可自由分配信号模块、功能模块和通信模块。需注意的是，槽位号是相对的，每个机架的导轨并不存在物理的槽位。

用于发送信号的接口模块 IM360 装在 0 号机架 3 号槽。通过 368 专用电缆将数据由 IM360 发送到 IM361。IM360 和 IM361 的最大距离为 10 m。IM360、IM361 上有指示系统状态和故障的发光二极管。如果 CPU 不能识别此机架，则 LED 闪烁，可能是连接电缆没接好或者是串行连接的 IM360 关掉了。

具有接收功能的接口模块 IM361，用于 S7-300 PLC 机架 1 到机架 3 的扩展。通过 368 连接电缆，把数据从 IM360 接收到 IM361，或者从一个 IM361 传到另一个 IM361。IM361 和 IM361 之间的最大距离也是 10 m。IM361 不仅提供数据传输功能，还负责将 24 V 直流电压转换为 5 V 直流电压，给所在机架的背板总线提供 5 V 直流电源，供电电流不超过 1.2 A，CPU 312 IFM 中的电流不超过 0.8 A。所以，每个机架能安装的模块数量除了不能大于 8 块外，还要受到背板总线 5 V 直流电源的供电电流的限制，即每个机架上各模块消耗的 5 V 电源的电流之和应小于该机架最大的供电电流。

如果只扩展两个机架，可选用比较经济的 IM365 接口模块对，这一对接口模块由 1 m 长的连接电缆相互连接，双机架的安装结构如图 1-19 所示。IM365 可直接为扩展机架（ER）上的模块提供 5 V 直流电源，此时在两个机架上直流电源 5 V 的总电流限制在 1.2 A 之内，且每个机架最大不能超过 0.8 A。由于 IM365 不能给机架 1 提供通信总线，所以在机架 1 上只能安装信号模块，不能安装如通信模块之类的其他智能模块。

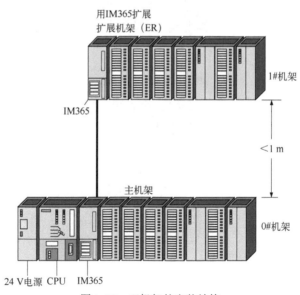

图 1-19 双机架的安装结构

3. 连接电源线

连接电源线的步骤如下：打开 PS 307 电源模块及 CPU 模块的前盖→松开 PS 307 上的松紧件→将电源线剥开 11 mm，并连接到 PS 307 的 L1、N 和接地端子上→旋紧松紧件→将 CPU 电源线剥开 11 mm，将 PS 307 的端子 M 和 L+连接到 CPU 的端子 M 和 L+，连接电源线如图 1-20 所示。

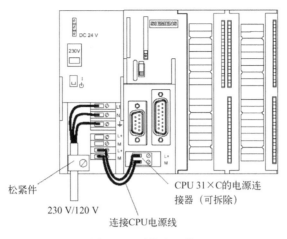

松紧件
230 V/120 V
连接CPU电源线
CPU 31×C的电源连接器（可拆除）

图 1-20　连接电源线

1.2.6　S7-300 PLC 数字量信号模块的地址分配

S7-300 PLC 数字量信号模块的地址范围与模块所在机架号及槽位号有关，而具体的位地址则与信号线接在模块上的那个端子有关。根据机架上模块的类型，地址可以为输入（I）或输出（Q）。

对于数字 I/O 模块，从 0 号机架的 4 号槽位开始，每个槽位占用 4 字节（等于 32 个 I/O 点），数字量信号的默认地址如图 1-21 所示，每个数字量 I/O 点占用其中的 1 位。例如，假设在 0 号机架 4 号槽位上安装一个 16 点的数字量输入信号模块，则其地址为 I0.0～I0.7、I1.0～I1.7；如果 0 号机架 5 号槽位上安装一个 32 点的数字量输入模块，则其地址为 I4.0～I4.7、I5.0～I5.7、I6.0～I6.7、I7.0～I7.7；如果 0 号机架 6 号槽位上安装一个 32 点的数字量输出模块，则其地址为 Q8.0～Q8.7、Q9.0～Q9.7、Q10.0～Q10.7、Q11.0～Q11.7。

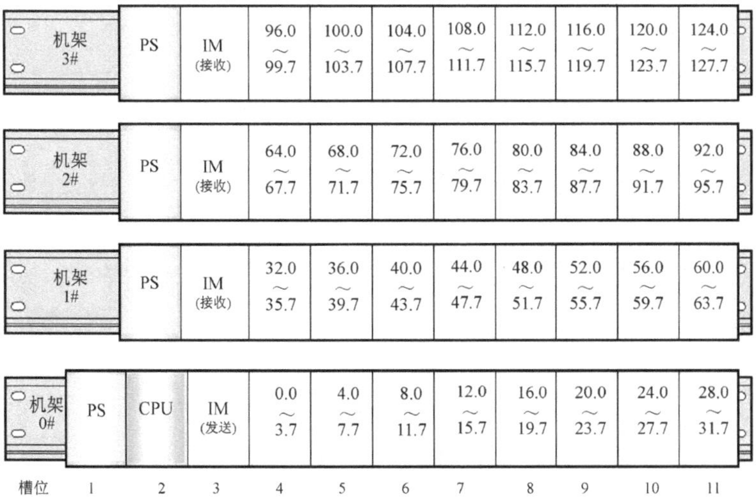

二维码 1-3
数字量模块
地址分配

机架			4	5	6	7	8	9	10	11
机架 3#	PS	IM (接收)	96.0～99.7	100.0～103.7	104.0～107.7	108.0～111.7	112.0～115.7	116.0～119.7	120.0～123.7	124.0～127.7
机架 2#	PS	IM (接收)	64.0～67.7	68.0～71.7	72.0～75.7	76.0～79.7	80.0～83.7	84.0～87.7	88.0～91.7	92.0～95.7
机架 1#	PS	IM (接收)	32.0～35.7	36.0～39.7	40.0～43.7	44.0～47.7	48.0～51.7	52.0～55.7	56.0～59.7	60.0～63.7
机架 0#	PS	CPU	IM (发送)	0.0～3.7	4.0～7.7	8.0～11.7	12.0～15.7	16.0～19.7	20.0～23.7	24.0～27.7	28.0～31.7

槽位　1　2　3　4　5　6　7　8　9　10　11

图 1-21　数字量信号的默认地址

1.3 习题

1. 世界第一台 PLC 由_____公司于_____年研制出来。
2. PLC 主要由_____、_____、_____和_____组成。
3. PLC 的编程语言有_____、_____、_____、_____和_____。
4. S7-300 PLC 每个机架上最多可以放置_____个模块,最多可以扩展_____个机架。
5. S7-300 PLC 主机架有_____个槽位,其中电源模块必须放在_____号槽位,CPU 模块必须放在_____号槽位,接口模块必须放在_____号槽位。
6. PLC 的扫描周期主要包括_____、_____、_____阶段。
7. 什么是可编程序控制器?
8. PLC 可以应用在哪些领域?
9. 简述可编程序控制器的工作原理。
10. 简述 PLC 与继电器控制在工作方式上的区别。
11. 说明 PLC 在扫描过程中,输入映像寄存器和输出映像寄存器的作用。
12. 在 PLC 的梯形图中,同一编程元件的常开触点或常闭触点的使用次数有限制吗?为什么?
13. PLC 的输入继电器有没有输出线圈?为什么?
14. 一个控制系统需要 16 点数字量输入、16 点数字量输出、4 个模拟量输入和 2 个模拟量输出,选择合适的 PLC 输入/输出模块,并进行槽号和 I/O 地址分配。

第 2 章 STEP 7 编程软件

STEP 7 作为西门子公司全集成自动化（TIA）的一个软件平台，为了确保运行快速、稳定，对安装环境有明确的要求。下面以 SIMATIC STEP 7 Professional 2017 为例介绍该软件的安装与设置。

2.1 STEP 7 软件安装

2.1.1 安装需求

SIMATIC STEP 7 Professional 2017 软件支持现在大部分操作系统，如 Windows Server 2008/2012/2016R2（64位）SP1（标准安装）；Windows 7（64位）Professional，Enterprise 和 Ultimate SP1；Windows 10（64位）Pro 和 Enterprise。不再支持 Windows 95/98/Me/NT/Windows 2000 和 Windows Vista。在安装软件时，针对不同的操作系统有不同的安装需求。具体见表 2-1。

表 2-1 安装需求

操作系统	处理器	扩展内存配置	图形
Windows Server 2008/2012/2016	2.4 GHz	1 GB	XGA 1024×768 16 彩色深度
Windows 7/10 Professional	1 GHz	2 GB	XGA 1024×768 16 彩色深度
Windows 7/10 Enterprise	1 GHz	2 GB	XGA 1024×768 16 彩色深度
Windows 7/10 Ultimate	1 GHz	2 GB	XGA 1024×768 16 彩色深度

2.1.2 安装 STEP 7 软件包

以 PC 为例，安装 SIMATIC STEP 7 Professional 2017 软件包时，首先需正确安装操作系统，并以系统管理员的身份启动操作系统。

1）将 SIMATIC STEP7 Professional 2017 安装光盘插入 DVD 光驱，操作系统会自动启动安装向导，也可以直接执行安装光盘上的 Setup.exe 启动安装向导，如图 2-1 所示。SIMATIC STEP 7 Professional 2017 集成软件包提供 6 个程序组件：STEP 7 V5.6（STEP 7 的基本组件）、S7-GRAPH V5.6（顺序功能图编辑器）、S7-PLCSIM V5.4 incl. sp8（PLC 程序调试仿真工具）、S7-SCL V5.6（结构化控制语言编辑器）、S7-Web2 PLC V1.0 incl.sp3（STEP 7 Web 服务器）、S7-Block Prinacy V1.0 incl.sp4（块加密）；及 2 个工具软件：Automation License Manager V5.3 SP4（授权管理器）、S7-PCT V3.4 incl. HF2（端口配置工具），建议全部选择安装。

2）在 STEP 7 的安装过程中，有 3 种安装方式可选，如图 2-2 所示。

① Typical（典型安装）：安装所有语言（德语、英语、西班牙语、法语和意大利语）、所有应用程序、项目示例和技术文档。对于初学者和大多数用户建议采用典型安装方式。

② Minimal（最小安装）：只安装一种语言（默认为"英语"）和 STEP 7 程序，不安装项目示例和技术文档。对于配置较低的计算机建议采用最小安装方式。

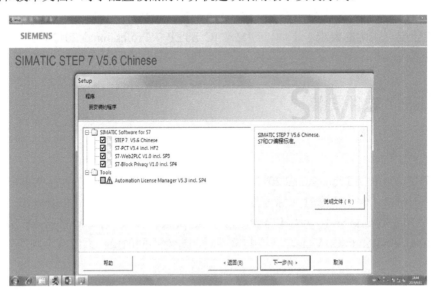

图 2-1　选择安装软件

③ Custom（自定义安装）：用户可选择希望安装的程序、语言、项目示例和技术文档。对于高级用户建议选择自定义方式。自定义安装方式如图 2-2 所示。

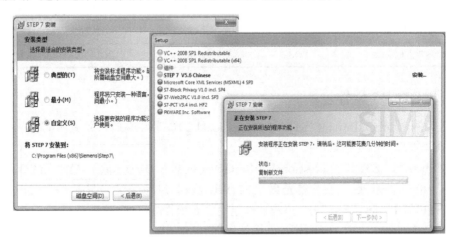

图 2-2　自定义安装方式

3）在安装过程中，安装程序将检查硬盘上是否有授权（License Key）。如果没有在硬盘上发现授权，会提示用户安装授权。可以选择在安装程序的过程中安装授权（需要插入授权软盘），或者稍后再执行授权安装程序。

4）安装结束后，会出现一个对话框（见图 2-3），提示用户为存储卡配置参数。

① 如果用户没有存储卡读卡器，则选中"None"单选按钮，一般选择该选项。

② 如果使用内置读卡器，请选中"Internal programming device interface"单选按钮。注意该选项仅对 Siemens PLC 专用编程器 PG 有效，对于 PC 来说是不可选的。

③ 如果用户使用的是 PC，则可选中用外部读卡器"External prommer"单选按钮。当然，用户必须在右侧的下拉列表中定义哪个接口用于连接读卡器（例如，LPT1）。

安装完成之后，用户还可通过 STEP 7 程序组或控制面板中的"Memory Card Parameter Assignment（存储卡参数赋值）"命令修改这些设置参数。

5）安装过程中，会提示用户设置 PG/PC 接口（"PG/PC Interface"对话框），如图 2-4 所示。

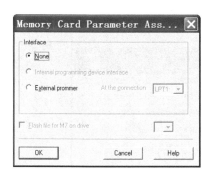
图 2-3 存储卡参数设置

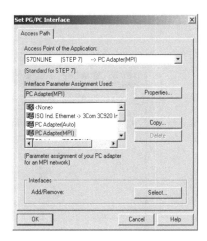
图 2-4 PG/PC 接口设置

PG/PC 接口是 PG/PC 与 PLC 之间进行通信的接口。安装完成后，用户还可通过 SIMATIC 程序组或控制面板中的"Set PG/PC Interface（设置 PG/PC 接口）"命令随时更改 PG/PC 接口的设置。在安装过程中可以单击"Cancel"按钮忽略这一步骤。

2.1.3 STEP 7 的授权管理

授权是使用 STEP 7 软件的"钥匙"，只有在硬盘上找到相应的授权，STEP 7 才可以正常使用，否则会提示用户安装授权，在购买 STEP 7 软件时会附带一张包含授权的 3.5 英寸黄色软盘。

安装 SIMATIC STEP 7 Professional 2017 安装光盘上附带的授权管理器，在安装完成后，在 Windows 的"开始"菜单中选择命令"SIMATIC"→"License Management"→"Automation License Manager"，启动该程序。程序界面如图 2-5 所示。

授权管理器的操作非常简便，选中图 2-5 左视窗中的盘符，在右视窗中就可以看到该磁盘上已经安装的授权信息。如果没有安装正式授权，在第一次使用 STEP 7 软件时系统会提示用户使用一个有效期为 14 天的试用授权。

单击工具栏中部的视窗选择的下拉按钮，则显示下拉菜单，会显示出已经安装的 STEP 7 软件，如图 2-6 所示。选择"Installed software"选项，可以查看已经安装的软件信息。若选择"Licensed software"选项,可以查看已经得到授权的软件信息,已经授权的STEP 7 软件如图 2-7 所示。选择"Missing license key"选项,可以查看所缺少的授权信息。

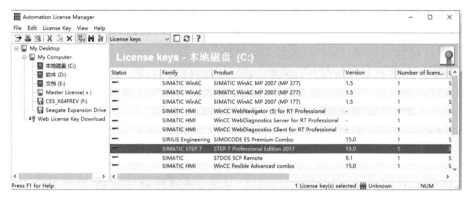

图 2-5　授权管理器程序界面

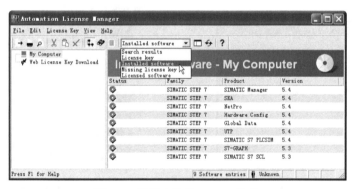

图 2-6　已经安装的 STEP 7 软件

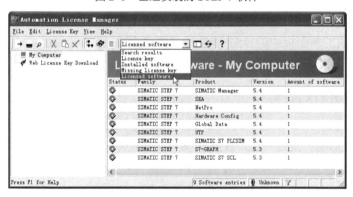

图 2-7　已经授权的 STEP 7 软件

二维码 2-1
SIMATIC 管理器

2.2　SIMATIC 管理器

2.2.1　SIMATIC 管理器概述

SIMATIC 管理器(SIMATIC Manager)是 STEP 7 的管理平台,是用于 S7-300 系列

PLC 项目组态、编程和管理的基本应用程序。STEP 7 安装完成后，在 Windows 环境下执行菜单命令"开始"→"SIMATIC"→"SIMATIC Manager"，或者双击桌面上的图标启动 SIMATIC Manager。SIMATIC Manager 运行界面如图 2-8 所示。

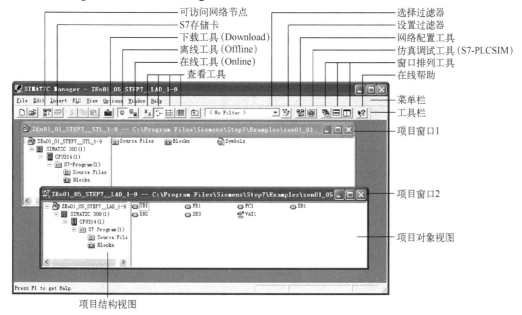

图 2-8　SIMATIC Manager 运行界面

在 SIMATIC Manager 内可以同时打开多个项目，每个项目均用一个项目窗口进行管理，如图 2-8 所示项目窗口 1 和项目窗口 2。项目窗口类似于 Windows 的资源管理器，分为左右两个视窗，左边为项目结构视窗，显示项目的层次结构；右边为项目对象视窗，显示左视窗所对应项目的内容。在右视窗内双击对象图标可立即启动与对象相关联的编辑工具或属性窗口。

2.2.2　STEP 7 项目结构

在 STEP 7 的项目中，数据以对象形式存储。项目中的对象按树形结构组织项目层次。项目对象的树形结构类似于 Windows 资源管理器中文件夹和文件的目录结构，只是图标不同。图 2-8 所示为已展开的项目结构。

第 1 层：项目（图 2-8 中 ZEn01_05_STEP 7_LAD_1-9）。项目代表了系统解决方案中的所有数据和程序的整体，它位于对象体系的最上层。

第 2 层：站[图 2-8 中 SIMATIC 300(1)]或 S7/M7 程序[图 2-8 中 S7 Program(1)]。SIMATIC 300 站用于存放硬件组态和模块参数等信息，站是组态硬件的起点。S7/M7 程序文件夹是编写程序的起点，所有 S7 系列的软件均存放在 S7 程序文件夹下，它包含程序块文件夹和源程序文件夹。

第 3 层和其他层：与上一层对象类型有关，如图 2-8 中的 Blocks（程序块文件夹）。

2.2.3　SIMATIC Manager 自定义选项设置

执行菜单命令"Option"→"Customize"，打开"Customize"自定义选项设置对话框，在该对话框内可进行自定义选项设置，如图 2-9 所示。下面介绍几个比较常用的设置。

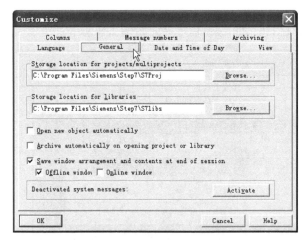

图 2-9 "Customize"（自定义选项设置）对话框

1. 常规选项设置

选中"General"选项卡，在"Storage location for projects/multiprojects"区域可设置 STEP 7 项目、多项目的默认存储目录；在"Storage location for libraries"区域可设置 STEP 7 库的存储目录。使用对应的"Browse..."按钮可以选择一个不同的存储路径。

"Open new object automatically"可设置插入对象时是否自动打开编辑窗口。若选中该复选按钮，则在插入对象后立即打开该对象，就可以编辑对象；否则必须双击对象才能打开。

"Archive automatically on opening project or library"用来设置打开项目或库时是否自动归档。若选中该复选按钮，总是在打开之前归档所选择的项目或库。

"Save window arrangement and contents at end of session"可设置在会话结束时是否保存窗口排列和内容。如果选中该复选按钮，则在会话结束时，可保存离线项目窗口和在线项目窗口的窗口布局和内容。在开始下一个会话时，将恢复相同的窗口排列和内容。在打开的项目中，光标位于最后选中的文件夹上。

2. 助记符语言及环境语言设置

所谓"助记符"是指进行 PLC 程序设计时各种指令元素的标识，这些标识一般用单词的缩写形式表示以便于记忆，如 M（Memory）表示位存储器、T（Timer）表示定时器、C（Counter，德语用 Z）表示计数器、I（Input，德语用 E）表示输入元件、Q（Quit，德语用 A）表示输出元件、A（And，德语用 U）表示逻辑"与"运算、O（Or）表示逻辑"或"运算等。

STEP 7 V5.6 在安装过程中提供了德语、英语、法语、西班牙语和意大利语 5 种可供选择安装的环境语言和德语、英语两种助记符语言。在图 2-10 所示的"Customize"对话框中选择"Language"选项卡，即可进行助记符语言设置。

在"Customize"对话框的左侧列出了已经安装的环境语言，选择一种语言后单击"OK"按钮，新的语言环境将在下次启动 SIMATIC Manager 后生效。语言环境更改后，软件的窗口、菜单和帮助系统等都将随之改变。

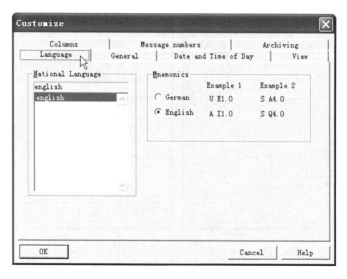

图 2-10 助记符语言设置

在"Customize"对话框的右侧是助记符语言列表，STEP 7 支持德语和英语两种风格的助记符语言，切换助记符语言后，单击"OK"按钮，新的助记符语言将在下次启动 SIMATIC Manager 后生效。这些语言主要影响各种元件的标识字符以及用于梯形图（LAD）、语句表（STL）和功能块图（FBD）中编程的指令集。

2.2.4 PG/PC 接口设置

PG/PC 接口（PG/PC Interface）是 PG/PC 与 PLC 之间进行通信连接的接口。在 STEP 7 环境下 PG/PC 可支持多种类型的通信接口，每种接口都需要进行相应的参数设置（如通信协议及波特率等）。因此，要实现 PG/PC 与 PLC 设备之间的通信连接，必须正确设置 PG/PC 接口参数。

STEP 7 安装过程中，安装向导会提示用户设置 PG/PC 接口的参数。在安装完成后，还可以通过以下几种方式打开"Set PG/PC Interface"（PG/PC 接口参数设置）对话框（见图 2-4）。

1）在 Windows 环境下，执行菜单命令"开始"→"SIMATIC"→"STEP 7"→"Setting the PG-PC Interface"。

2）在 Windows 的控制面板内，双击"Set PG/PC Interface"图标 。

3）在 SIMATIC Manager 窗口内，执行菜单命令"Option"→"Set PG/PC Interface"。

4）在"Set PG/PC Interface"对话框的"Interface Parameter Assignment Used"区域列出了已经安装的接口，选择其中一个接口，然后单击"Properties…"按钮，则弹出该接口的"属性"对话框，在该对话框内进行接口参数设置。不同接口有各自的属性对话框，"Properties-PC Adapter(MPI)"（PC Adapter（MPI）接口属性）对话框如图 2-11 所示。

在图 2-4 所示的"Set PG/PC Interface"的"Interface Parameter Assignment Used"区域如果没有列出所需要的接口类型，可通过单击"Interface"区域内的"Select…"按钮，打开图 2-12 所示的"Install/Remove Interfaces"对话框内安装（在左边的列表内选择需要安装的接口，然后单击"Install"按钮）相应的接口模块或协议。当然也可以卸载（在右边的列表内选择需要卸载的接口，然后单击"Uninstall"按钮）不需要的接口模块或协议。

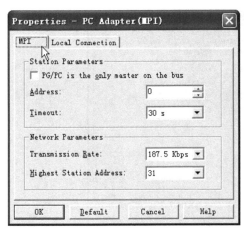 

图 2-11 "Properties-PC Adapter（MPI）"对话框

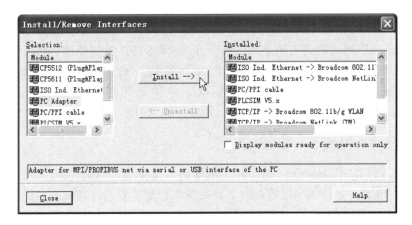

图 2-12 安装/卸载接口

2.3 技能训练 电动机起/停控制

在工业控制中，电动机起动和停止是最基本的控制环节，通常采用传统的继电器-接触器进行控制。本技能训练要解决的问题就是：如何用 PLC 控制电动机的起动和停止？

2.3.1 用继电器-接触器控制三相交流异步电动机起/停

1. 主回路

主回路原理图如图 2-13a 所示，其中 QS 为刀开关，主要用来接通或切断电源；FU1 为熔断器，对主回路起短路及严重过载保护作用；KM 为运行接触器的主触点；FR 为热继电器的加热元件，当电动机长时间过载时，其常闭触点动作，可起到过载保护作用；M 为三相异步电动机。

2. 控制回路

控制回路的原理图如图 2-13b 所示，其中 FU2 为熔断器，对控制回路起短路保护作用；FR 为主回路中热继电器的常闭触点，当电动机长时间过载时，其常闭触点动作并切断控制回路电源，从而对电动机起到过载保护作用；SB1 为起动按钮，采用常开按钮；SB2 为停止按钮，必须采用常闭按钮，除完成正常停机操作功能以外，还可保证在线路故障（线头脱落或老鼠咬断线路）时，不会出现电动机起动后无法停机的现象，确保电动机运行安全；控制接触器 KM 的常开触点与起动按钮 SB1 并联，并且串接于 KM 的线圈回路中，电动机在停止状态下，只要按下按钮 SB1（不需要保持），KM 的线圈就会通电并通过其常开触点实现自锁。

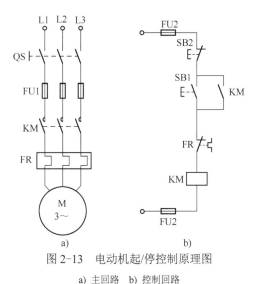

图 2-13 电动机起/停控制原理图
a) 主回路　b) 控制回路

2.3.2 用 PLC 控制三相交流异步电动机起/停

1. 元件清单

主回路需要刀开关 1 个、交流接触器 1 个、熔断器 3 个、热继电器 1 个，主回路原理图同图 2-13a；控制回路需要中间继电器 1 个、熔断器 2 个、常开按钮 1 个、常闭按钮 1 个、PLC 装置 1 套，具体配置：PS307（5 A）电源模块 1 个、CPU 314 模块 1 个、SM321 DI 32×DC 24 V 数字量信号输入模块 1 个、SM322 DO 16×Rel AC 120 V/230 V 数字量信号输出模块 1 个（继电器输出）。

2. 控制回路

由于 PLC 的驱动能力有限，一般不能直接驱动大电流负载，而是通过中间继电器（线圈电压为直流 24 V、触点电压为交流 380 V）驱动接触器，然后由接触器再驱动大电流负载，这样还可以实现 PLC 系统与电气操作回路的电气隔离。所以控制回路包括 PLC 端子接线图（见图 2-14）和接触器控制原理图（见图 2-15），其中 KA 为控制用中间继电器的线圈及触点，KM 为控制用交流接触器的线圈及触点，SB1 为常开型的起动按钮，SB2 为常闭型的停止按钮，FR 是主回路中热继电器的常闭触点，FU2 为熔断器。

该 PLC 硬件系统所使用的数字量输入模块有 32 个输入点，每 8 点为一组，外部控制按钮（SB1、SB2）信号通过 DC 24 V 送入相应的输入点（I0.0、I0.1）。所使用的数字量输出模块有 16 个输出点，每 8 点为一组，外部负载（KA）均通过电源（如 DC 24 V）接在公共电源输入端（如 1L）与输出端（Q0.0）之间。

控制原理：在停机状态下，按下起动按钮 SB1，输入点 I0.0 接通，通过 PLC 内部用户程序控制，使输出点 Q0.0 接通，KA 线圈得电，其常开触点闭合，从而使 KM 线圈得电，串接于主回路的 KM 主触点闭合，实现电动机的运转。在 PLC 内部通过程序运算，实现输出点 Q0.0 的自锁。当需要停机时，按下停止按钮 SB2，输入点 I0.1 断开，通过 PLC 内部用户程序控制，解除对 Q0.0 的自锁，Q0.0 断开，电动机停机。

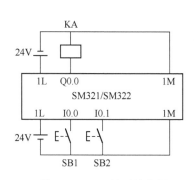
图 2-14 PLC 端子接线图

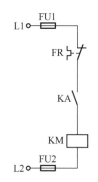
图 2-15 接触器控制原理图

3. 控制程序

PLC 的控制程序可使用类似数字电路的功能块图实现。根据控制要求：在停机状态下按下起动按钮 SB1，则电动机起动并保持运转状态；按下停止按钮 SB2，则电动机立即停机。由此可列出电动机的控制逻辑简化真值表，如表 2-2 所示。其中，1 表示 PLC "软元件"的状态为 1，即触点闭合或线圈得电；0 表示 PLC "软元件"的状态为 0，即触点断开或线圈失电；"T" 表示输出元件操作前的状态（现态）；"T+1" 表示输出元件操作完成后的状态（次态）。

表 2-2 电动机控制的逻辑简化真值表

操作按钮		操作前的状态	操作后的状态	说　　明
I0.0	I0.1	$Q0.0^T$	$Q0.0^{T+1}$	运转控制
1	1	0	1	停机状态下按起动按钮→运转
0	1	1	1	运转状态下松开起动按钮→运转保持
1	1	1	1	运转状态下再按起动按钮→运转保持

根据控制逻辑简化真值表，利用数字电路的基本知识，将使 $Q0.0^{T+1}$ 为 1 的最小项分别相加，可写出 $Q0.0^{T+1}$ 的逻辑表达式：

$$Q0.0^{T+1} = I0.0 \cdot I0.1 \cdot \overline{Q0.0^T} + \overline{I0.0} \cdot I0.1 \cdot Q0.0^T + I0.0 \cdot I0.1 \cdot Q0.0^T$$

化简后的逻辑表达式如下：

$$Q0.0^{T+1} = I0.1 \cdot (I0.0 + Q0.0^T)$$

由此可绘制出 Q0.0 的电动机控制逻辑图，如图 2-16 所示。

在 STEP 7 环境下，FBD 语言的逻辑"与"指令及逻辑"或"指令与数字电路中的逻辑"与门"及逻辑"或门"的符号及意义相同，FBD 语言的赋值指令用方框内的"="表示。由此可画出电动机起/停控制功能块图（FBD）语言程序，如图 2-17 所示。

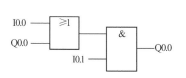

图 2-16 电动机控制逻辑图

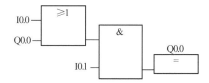

图 2-17 电动机起/停控制功能块图（FBD）语言程序

当然，在 STEP 7 的梯形图语言（LAD）环境下，也可以用若干个触点（或逻辑块）的串联来表示逻辑"与"的关系（逻辑与指令），用若干个触点（或逻辑块）的并联来表示逻辑"或"的关系（逻辑或指令），用一对圆括弧"( )"表示逻辑输出（赋值指令）。一个完整的逻辑关系必须从左边一条母线开始向右绘制，逻辑赋值指令必须与最右边一条母线相连，能流只能通过左母线、经状态为 1 的触点和赋值指令到右母线形成能流回路。按照这种方法可画出电动机起/停控制的梯形图（LAD）语言程序，如图 2-18 所示。其中的常开触点和常闭触点的符号及意义与继电器-接触器控制系统中的常开触点和常闭触点的符号及意义相同。

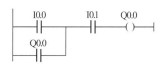

图 2-18 电动机起/停控制的梯形图（LAD）语言程序

2.3.3 PLC 系统的硬件组态及程序编制

要用 S7-300 系列 PLC 实现对电动机的起/停控制，除了要连接好前面介绍的主回路、PLC 外围控制回路及中间继电器-接触器控制回路以外，还必须在 STEP 7 环境下进行 PLC 的硬件组态（设置与实际硬件配置完全相同的硬件信息）、编写 PLC 的控制程序，并将硬件组态信息及控制程序下载到 PLC。下面结合电动机起/停控制任务，介绍如何在 STEP 7 环境下完成 PLC 系统设计。

1. 创建 S7 项目

创建新项目的最简单方法就是使用"新建项目"向导，创建步骤如下。

首先打开 SIMATIC Manager，然后执行菜单命令"File"→"New Project Wizard..."打开"新建项目"向导"Step 7 Wizards 'New Project'"对话框，首先进入介绍对话框，即向导之一——"Introduction"，如图 2-19 所示。勾选"Display Wizard on starting the SIMATIC Manager"复选按钮，则每次启动 SIMATIC 管理器时将自动显示"新建项目"向导；单击"Preview"按钮可在项目向导下方预览项目结构。

二维码 2-2
PLC 的项目建立

在图 2-19 中单击"Next"按钮确认，并进入 CPU 选择对话框，即向导之二——"Which CPU are you using in your project?"：选择 CPU 型号，如图 2-20 所示。由于每个 CPU 都有自己的特性，所选择的 CPU 必须适合系统需要，并配置相应的 MPI（多点接口）地址，以便于 CPU 与编程设备（PG/PC）通信。本例选择 CPU314，设置 MPI 地址为 2，CPU 名称为"My CPU314"。

图 2-19　向导之一：新建项目

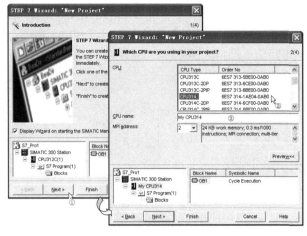
图 2-20　向导之二：选择 CPU 型号

在图 2-20 中单击"Next"按钮确认，并进入组织块（OB）和编程语言（STL、LAD、FBD）选择对话框，即向导之三——"Which blocks do you want to add?"：选择组织块及编程语言，如图 2-21 所示。

在"Blocks"区域中列出了当前 CPU 所能支持的组织块，其中 OB1 为主循环组织块，相当于一般语言的主程序，可调用 S7 的其他程序块，是 PLC 项目不可缺少的组织块。本例控制逻辑比较简单，所以只需选择主循环组织块 OB1；在"Language for Selected Blocks"区域列出了可供选择的程序块编程语言，本例选功能块图语言（FBD）；"Create with source files"选项用来选择是否创建源文件，一般不需要。

单击"Next"按钮确认，并进入向导的最后一步，项目命名对话框，即向导之四——"What do you want to call your project?"：给项目命名，如图 2-22 所示。在"Project name"文本框中需输入 PLC 项目名称。项目名称最长由 8 个 ASCII 字符组成，它们可以是大小写英文字母、数字或下划线，第一个符号必须为英文字母，名称不区分大小写。如果项目名称

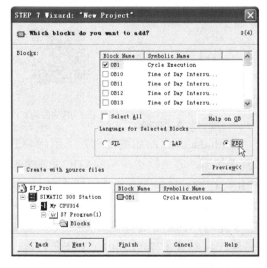
图 2-21　向导之三：选择组织块及编程语言

图 2-22　向导之四：项目命名

超出 8 个 ASCII 字符的长度，系统自动截取前 8 个字符作为项目名。因此，不同项目名称的前 8 个字符必须有所不同。本例将项目命名为"ch2-1"。

最后单击"Finish"按钮完成新项目创建，并返回到 SIMATIC 管理器。用"新建项目"向导所创建的项目如图 2-23 所示，项目已经创建了 SIMATIC 300 工作站及 MPI 子网。

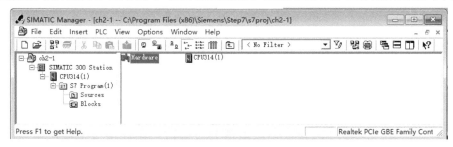

图 2-23 用"新建项目"向导所创建的项目

2. 硬件组态

所谓硬件组态，就是使用 STEP 7 对 SIMATIC 工作站进行硬件配置和参数分配。所配置的数据可以通过"下载"命令传送到 PLC。硬件组态的条件是必须创建一个带有 SIMATIC 工作站的项目，组态步骤如下。

二维码 2-3
硬件组态

在图 2-23 所示的项目窗口的左视窗内，单击"工作站"图标 SIMATIC 300(1)，然后在右视窗内双击硬件配置图标 Hardware，则自动打开"HW Config"（硬件配置）窗口，如图 2-24 所示。如果窗口右边未出现硬件目录，可单击硬件目录图标显示硬件目录。利用向导所创建的项目，系统自动插入了一个机架（UR），并在 2 号槽位插入一个 CPU 模块。如果所插入的 CPU 模块与实际所用的 CPU 模块不一致，还可以手动插入一个 CPU 模块。

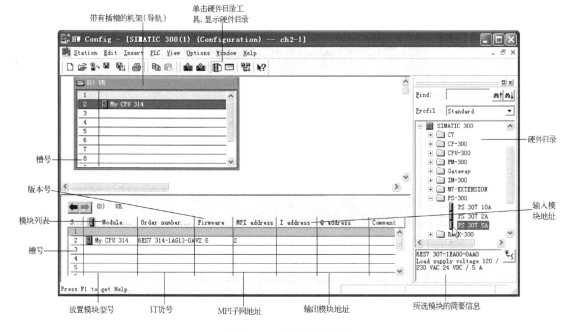

图 2-24 硬件配置环境

(1) 插入电源模块

在图 2-24 中选中 1 号槽位,然后在硬件目录内单击 SIMATIC 300 左边的 田 符号展开目录,再展开 PS-300 子目录,双击 PS 307 5A 图标插入电源模块,配置 S7-300 PLC 硬件模块如图 2-25 所示,1 号槽位只能放电源模块。

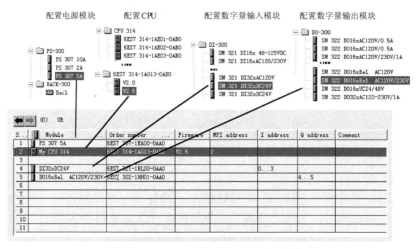

图 2-25　配置 S7-300 PLC 硬件模块

(2) 插入 CPU 模块

在图 2-25 中选中 2 号槽位,然后在硬件目录内展开 CPU-300 子目录下的 CPU 314 子目录,双击 6ES7 314-1AG13-0AB0 图标插入 V2.6 版本的 CPU 314 模块,参见图 2-25 所示。2 号槽位只能放置 CPU 模块,且 CPU 的型号及订货号必须与实际所选择的 CPU 相一致,否则将无法下载程序及硬件配置。

在模块列表内双击 CPU 314 可打开"Properties-CPU 314- (R0/S2)"(CPU 314 属性)对话框,如图 2-26 所示。

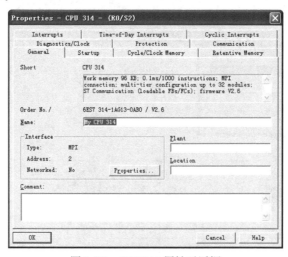

图 2-26　CPU 314 属性对话框

选中"General"选项卡,在"Name"文本框中可输入 CPU 的名称,如"My CPU 314";在"Interface"区域中单击"Properties..."按钮可打开"Properties-MPI interface CPU 314

(R0/S2)"(CPU 接口属性)对话框,如图 2-27 所示。系统默认 MPI 子网名为 MPI(1),子网地址为 2,默认通信波特率为 187.5 kbit/s。

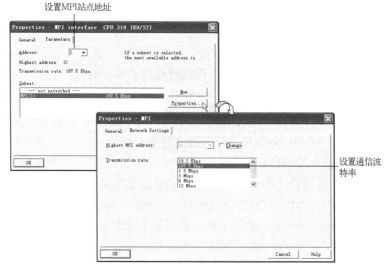

图 2-27 设置 CPU 接口属性

在图 2-27 中的"Address"下拉列表中可重设 MPI 子网地址,可设置的最高子网地址为 31,本例保持默认值。单击"Properties…"按钮打开"Properties-MPI"(MPI 属性)对话框,在"Network Settings"(网络设置)选项卡的"Highest MPI address"下拉列表中可设置 MPI 子网的最高可用地址;在"Transmission rate"下拉列表中可设置通信波特率。

(3) 插入数字量输入模块

在图 2-25 中选中 4 号槽位,然后在硬件目录内展开 SM-300 子目录下的 DI-300 子目录,双击 SM 321 DI32xDC24V 图标,插入数字量输入模块。

在模块列表内双击数字量输入模块 SM 321 DI32xDC24V,可打开"Properties-DI32xDC24V-(R0/S4)"(数字量输入模块属性)对话框,如图 2-28 所示。

图 2-28 数字量输入模块属性对话框

在"General"选项卡的"Name"文本框中可更改模块名称;在"Addresses"选项卡的"Inputs"区域,系统自动为 4 号槽位上的信号模块分配了起始字节地址"0"和末字节地址"3",对应各输入点的位地址为:I0.0~I0.7、I1.0~I1.7、I2.0~I2.7、I3.0~I3.7。若不勾选"System selection"复选按钮,用户可自由修改起始字节地址,然后系统会根据模块输入点数自动分配末字节地址。

注意:对于某些早期的 CPU 不支持信号模块的地址修改功能。

(4) 插入数字量输出模块

在图 2-25 中选中 5 号槽位,然后在硬件目录内展开 SM-300 子目录下的 DO-300 子目录,双击 SM 322 DO16xRel. AC120V/230V 图标,插入数字量输出模块。

在模块列表内双击数字量输出模块 DO16xRel. AC120V/230V,可打开类似于图 2-28 的模块属性窗口。系统自动为 5 号槽位上的信号模块分配了起始字节地址"4"和末字节地址"5",对应各输出点的位地址为:Q4.0~Q4.7、Q5.0~Q5.7。若不勾选"System selection"复选按钮,用户可自由修改起始字节地址,然后系统会根据模块输出点数自动分配末字节地址。本例取消对"System selection"复选按钮的勾选,将输出模块的首字节地址设为 0,由于该模块的输出点数为 16 点,所以其末字节地址自动变为 1,对应各输出点的位地址为:Q0.0~Q0.7、Q1.0~Q1.7。

(5) 编译硬件组态

硬件配置完成后,在硬件配置环境下使用菜单命令"Station"→"Consistency Check"可以检查硬件配置是否存在组态错误。如没有出现组态错误,可单击工具图标 保存并编译硬件配置结果。如果编译能够通过,系统会自动在当前工作站的程序块(Blocks)文件夹下创建一个系统数据(System data),该系统数据包含了所组态的全部硬件信息,SIMATIC 300 的系统数据如图 2-29 所示。

图 2-29 SIMATIC 300 的系统数据

3. 编辑符号表

在 STEP 7 程序设计过程中,为了增加程序的可读性,常用与设备或操作相关的用户自定义字符串(如 SB1、SB2 等)来表示并与 PLC 的单元对象(如 I/O 信号、存储位、计数器、定时器、数据块和功能块等)关联,这些字符串在 STEP 7 中被称为符号或符号地址,STEP 7 编译时会自动将符号地址转换成所需的绝对地址。

例如,可以将符号名 SB1 赋给地址 I0.0,然后在程序指令中就可用 SB1 进行编程。使用符号地址,可以比较容易地辨别出程序中所用操作数与过程控制项目中元素的对应关系。

符号表是符号地址的汇集,属于共享数据库,可以被不同的工具使用,如 LAD/

STL/FBD 编辑器、Monitoring and Modifying Variables（监视和修改变量）、Display Reference Data（显示参考数据）等。在符号表编辑器内，通过编辑符号表可以完成对象的符号定义，具体方法如下。

在项目管理器的左视窗内，单击 S7 Program（1）文件夹，在右视图内双击 Symbols 图标（见图 2-8），打开符号表编辑器，系统自动打开符号表，如图 2-30 所示。符号表包含 Status（状态）、Symbol（符号名）、Address（地址）、Data type（数据类型）和 Comment（注释）等字段。每个符号占用符号表的一行。当定义一个新符号时，会自动插入一个空行。

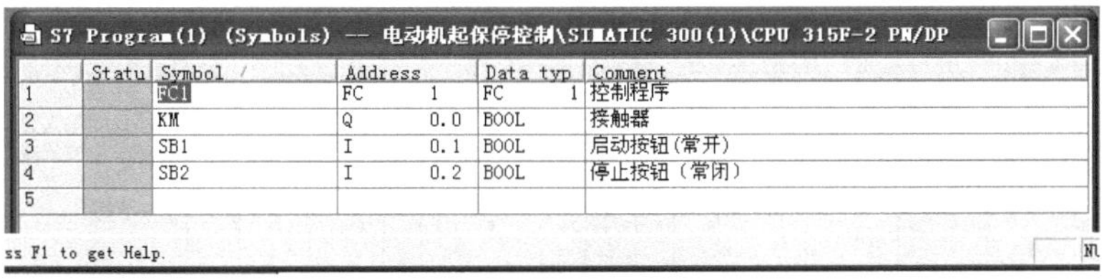

图 2-30 编辑符号表

参照图 2-30 填入符号名称（Symbol 列）、绝对地址（Address 列）和注释（Comment 列），完成后单击 按钮保存。在符号表编辑器内，可通过项目管理器窗口中的"View"菜单实现对符号的排序、查找和替换，并可以设置过滤条件。

4．编制程序

在 STEP 7 环境下编写 PLC 控制程序时，一种直接将所有程序全部放在组织块 OB1 中，另一种将控制程序按功能划分为若干个子程序块，分别放在功能（FCx）或功能块（FBx）中，然后在 OB1 中通过调用 FCx 和 FBx 实现程序的控制功能。第一种方法直接将所有程序全部放在组织块 OB1 中不便于程序的检查，不推荐采用这种方法。下面采用第二种方法编写程序。首先创建一个功能 FC1，并用功能块图（FBD）语言对 FC1 进行编辑，然后在 OB1 中调用 FC1，具体步骤如下。

（1）创建功能 FC1（子程序）

在图 2-29 所示的左视窗内单击 Blocks 文件夹，然后在右视窗口中右击，执行快捷菜单命令"Insert new Object"→"Function"，则弹出"Properties-Function"（功能属性）对话框，创建功能 FC1，如图 2-31 所示。

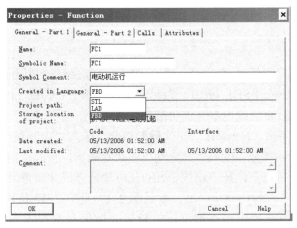

图 2-31 创建功能 FC1

在对话框的"Name"(名称)文本框内输入"FC1",在"Symbolic Name"(符号名)文本框内输入"FC1",在"Symbol Comment"(符号注释)文本框内输入"电动机运行",在"Created in Language"(编程语言)下拉列表内选择 FBD(功能块图语言),然后单击"OK"按钮确认,则在 Blocks 文件夹下创建一个功能 FC1。

(2)编辑功能 FC1

在 Blocks 文件夹内双击 FC1 打开程序编辑窗口,如图 2-32 所示。编辑过程如下。

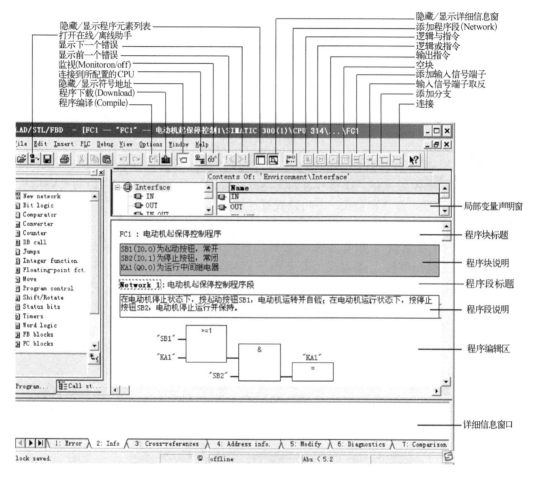

图 2-32 程序编辑窗口

1)单击 FC1 的程序块标题(Title),输入"电动机起保停控制程序";单击 FC1 的程序块说明(Comment),输入"SB1(I0.0)为起动按钮,常开;SB2(I0.1)为停止按钮,常闭;KA1(Q0.0)为运行中间继电器"说明信息。

2)单击第一个程序段(Network 1)的标题部分,输入"电动机起保停控制程序段";单击第一个程序段的说明部分,输入"在电动机停止状态下,按起动按钮 SB1,电动机运转并自锁;在电动机运行状态下,按停止按钮 SB2,电动机停机并保持。"说明信息。

3)单击 Network 1 的程序编辑区域,参照图 2-17 及图 2-32 依次单击逻辑或指令图标、逻辑与指令图标及输出指令图标,然后在逻辑与指令块上选中一个输入信号端子，再依次添加输入信号端子图标和输入信号端子取反图标，完成第一个程序段的结构框架编辑，如图 2-33 所示。单击问号"??.?"，按图 2-32 分别输入相关信息，完成电动机控制程序的编辑。

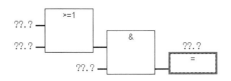

图 2-33 程序段结构框架编辑

电动机起保停控制程序（FBD 语言）如图 2-34 所示。执行菜单命令"View"→"Display with"→"Comment"可显示/隐藏程序块及程序段的说明；执行菜单命令"View"→"Display with"→"Symbol Information"可显示/隐藏符号信息；执行菜单命令"View"→"Display with"→"Symbolic Representation"或单击快捷图标可显示/隐藏符号地址。

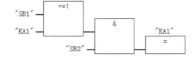

图 2-34 电动机起保停控制程序（FBD 语言）

（3）查看 FC1 的梯形图（LAD）程序及语句表（STL）程序

在 STEP 7 环境下，程序可以方便地在几种基本语言（FBD、LAD、STL）之间进行转换，查看其他语言形式的程序结构，操作过程为：首先保存程序（如果程序有语法错误则不能保存，必须修正语法错误），然后执行菜单命令"View"→"LAD"，可切换到 LAD 显示及编辑方式，LAD 语言控制程序如图 2-35 所示；执行菜单命令"View"→"STL"，可切换到 STL 显示及编辑方式，STL 语言控制程序如图 2-36 所示。

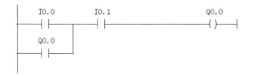

图 2-35 LAD 语言控制程序 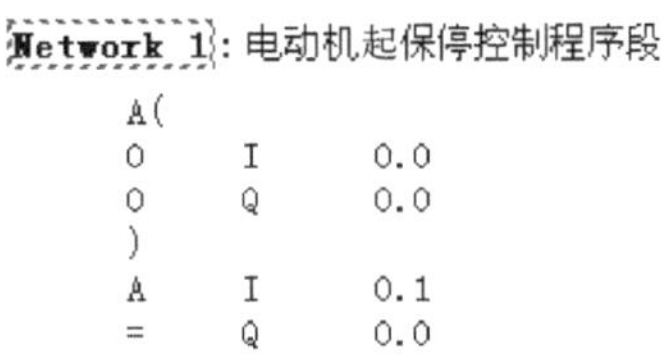　　　　图 2-36 STL 语言控制程序

（4）编辑组织块 OB1

子程序（FC1）编辑完成以后，还必须在 OB1 中进行调用才能被 CPU 执行，OB1 的编辑过程如下。

1）在项目管理器的 Blocks 文件夹内双击 OB1 图标打开 OB1 编辑窗口，然后执行菜单命令"View"→"LAD"切换到梯形图语言环境，在 OB1 的第一个程序段（Network 1）的标题区输入："调用电动机运行子程序，即调用功能 FC1"。

2）单击 Network 1 的程序编辑区域，在程序元素窗口内单击 FC blocks（功能子程序块）图标展开目录，双击 FC1 电动机运行图标（也可将 FC1 直接拖到 Network 1 的编辑区域），即可将 FC1 加入到 OB1，完成 FC1 的调用，如图 2-37 所示。

图 2-37 编辑 OB1 并调用 FC1

2.3.4 方案调试

在完成电动机运行控制系统的主回路及 PLC 控制回路接线以后，还必须将 PLC 系统硬件信息及控制程序下载到 PLC 中，才能对系统进行调试。

1. 打开仿真工具 PLCSIM

下载 PLC 控制程序及硬件信息的前提是 PLC 必须连接到计算机，即有可用的 PLC 连接。如果用户练习时现场没有实际的 S7-300 系列 PLC，则可用 STEP 7 专业版自带的 S7-300 系列 PLC 仿真工具进行模拟下载及调试。在 SIMATIC Manager 窗口内，观察 PLCSIM 图标，如果该图标为灰色，说明 PLCSIM 工具没有安装，需安装后才能使用。

单击 PLCSIM 图标，弹出"Open Project"对话框，如图 2-38 所示。选中"Select CPU access node"（选择可访问的 CPU 节点）单选按钮，单击"OK"按钮则弹出"Select CPU Access Node"对话框，如图 2-39 所示。选中需要下载或调试的可访问的 CPU 节点，然后单击"OK"按钮即可打开 PLCSIM 仿真工具，PLCSIM 窗口如图 2-40 所示。

二维码 2-4
PLC 仿真调试

图 2-38 "Open Project"对话框

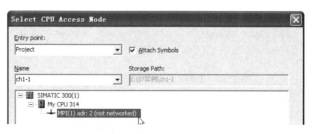

图 2-39 "Select CPU Access Node"对话框

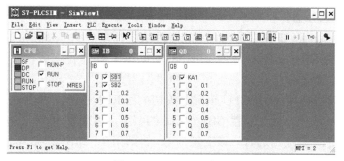

图 2-40　PLCSIM 窗口

执行菜单命令"Tools"→"Options"→"Attach Symbols",选择 ch1-1 项目下的 Symbols(符号表)进行符号显示匹配,然后单击 Insert Vertical Bit 图标,插入两个按位垂直排列的字节变量,并分别输入字节地址 IB0 和 QB0。

CPU 仿真模块有 RUN、STOP 和 RUN-P 共 3 种工作模式:在 RUN 模式下,仿真器只能运行程序,而不能下载程序;在 STOP 模式下只能下载程序,而不能运行程序;在 RUN-P 下可下载程序,下载完成后自动切换到运行模式。因此,在下载 PLC 硬件信息及控制程序之前,需要将 CPU 的工作模式开关放到 STOP 或 RUN-P 模式。

在 PLCSIM 窗口的"PLC"菜单中选择"MPI Address"命令,设定 PLC 仿真器的 MPI 地址与硬件组态中 CPU 的 MPI 地址相同。

2. 下载 PLC 硬件信息

在确认 PLC 与 PC 已经连接,且 PG-PC 接口设置与所用连接相匹配后,即可进行 PLC 硬件信息的下载。

在 SIMATIC Manager 的左视窗内,单击工作站图标 SIMATIC 300(1),然后在右视窗内双击硬件配置图标 Hardware 打开 PLC 硬件配置窗口。单击下载工具图标,则弹出"Select Target Module(选择目标模块)"对话框。单击"Select All"按钮,再单击"OK"按钮,则弹出"Select Node Address(选择节点地址)"对话框。单击"View"按钮,则会在"Accessible Nodes"(可访问节点)视窗内列出所有可访问的节点地址,选择节点地址如图 2-41 所示。选中需要下载的节点,然后单击"OK"按钮进行下载,同时将显示下载进度对话框。下载完成后该对话框自动关闭。

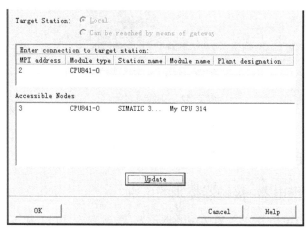

图 2-41　选择节点地址

3. 下载 PLC 控制程序

在 SIMATIC Manager 的左视窗内，单击程序块图标 Blocks，然后在右视窗内选择要下载的程序块（本例为 OB1 和 FC1），再单击下载工具图标 进行下载。

4. 调试 PLC 控制系统

在 PLCSIM 仿真窗口内，将 CPU 模式开关切换到 RUN 模式，表 2-3 所示为 PLC 起/停控制系统仿真调试的顺序。通过设置 SB1、SB2 的状态，可观察 KA1 的状态，KA1 的状态不要人为设置。当位变量被勾选时，该变量为 1，否则为 0，如图 2-42 所示。

表 2-3　PLC 起/停控制系统仿真调试顺序

调试顺序	SB1	SB2	KA1	说　　明
1	0	0	0	未进行操作
2	0	1	0	设置 SB2 初始状态（常闭）
3	1	1	1	按 SB1，起动运转
4	0	1	1	SB1 复位，保持运转状态（自锁）
5	0	0	0	按 SB2，电动机从运转状态切换到停机状态
6	0	1	0	SB2 复位，保持停机状态

在仿真调试的同时还可以打开 FC1 程序块，在线监视程序的运行状况。在 SIMATIC Manager 的左视窗内，单击程序块图标 Blocks，然后在右视窗内双击以打开 FC1。单击工具栏中监视图标 ，通过操作 PLCSIM 窗口内变量的状态，可观察程序中元件状态的变化，在线监视程序如图 2-42 所示。其中绿色（实线）表示元件状态为 1，或已形成能流回路；蓝色（虚线）表示元件状态为 0，或未形成能流回路。

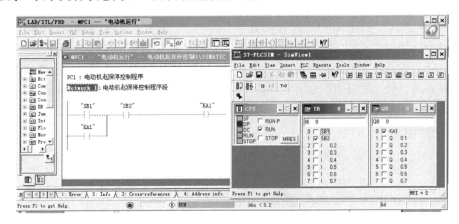

图 2-42　在线监视程序

2.4　PLC 控制系统与其他控制系统的区别

2.4.1　PLC 控制与继电器-接触器控制的区别

通过本项目的学习可以知道，用传统的继电器-接触器和 PLC 都可以实现相同的逻辑控制功能，但两者在实现方式上有很大区别，具体表现在以下几点。

1. **实现控制逻辑的方式不同**

在传统的继电器-接触器控制方案中，输入、输出信号间的逻辑关系是通过各种继电器或接触器之间的实际布线来实现，由于控制功能完全由固定的硬件连接确定，因此其控制逻辑不易改变，控制功能单一，应用不够灵活；在 PLC 控制方案中，输入、输出信号间的逻辑关系是通过 PLC 内部的用户程序来实现的，外部的布线不需要任何变动，只要改变用户程序就可以实现不同的控制功能，因此 PLC 系统的应用比较灵活。

2. **组成系统的元件特性不同**

传统的继电器-接触器控制线路是由许多真正的继电器和接触器组成，其触点有限，易磨损，属于纯粹的硬件结构；而 PLC 的用户程序是由许多被称为"软继电器"元件组成，每个元件都有无数个触点，无使用数量的限制，且不存在机械磨损现象。

3. **工作方式不同**

继电器-接触器控制系统采用以并行的方式工作，而 PLC 为串行工作方式。为了消除 PLC 的元器件触点不能同时动作的问题，在 PLC 一个扫描周期的开始，系统对所有输入元器件集中采集一次，在扫描周期的结束，集中将各输出元器件的状态送出，这样可以保证一个扫描周期内，一个元器件的各个触点状态的一致性。由于继电器和接触器的动作时间一般在 100 ms 以上，而 PLC 的一个扫描周期在 100 ms 以内，所以 PLC 与继电器-接触器系统在处理时间上的差异可以不考虑。

另外，PLC 系统除了可以实现基本的逻辑控制功能以外，还具有数据的采集、存储与处理及数据通信等功能，通过监控软件还能实现远程监控，而继电器-接触器系统则只能进行逻辑控制。

2.4.2 仿真 PLC 与实际 PLC 的区别

1. **仿真 PLC 特有的功能**

仿真 PLC 具有下述实际 PLC 没有的功能。

1）可以立即暂时停止执行用户程序，对程序状态不会有什么影响。

2）由 RUN 模式进入 STOP 模式不会改变输出的状态。

3）视图对象中的变动可立即使对应的存储区中的内容发生相应的改变，而实际的 CPU 要等到扫描结束时才会修改存储区。

4）可以选择单次扫描或连续扫描。

5）可使定时器自动运行或手动运行，可以手动复位全部定时器或指定的定时器。

6）可以手动触发下列中断：OB40～OB47（硬件中断）、OB70（I/O 冗余错误）、OB72（CPU 冗余错误）、OB73（通信冗余错误）、OB80（时间错误）、OB82（诊断中断）、OB83（插入/拔出模块）、OB85（程序顺序错误）、OB86（机架故障）。

7）对映像存储器与外设存储器的同步性：如果在视图对象中改变了过程输入的值，S7-PLCSIM 立即将它复制到外设存储区。在下一次扫描开始，外设输入值被写到过程映像寄存器时，希望变化的数据不会丢失。在改变过程输出值时，它被立即复制到外设输出存储区。

2．仿真 PLC 与实际 PLC 的区别

1）PLCSIM 不支持写到诊断缓冲区的错误报文。例如，不能对电池断电和 E^2PROM 故障仿真，但是可以对大多数 I/O 错误和程序错误仿真。

2）PLCSIM 工作模式的改变（如由 RUN 转换 STOP 模式）不会使 I/O 进入"安全"状态。

3）PLCSIM 不支持功能模块和点对点通信。

4）PLCSIM 支持有 4 个累加器的 S7-400 CPU，在某些情况下 S7-400 PLC 与只有 2 个累加器的 S7-300 PLC 的程序运行可能不同。

5）在用 PLCSIM 仿真 S7-300 PLC 程序时，如果想定义 CPU 支持的模块，首先必须下载硬件组态。因为 S7-300 PLC 的大多数 CPU 的 I/O 是自动组态的，模块插入物理控制器后被 CPU 自动识别。仿真 PLC 没有这种自动识别功能。如果将自动识别 I/O 的 S7-300 PLC 程序下载到仿真 PLC，则系统数据没有 I/O 组态。

2.4.3 PLC 系统的设计步骤

在用 SETP 7 软件设计 S7-300 系列 PLC 应用系统时，既可以采用先硬件组态，后创建程序的方式，也可以采用先创建程序，后硬件组态的方式，PLC 系统设计流程如图 2-43 所示。如果要创建一个使用较多输入和输出点的复杂程序，建议先进行硬件组态、编辑符号表，然后再创建用户程序，这样可以使用元件的符号地址进行编程与校验，增强用户程序可读性，还可以避免元件的引用错误，提高程序的编写效率。

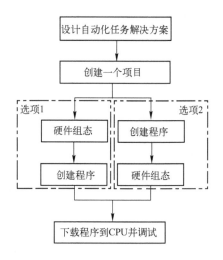

图 2-43 PLC 系统设计流程

2.4.4 PLC 设计项目的下载

对于初学者而言，进行 PLC 设计项目的下载时，在确认 PC 与 PLC 的连接及接口设置没有问题的前提下，还会遇到不能完成下载的情况。问题可能是目标 PLC 曾经被其他人下载过系统硬件信息，PC 上设计项目所用 CPU 的 MPI 或 PROFIBUS 地址与实际目标 PLC 的 MPI 或 PROFIBUS 地址不一致。

解决的办法也是前面所推荐的下载方式：先在硬件组态环境下选择可访问节点地址（见图 2-41），下载硬件信息，然后就可以顺利完成程序块的下载。

另外，在进行硬件组态时，4～11 号槽位可以放置数字量信号模块，也可以放置模拟量信号模块、通信处理器或功能模块。具体放置什么模块则必须与实际模块的安装顺序一致，且所放置的模块型号及订货号必须与实际模块相同，否则同样会出现下载错误。

2.4.5 TIA 博途

TIA 博途是全集成自动化软件 TIA（Totally Integrated Automation，Portal）的简称，是西门子工业自动化集团于 2011 年 4 月发布的一款全新的全集成自动化软件。它是业内首个采用统一的工程组态和软件项目环境的自动化软件，几乎适用于所有自动化任务。TIA 博途提供的软件集成平台，包括：

① SIMATIC Step 7，用于控制器（PLC）与分布式设备的组态和编程；
② SIMATIC WinCC，用于人机界面（HMI）的组态；
③ SIMATIC Safety：用于安全控制器（Safety PLC）的组态和编程；
④ SINAMICS Startdrive，用于驱动设备的组态与配置；
⑤ SIMOTION Scout，用于运动控制的配置、编程与调试。

TIA 博途向所有组态界面间提供高级共享服务，向用户提供统一的导航，并能确保系统操作的一致性。

TIA 博途是适合 SIMATIC S7-1500/1200/400/300 的 PLC 编程软件，具有其他编程软件所具有的编程语言。与传统编程软件相比，无需花费大量时间集成各个软件包，可借助该全新的工程技术软件平台，通过添加不同领域的软件，进行组态、编程和调试。比如，通过 SIMATIC Step 7 来进行控制器、分布式 I/O 的组态和编程；通过 SIMATIC WinCC 对人机界面进行组态，用户能够快速、直观地开发和调试自动化系统。同时，在 TIA 博途软件中编辑程序更加人性化，梯形图画法更加灵活，如：同一网段下支持多个独立分支，解除了以前无论是 S7-200 还是 S7-300 梯形图都不允许在一个网段内有多个分支的限制；输出指令后可继续编写，指令改写更加便捷、高效；接口和使能输出端可自定义等；兼顾了高效性和易用性，同时显著降低了成本。

相信 TIA 博途未来会得到更加广泛的应用。

2.5 习题

1．硬件组态的任务是使用 STEP 7 对 SIMATIC 工作站进行_____配置和_____分配。

2．硬件组态的步骤是，先建一个_____项目，再打开_____配置图标，然后在硬件目录中插入一个_____，并在 1 号槽插入一个_____模块，在 2 号槽插入一个模块，在 4 号槽插入一个_____模块等。

3．硬件组态时 3 号槽放置_____模块，如果没有此模块可以_____。

4．硬件组态完成后一定要进行_____。

5．符号表中 Symbol 代表_____，Address 代表_____，Comment 代表_____。

6．怎样打开和关闭梯形图和语句表中的符号显示方式和符号信息？

7．PLC 控制方式与继电器-接触器控制方式有什么不同？

8．仿真 PLC 与实际 PLC 有什么不同？

9．如何使仿真 PLC 的符号与实际符号一致？

10．在硬件组态过程中，如果组态的硬件与实际使用的模块型号不同，会出现什么结果？

11．硬件组态时最多可以放置几个机架？是不是每个机架上都有 CPU 模块？

12．硬件组态时机架上 1～10 号槽分别放什么模块？能不能互换？

第3章 基本逻辑指令的应用

3.1 指令基础

3.1.1 指令的基本知识

1．指令的组成

指令是组成程序的最小独立单位，用户程序由若干条顺序排列的指令构成。指令一般由操作码和操作数组成，其中的操作码表示指令要完成的具体功能，操作数则是该指令操作或运算的对象。例如，对于 STL 指令"A　I0.0"，其中"A"是操作码，表示该指令的功能是逻辑"与"操作；"I0.0"是操作数，也就是数字量输入模块的第 0 字节的第 0 位；该指令的功能就是对 I0.0 进行"与"操作。

2．变量、常数及其数据类型

指令操作数既可以是变量，也可以是常量或常数。如果指令的操作数是变量，则该变量既可以用绝对地址表示，也可以用符号地址表示。绝对地址是数字地址；符号地址是用户在符号表或声明表中定义的与绝对地址相对应并具有一定意义的字符串。

（1）变量的绝对地址

对于一个信号输入模块或输出模块而言，每个输入/输出点或输入/输出通道的绝对地址都是确定的，可以采用系统默认地址，也可以由用户在硬件组态时为模块指定起始地址。但对数字量信号和模拟量信号的表示是有区别的。

二维码 3-1 变量的绝对地址

数字量信号包含二进制"位"信息，该"位"信息可以是一个限位开关、按钮等操作机构对数字量输入模块的输入信号，也可以是数字量输出模块对指示灯、接触器等执行机构的输出信号。

模拟量信号包含 16 位信息，对应模拟量信号模块的一个通道，在 PLC 中用 1 字（Word）或 2 B（Byte）表示。

PLC 中的数字量信号以布尔（BOOL）类型存储，而模拟量信号则以整数（INT）或者实数（REAL）类型存储。在 STEP 7 中有如下 4 种数据类型长度可以被变量的绝对地址引用。

1）1 位（Bit）适用于布尔数据类型。布尔类型变量通过一个变量标识符、一个字节数字、一个间隔符（小数点）和一个位数字来引用一个绝对地址。字节数字的编号从每个存储区域的 0 地址开始，其上限受 CPU 限制；位数字范围是 0~7。例如：I1.0 表示数字量输入区域的第 1 B 的第 0 位；Q16.4 表示数字量输出区域的第 16 B 的第 4 位。

2）8 位适用于字节（BYTE）类型或其他长度为 8 位的布尔数据类型。字节类型变量通过一个地址标识符 B 和一个字节数字编号来引用一个绝对地址。例如：IB2 表示数字量输入区域的第 2 B；QB18 表示数字量输出区域的第 18 B。

3）16 位适用于字（WORD）类型或其他长度为 16 位的数据类型。字类型变量通过一个地址标识符 W 和一个字数字编号来引用一个绝对地址。1 字由 2 B 组成，其中高地址字节位于字的低位，低地址字节位于字的高位。为了避免两个字变量出现字节重叠，一般规定字的地址用偶数表示。例如：IW4 表示数字量输入区域地址是 4 的字，它包含 IB4（高字节）和 IB5（低字节）；QW20 表示数字量输出区域地址是 20 的字，它包含 QB20（高字节）和 QB21（低字节）。

4）32 位适用于双字（DWORD）类型或其他长度为 32 位的数据类型。双字类型变量通过一个地址标识符 D 和一个双字数字编号来引用一个绝对地址。1 双字由 4 字节组成，其中最高地址字节位于双字的最低位，最低地址字节位于双字的最高位。为了避免两个双字变量出现字节重叠，一般规定双字的地址用 4 的倍数表示。例如：ID8 表示数字量输入区域地址是 8 的双字，它包含 IB8（高字节）、IB9（次高字节）、IB10（次低字节）和 IB11（低字节）；QD24 表示数字量输出区域地址是 24 的双字，它包含 QB24（高字节）、QB25（次高字节）、QB26（次低字节）和 QB27（低字节）。字节、字及双字的关系如图 3-1 所示。

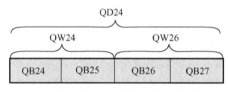

图 3-1 字节、字及双字的关系

（2）变量的符号地址

符号地址就是用户给绝对地址所起的名字（字符串），可以用来代替对应的绝对地址。符号必须先定义再使用，定义的符号可以由大小写字母、数字及下划线构成，且必须以字母开头，长度不超过 24 个字符，所定义的符号不能是系统关键词。根据使用场合不同，符号分为全局符号和局部符号。

- 全局符号：SIMATIC Manager 的符号表中定义的符号，可以适用于所有的程序块。
- 局部符号：在某个程序块（OB、FC、FB 等）的变量声明表中定义的符号，只能应用于该程序块。如果定义的局部符号与全局符号重名，该局部符号前会自动添加一个"#"。

（3）常数及其数据类型

常数是预先给定的数据。在 STEP 7 中，每个常数都有一个前缀来表示其数据类型。

数据类型决定数据的属性。在 STEP 7 中，数据类型分为 3 大类：基本数据类型、复杂数据类型和参数类型。

1）基本数据类型：用于定义不超过 32 位的数据（符合 IEC1133-3 的规定），可以装入 S7 处理器的累加器中，利用 STEP 7 基本指令处理。基本数据有布尔型（BOOL）、整数型（INT）、实数型（REAL）和 BCD 码 4 种类型，具体分为 16 种，每一个数据类型都具备关键词、数据长度、取值范围及常数表示形式等属性，表 3-1 列出了 S7-300 PLC 支持的基本数据类型。

表 3-1 S7-300 PLC 支持的基本数据类型

类型（关键词）	位数	表示形式	数据与范围	示 例
布尔（BOOL）	1	布尔量	True 或 False	True
字节（BYTE）	8	十六进制	B#16#0～B#16#FF	L B#16#20
字（WORD）	16	二进制	2#0～2#1111_1111_1111_1111	L 2#0000_0011_1000_0000
		十六进制	W#16#0～W#16#FFFF	L W#16#0380
		BCD 码	C#0～C#999	L C#896
		无符号十进制	B#(0,0)～B#(255,255)	L B#(10,10)
双字（DWORD）	32	十六进制	DW#16#0000_0000～DW#16#FFFF_FFFF	L DW#16#0123_ABCD
		无符号数	B#(0,0,0,0)～B#(255,255,255,255)	L B#(1,23,45,67)
字符（CHAR）	8	ASCII 字符	可打印 ASCII 字符	'A'、'0'、','
整数（INT）	16	有符号十进制数	-32768～+32767	L -23
长整数（DINT）	32	有符号十进制数	L#-214 7483 648～L#214 7483 647	L #23
实数（REAL）	32	IEEE 浮点数	±1.175 495e-38～±3.402 823e+38	L 2.345 67e+2
时间（TIME）	32	带符号 IEC 时间，分辨率为 1 ms	T#-24D_20H_31M_23S_648MS～T#24D_20H_31M_23S_647MS	L T#8D_7H_6M_5S_0MS
日期（DATE）	32	IEC 日期，分辨率为 1 天	D#1990_1_1～D#2168_12_31	L D#2005_9_27
实时时间（Time_Of_Daytod）	32	实时时间，分辨率为 1 ms	TOD#0:0:0.0～TOD#23:59:59.999	L TOD#8:30:45.12
S5 系统时间（S5TIME）	32	S5 时间，以 10 ms 为时基	S5T#0H_0M_10MS～S5T#2H_46M_30S_0MS	L S5T#1H_1M_2S_10MS

在表 3-1 中，布尔数据为无符号数据，可以是一个位（Bit）、一个字节（B）、一个字（W）和一个双字（D），可以用二进制或十六进制表示。

整数数据为有符号数据，其最高位为符号位，0 为正数，1 为负数，用二进制补码表示，正数的补码是它本身，负数的补码是各位取反后再加 1。有 16 位整数和 32 位双整数两种，取值范围是-32768～+32767（16 位）或-2147483648～+2147483647（32 位）。

实数数据为 32 位有符号的浮点数，其最高位为符号位，0 为正数，1 为负数。浮点数的优点是用有限的存储空间可以表示一个非常大或非常小的数。浮点数的数据范围为：$±1.175\ 495×10^{-38}～±3.402\ 823×10^{+38}$。

2）复杂数据类型：用于定义超过 32 位或由其他数据类型组成的数据。复杂数据类型要预定义，其变量只能在全局数据块中声明，可以作为参数或逻辑块的局部变量。STEP 7 支持数组（ARRAY）、结构（STRUCT）、字符串（STRING）、日期和时间（DATE_AND_TIME）、用户定义的数据类型（UDT）、功能块类型（FB、SFB）等 6 种复杂数据类型。STEP 7 的指令不能一次处理一个复杂的数据类型（大于 32 位），但是一次可以处理一个元素。

3）参数类型：是一种用于逻辑块（FB、FC）之间传递参数的数据类型，主要有定时器（TIMER）、计数器（COUNTER）、块（BLOCK）、6B 指针（POINTER）和 10B 指针（ANY）等类型。

3．S7-300 系列 PLC 用户存储区的分类及功能

PLC 的用户存储区在使用时必须按功能区分使用，所以在学习指令之前必须熟悉存储区的分类、表示方法、操作及功能。S7-300 系列 PLC 的

二维码 3-2
用户存储区的分类

存储区域的划分、功能、访问方式及标识符如表 3-2 所示。

表 3-2 S7-300 系列 PLC 的存储区域的划分、功能、访问方式及标识符

存 储 区 域	功　　能	运算单位	寻址范围	标识符
输入过程映像寄存器（又称输入继电器）（I）	在扫描循环的开始，操作系统从现场（又称过程）读取控制按钮、行程开关及各种传感器等送来的输入信号，并存入输入过程映像寄存器，其每一位对应数字量输入模块的一个输入端子	输入位	0.0～65 535.7	I
		输入字节	0～65 535	IB
		输入字	0～65 534	IW
		输入双字	0～65 532	ID
输出过程映像寄存器（又称输出继电器）（Q）	在扫描循环期间，逻辑运算的结果存入输出过程映像寄存器；在循环扫描结束前，操作系统从输出过程映像寄存器读出最终结果，并将其传送到数字量输出模块，直接控制 PLC 外部的指示灯、接触器、执行器等控制对象	输出位	0.0～65 535.7	Q
		输出字节	0～65 535	QB
		输出字	0～65 534	QW
		输出双字	0～65 532	QD
位存储器（又称辅助继电器）（M）	位存储器与 PLC 外部对象没有任何关系，其功能类似于继电器控制电路中的中间继电器，主要用来存储程序运算过程中的临时结果，可为编程提供无数量限制的触点，可以被驱动，但不能直接驱动任何负载	存储位	0.0～255.7	M
		存储字节	0～255	MB
		存储字	0～254	MW
		存储双字	0～252	MD
外部输入寄存器（PI）	用户可以通过外部输入寄存器直接访问模拟量输入模块，以便接收来自现场的模拟量输入信号	外部输入字节	0～65 535	PIB
		外部输入字	0～65 534	PIW
		外部输入双字	0～65 532	PID
外部输出寄存器（PQ）	用户可以通过外部输出寄存器直接访问模拟量输出模块，以便将模拟量输出信号送给现场的控制执行器	外部输出字节	0～65 535	PQB
		外部输出字	0～65 534	PQW
		外部输出双字	0～65 532	PQD
定时器（T）	作为定时器指令使用，访问该存储区可获得定时器的剩余时间	定时器	0～255	T
计数器（C）	作为计数器指令使用，访问该存储区可获得计数器的当前值	计数器	0～255	C
数据块寄存器（DB）	数据块寄存器用于存储所有数据块的数据，最多可同时打开一个共享数据块 DB 和一个背景数据块 DI；用"OPEN DB"指令可打开一个共享数据块 DB，用"OPEN DI"指令可打开一个背景数据块 DI	数据位	0.0～65 535.7	DBX 或 DIX
		数据字节	0～65 535	DBB 或 DIB
		数据字	0～65 534	DBW 或 DIW
		数据双字	0～65 532	DBD 或 DID
本地数据寄存器（又称本地数据）（L）	本地数据寄存器用来存储逻辑块（OB、FB 或 FC）中使用的临时数据，一般用作中间暂存器；这些数据实际存放在本地数据堆栈（又称 L 堆栈）中，当逻辑块执行结束时数据自然丢失	本地数据位	0.0～65 535.7	L

3.1.2 寻址方式和累加器

1. 操作数的寻址方式

所谓寻址方式就是指令执行时获取操作数的方式，可以用直接或间接方式给出操作数。STEP 7 系统支持 4 种寻址方式：立即寻址、存储器直接寻址、存储器间接寻址和寄存器间接寻址。

（1）立即寻址

立即寻址是对常数或常量的寻址方式，其特点是操作数直接表示在指令中，或以唯一形式隐含在指令中。下面各条指令操作数均采用了立即寻址方式，其中"//"后面的内容为指

令的注释部分，对指令的功能及执行没有任何影响。

```
L    66                //把常数 66 装入累加器 1 中
AW   W#16#168          //将十六进制数 168 与累加器 1 的低字进行"与"运算
SET                    //默认操作数为 RLO，实现对 RLO 的置 1 操作
```

（2）存储器直接寻址

存储器直接寻址简称为直接寻址。该寻址方式是在指令中直接给出操作数的存储单元地址。存储单元地址可用符号地址（如 SB1、KM 等）或绝对地址（如 I0.0、Q4.1 等）。下面各条指令操作数均采用了直接寻址方式。

```
A    I0.0              //对输入位 I0.0 执行逻辑"与"运算
=    Q4.1              //将逻辑运算结果送给输出继电器 Q4.1
L    MW2               //将存储字 MW2 的内容装入累加器 1
T    DBW4              //将累加器 1 低字中的内容传送给数据字 DBW4
```

（3）存储器间接寻址

存储器间接寻址简称为间接寻址。该寻址方式是在指令中以存储器的形式给出操作数所在存储器单元的地址，也就是说该存储器的内容是操作数所在存储器单元的地址。该存储器一般称为地址指针，在指令中需写在方括号"[ ]"内。地址指针可以是字或双字，对于地址范围小于 65 535 的存储器（如 T、C、DB、FB、FC 等）可以用字指针；对于其他存储器（如 I、Q、M 等）则要使用双字指针。如果要用双字指针访问字节、字或双字存储器，必须保证指针的位编号为 0。存储器间接寻址的双字指针的格式如图 3-2 所示。其中，位 0~2 的（xxx）为被寻址地址中位的编号（0~7），位 3~18 为被寻址地址的字节的编号（0~65 535）。

位序	31	24	23	16	15	8	7	0
	0000	0000	0000	0bbb	bbbb	bbbb	bbbb	bxxx

图 3-2 存储器间接寻址的双字指针的格式

【例 3-1】 存储器间接寻址单字格式的指针寻址实例。

```
L    2                 //将数字 2#0000_0000_0000_0010 装入累加器 1
T    MW50              //将累加器 1 低字中的内容传给 MW50 作为指针值
OPN  DB35              //打开共享数据块 DB35
L    DBW[MW50]         //将共享数据块 DBW2 的内容装入累加器 1
```

【例 3-2】 存储器间接寻址双字格式的指针寻址实例。

```
L    P#8.7             //把指针值装载到累加器 1
                       //P#8.7 的指针值为：2#0000_0000_0000_0000_0000_0000_0100_0111
T    [MD2]             //把指针值传送到 MD2
A    I[MD2]            //查询 I8.7 的信号状态
=    Q[MD2]            //给输出位 Q8.7 赋值
```

（4）寄存器间接寻址

寄存器间接寻址简称为寄存器寻址。该寻址方式是在指令中通过地址寄存器和偏移量间

接获取操作数，其中的地址寄存器及偏移量必须写在方括号“[ ]”内。在 S7-300 PLC 中有两个地址寄存器 AR1 和 AR2，用地址寄存器的内容加上偏移量形成地址指针，并指向操作数所在的存储器单元。地址寄存器的地址指针有两种格式，其长度均为双字，寄存器间接寻址的双字指针格式如图 3-3 所示。其中，位 0～2 的（xxx）为被寻址地址中位的编号（0～7），位 3～18 为被寻址地址中字节的编号（0～65 535），位 24～26 的（rrr）为被寻址地址的区域标识号，位 31 的 x=0 为区域内的间接寻址，x=1 为区域外的间接寻址。

位序	31	24	23	16	15	8	7	0
	x000	0rrr	0000	0bbb	bbbb	bbbb	bbbb	bxxx

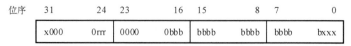

图 3-3　寄存器间接寻址的双字指针格式

第 1 种地址指针格式包括被寻址数据所在存储单元地址的字节编号和位编号，至于对哪个存储区寻址，则必须在指令中明确给出。这种格式适用于在确定的存储区内寻址，即区域内寄存器间接寻址。

第 2 种地址指针格式包含了数据所在存储区的说明位（存储区域标识位），可通过改变标识位实现跨区域寻址，区域标识由位 26～24 确定，地址指针区域标识位的含义如表 3-3 所示。这种指针格式适用于区域间寄存器间接寻址。

表 3-3　地址指针区域标识位的含义

位 26、25、24 二进制值	存　储　区	区域标识符
000	外设 I/O 存储区	P
001	输入过程映像寄存器	I
010	输出过程映像寄存器	Q
011	位存储	M
100	共享数据块	DBX
101	背景数据块	DBI
111	先前的本地数据，也就是先前为完成块的本地数据	L

2. 累加器

累加器是用于处理字节、字或双字的 32 位累加器。S7-300 PLC 有两个累加器（累加器 ACCU1 和累加器 ACCU2），可以把操作数送入累加器，并在累加器中进行运算和处理。处理 8 位或 16 位数据时，数据放在累加器中的低位（右对齐），空出的高位用 0 填补。

3.2　触点与线圈

在 LAD（梯形图）程序中，通常使用类似继电器控制电路中的触点符号及线圈符号来表示 PLC 的位元件，被扫描的操作数（用绝对地址或符号地址表示）则标注在触点符号或线圈符号的上方，如图 3-4 所示。

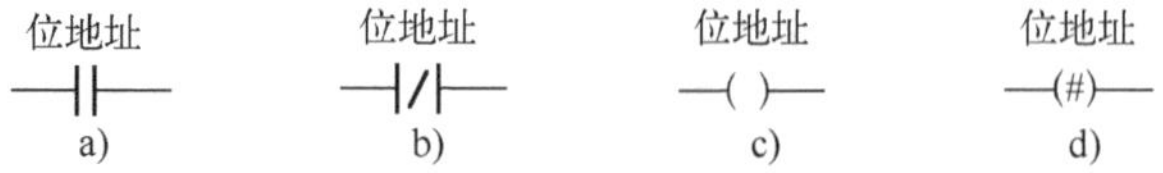

图 3-4　触点和线圈

a) 常开触点　b) 常闭触点　c) 输出线圈　d) 中间输出

1. 常开触点

常开触点的符号如图 3-4a 所示。与继电器的常开触点相似，对应的元件被操作时，其常开触点闭合；否则，对应常开触点"复位"，即触点仍处于断开的状态。

2. 常闭触点

常闭触点的符号如图 3-4b 所示。与继电器的常闭触点相似，对应的元件被操作时，其常闭触点断开；否则，对应常闭触点"复位"，即触点仍保持闭合的状态。

3. 输出线圈（赋值指令）

输出线圈的符号如图 3-4c 所示，输出线圈与继电器控制电路中继电器的线圈一样，如果有电流（信号流）流过线圈（RLO=1），则元件被驱动，与其对应的常开触点闭合、常闭触点断开；如果没有电流流过线圈（RLO=0），则元件被复位，与其对应的常开触点断开、常闭触点闭合。

输出线圈等同于 STL 程序中的赋值指令（用等于号"="表示）。

4. 中间输出

中间输出的符号如图 3-4d 所示。在梯形图设计时，如果一个逻辑串很长不便于编辑时，可以将逻辑串分成几个段，前一段的逻辑运算结果（RLO）可作为中间输出存储在位存储器 M 中，该存储位可以当作一个触点出现在其他逻辑串中。中间输出只能放在梯形图逻辑串的中间，而不能出现在最左端或最右端。对图 3-5a 所示的梯形图，可等效为图 3-5b 的形式。

图 3-5a 中的 M1.0 为中间输出的位存储器，当输入位 I2.0 和 I2.1 同时动作时，存储位 M1.0 被置 1，输出位 Q4.0 动作；否则 M1.0 被置 0，Q4.0 复位。当 I2.0、I2.1 同时动作（M1.0 被置 1）且 I2.2 也动作时，Q4.1 信号状态为 1；否则 Q4.1 信号状态为 0。

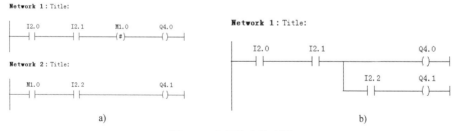

图 3-5 中间输出的应用

3.3 基本逻辑指令

基本逻辑指令包括："与""或""异或"和"取反"指令。

3.3.1 逻辑"与"指令

逻辑"与"指令有两种形式（STL 和 FBD），用 LAD（梯形图语言）也可以实现逻辑"与"运算，逻辑"与"指令的格式及示例如表 3-4 所示。STL 指令中的"A"表示对原变量（常开触点）执行逻辑"与"操作，"AN"表示对反变量（常闭触点）执行逻辑"与"操作。

表 3-4 逻辑"与"指令的格式及示例

指令形式	STL	FBD	等效梯形图
格式	A 位地址1 A 位地址2		
示例1	A I0.0 A I0.1 = Q4.0 = Q4.1		
示例2	A I0.2 AN M8.3 = Q4.1		

在表 3-4 的示例 1 中，当 I0.0 和 I0.1 都为 1，Q4.0 和 Q4.1 为 1（继电器线圈得电，Q4.0 和 Q4.1 的触点动作）；否则，Q4.0 和 Q4.1 为 0（继电器线圈失电，Q4.0 和 Q4.1 的触点复位）。在表 3-4 的示例 2 中，当 I0.2 为 1（常开触点闭合），且 M8.3 为 0（常闭触点闭合）时，Q4.1 为 1；否则 Q4.1 为 0。

3.3.2 逻辑"或"指令

逻辑"或"指令有两种指令形式（STL 和 FBD），用 LAD 也可以实现逻辑"或"运算，逻辑"或"指令的格式及示例如表 3-5 所示。STL 指令中的"O"表示对原变量（常开触点）执行逻辑"或"操作；"ON"表示对反变量（常闭触点）执行逻辑"或"操作。

表 3-5 逻辑"或"指令的格式及示例

指令形式	STL	FBD	等效梯形图
格式	O 位地址1 O 位地址2		
示例1	O I0.2 O I0.3 = Q4.2		
示例2	O I0.2 ON M10.1 = Q4.2		

在表 3-5 的示例 1 中，I0.2 和 I0.3 只要有一个为 1，Q4.2 即为 1；I0.2 和 I0.3 均为 0 时，Q4.2 才为 0。在表 3-5 的示例 2 中，若 I0.2 为 1 或 M10.1 为 0 时，Q4.2 为 1；若 I0.2 为 0 且 M10.1 为 1 时，Q4.2 才为 0。

3.3.3 逻辑"异或"指令

逻辑"异或"指令有两种指令形式（STL 和 FBD），用 LAD 也可以实现逻辑"异或"

运算，逻辑"异或"指令的格式及示例如表 3-6 所示。STL 指令中的"X"表示对原变量（常开触点）执行逻辑"异或"操作，"XN"表示对反变量（常闭触点）执行逻辑"异或"操作。

表 3-6 逻辑"异或"指令的格式及示例

指令形式	STL	FBD	等效梯形图
格式	X 位地址1 X 位地址2 XN 位地址1 XN 位地址2	"位地址1" XOR "位地址2" "位地址1" XOR "位地址2"	"位地址1" "位地址2" —||——|/|— "位地址1" "位地址2" —|/|——||—
示例1	X I0.4 X I0.5 = Q4.3 XN I0.4 XN I0.5 = Q4.3	I0.4 XOR Q4.3 I0.5 = I0.4 XOR Q4.3 I0.5 =	I0.4 I0.5 Q4.3 —||——||——( )— I0.4 I0.5 —|/|——|/|—
示例2	X I0.4 XN I0.5 = Q4.3	I0.4 XOR Q4.3 I0.5 =	I0.4 I0.5 Q4.3 —||——|/|——( )— I0.4 I0.5 —|/|——||—

在表 3-6 的示例 1 中，I0.4 和 I0.5 为逻辑"异或"的关系。当 I0.4 和 I0.5 不同时，输出位 Q4.3 为 1；否则 Q4.3 为 0。在表 3-6 的示例 2 中，I0.4 和 I0.5 为逻辑"同或"的关系。当 I0.4 和 I0.5 相同时，输出位 Q4.3 为 1；否则 Q4.3 为 0。

3.3.4 逻辑块的操作

逻辑"与""或"指令可以任意组合，CPU 的扫描顺序是先"与"后"或"，遇到括号时则先扫描括号内的指令，再扫描括号外的指令。对于 STL，先"与"后"或"操作可不使用括号，先"或"后"与"操作必须使用括号来改变自然扫描顺序，逻辑块的操作格式及示例如表 3-7 所示。

表 3-7 逻辑块的操作格式及示例

实现方式	LAD	FBD	STL
先"与"后"或"操作示例	I1.0 I1.1 M3.1 Q4.4 —||——||——||——( )— I1.3 M3.0 —||——|/|— M3.2 —|/|—	I1.0 & I1.1 M3.1 >=1 I1.3 & M3.0 M3.2 Q4.4 =	A I1.0 A I1.1 A M3.1 O A I1.3 AN M3.0 ON M3.2 = Q4.4

55

(续)

实现方式	LAD	FBD	STL
先"或"后"与"操作示例	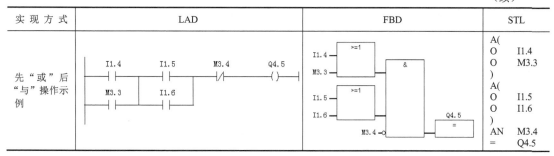		A(O I1.4 O M3.3) A(O I1.5 O I1.6) AN M3.4 = Q4.5

3.3.5 信号流取反指令

信号流取反指令的作用就是对逻辑串的 RLO 值（逻辑操作结果）取反，RLO 位的状态能表示有关信号流的信息，RLO 状态为 1，表示有信号流通，为 0 表示无信号流通。），信号流取反指令的格式及示例如表 3-8 所示。示例中，当 I0.0 和 I0.1 同时为 1 时，Q4.0 为 0；否则 Q4.0 为 1。

表 3-8 信号流取反指令的格式及示例

指令形式	LAD	FBD	STL
格式	─┤NOT├─	─○═	NOT
示例	─┤I0.0├─┤I0.1├─┤NOT├─(Q4.0)─	I0.0 & Q4.0 I0.1 ○═	A I0.0 A I0.1 NOT = Q4.0

3.4 边沿检测指令

STEP 7 中有两类、共 4 种边沿检测指令，一类是对 RLO（逻辑操作结果）的上升沿及下降沿检测的指令，另一类是对触点的上升沿及下降沿直接检测的梯形图方块指令。RLO 的边沿检测指令是指当前的 RLO 值与前一次扫描周期的 RLO 值做比较，判断是否有上升沿或者下降沿，如果有，则产生一个扫描周期的"1"信号。

3.4.1 RLO 的上升沿检测指令

RLO 的上升沿检测指令的格式及示例如表 3-9 所示。RLO 边沿检测指令指定一个"位存储器"，用来记录前一周期 RLO 的信号状态，以便进行比较。在 OB1 的每一个扫描周期，RLO 位的信号状态都将与前一周期获得的结果进行比较，看信号状态是否有变化。

表 3-9 RLO 的上升沿检测指令的格式及示例

指令形式	LAD	FBD	STL
格式	"位存储器" ─(P)─	"位存储器" ─ P ─	FP 位存储器

(续)

指令形式	LAD	FBD	STL
示例1	I1.0 —| |— M1.0 —(P)— Q4.0 —( )—	M1.0 — [P] — Q4.0 [=]；I1.0输入	A I1.0 FP M1.0 = Q4.0
示例2	I1.1 —| |— M1.1 —(P)— Q4.1 —( )—；I1.2 —|/|—	I1.1, I1.2 → [>=1] — M1.1 [P] — Q4.1 [=]	A(O I1.1 ON I1.2) FP M1.1 = Q4.1

在表3-9的示例1中，当I1.0出现由0到1的变化时，Q4.0变为1并维持一个扫描周期，之后Q4.0又变为0。在表3-9的示例2中，当I1.1常开触点和I1.2常闭触点逻辑"或"的结果如果出现由0到1的变化时，则Q4.1变为1并维持一个扫描周期，之后Q4.1又变为0。

3.4.2 RLO 的下降沿检测指令

RLO 的下降沿检测指令的用法与上升沿检测指令相同，RLO 的下降沿检测指令的格式及示例如表3-10所示。

表3-10 RLO 的下降沿检测指令的格式及示例

指令形式	LAD	FBD	STL
格式	"位存储器" —(N)—	位存储器 [N]	FN 位存储器
示例1	I1.0 —| |— M1.2 —(N)— Q4.2 —( )—	M1.2 [N] — Q4.2 [=]；I1.0输入	A I1.0 FN M1.2 = Q4.2
示例2	I1.1 —| |— M1.3 —(N)— Q4.3 —( )—；I1.2 —|/|—；I1.3 —| |—	I1.1, I1.2 → [>=1] — M1.3 [N] — [>=1] — Q4.3 [=]；I1.3	A(O I1.1 ON I1.2) FN M1.3 O I1.3 = Q4.3

在表3-10的示例1中，当I1.0出现由1到0的变化时，Q4.2变为1并维持一个扫描周期，之后Q4.2又变为0。在表3-10的示例2中，在I1.3常开触点断开的情况下，如果I1.1常开触点和I1.2常闭触点逻辑"或"的结果出现由1到0的变化，则Q4.3变为1并维持一个扫描周期，之后Q4.3又变为0。如果I1.3常开触点闭合，则Q4.3为1，不受I1.1及I1.2状态的影响。

图3-6所示为RLO边沿检测指令工作时序图，说明了示例中边沿指令FP和FN指令的检测时序。对于FP指令，当 A 点的RLO状态由0变为1时，当前的RLO值与M1.0的记录值进行比较，表明有上升沿信号产生，M8.0 输出一个扫描周期的"1"信号，同时当前的RLO值存入M1.0，为下一个扫描周期的比较做准备。对于FN指令，当 B 点的RLO状态由1变为0时，当前的RLO值与M1.1的记录值进行比较，表明有下降沿信号产生，M8.1输出一个扫描周期的"1"信号，同时当前的RLO值存入M1.1，为下一个扫描周期的比较做准备。

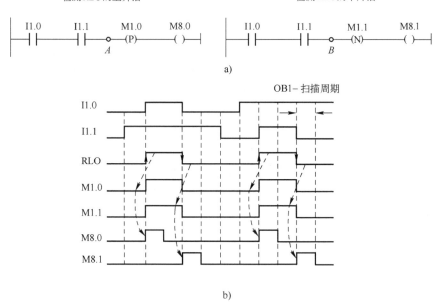

图 3-6 RLO 边沿检测指令工作时序图

a) 梯形图 b) 工作时序

3.4.3 触点信号的上升沿检测指令

触点信号上升沿检测指令的格式及示例如表 3-11 所示。指令中的"位地址 1"为被扫描的触点信号；"位地址 2"为边沿存储位，用来存储触点信号，即"位地址 1"前一周期的状态；Q 为输出，当"启动条件"为真且"位地址 1"出现上升沿信号时，Q 端可输出一个扫描周期的"1"信号。为了区别 RLO 边沿检测指令与触点边沿检测指令，在 STL 语句中，FP 或 FN 后面加一条 BLD 100 语句。

表 3-11 触点信号上升沿检测指令的格式及示例

指令形式	LAD	FBD	STL 等效程序
格式	"启动条件" "位地址1" POS Q "位地址2"—M_BIT	"位地址1" POS "位地址2"—M_BIT Q	A 地址 1 BLD 100 FP 地址 2 = 输出
示例 1	I1.0 POS Q4.0 M0.0—M_BIT	I1.0 POS M0.0—M_BIT Q = Q4.0	A I1.0 BLD 100 FP M0.0 = Q4.0
示例 2	I0.0 I1.1 I0.1 Q4.1 POS M0.1—M_BIT	I1.1 POS M0.1—M_BIT Q & I0.0 I0.1 = Q4.1	A I0.0 A(A I1.1 BLD 100 FP M0.1) A I0.1 = Q4.1

在表 3-11 的示例 1 中，当 I1.0 出现上升沿时，则 Q4.0 变为 1，并保持一个周期，之后

又变为 0。在表 3-11 的示例 2 中，当 I1.1 出现上升沿，且 I0.0 的常开触点及 I0.1 的常开触点同时闭合时，则 Q4.1 变为 1，并保持一个周期，之后又变为 0。否则，Q4.1 为 0。

3.4.4 触点信号的下降沿检测指令

触点信号下降沿检测指令的用法与上升沿检测指令相同，触点信号的下降沿检测指令的格式及示例如表 3-12 所示。指令中当"启动条件"为真且"位地址 1"出现下降沿信号时，Q 端可输出一个扫描周期的"1"信号。

表 3-12 触点信号下降沿检测指令的格式及示例

指令形式	LAD	FBD	STL 等效程序
格式	"启动条件" "位地址1" NEG Q "位地址2" M_BIT	"位地址1" NEG M_BIT Q	A 地址1 BLD 100 FN 地址2 = 输出
示例	I0.0 I0.1 I1.1 I0.2 Q4.3 M0.4 M0.3-M_BIT NEG Q	I0.0—& I1.1 NEG M0.3-M_BIT Q & Q4.3 I0.1—>=1 M0.4 I0.2	A(A I0.0 AN I0.1 O M0.4) A(A I1.1 BLD 100 FN M0.3 A I0.2 = Q4.3

在表 3-12 的示例中，当 I1.1 出现下降沿，且 I0.0 的常开触点、I0.1 的常闭触点及 I0.2 的常开触点同时闭合，或 M0.4 的常开触点及 I0.2 的常开触点同时闭合时，则 Q4.3 变为 1，并保持一个周期，之后又变为 0。否则，Q4.3 为 0。

图 3-7 中的触点信号状态图说明了表 3-11 和表 3-12 的示例中 POS 指令和 NEG 指令的检测时序。

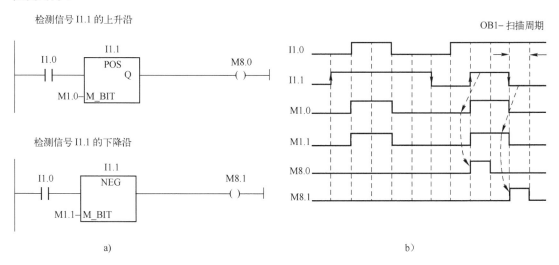

图 3-7 触点信号边沿检测指令

a) 梯形图 b) 工作时序

3.5 技能训练 电动机的基本控制

在工业控制中,往往要求生产机械的运动部件能够实现正反两个方向的运动,这就要求拖动电动机能进行正、反向旋转。本技能训练要解决的问题是用 PLC 实现三相交流异步电动机的可逆旋转控制。

3.5.1 PLC 控制系统的硬件设计

电动机可逆旋转控制原理如图 3-8 所示。

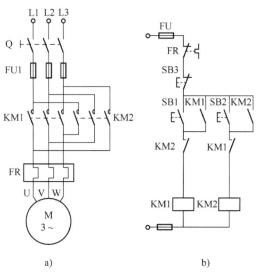

图 3-8 电动机可逆旋转控制原理图

a) 主电路 b) 控制电路

1. 元件清单

主回路需要刀开关 1 个、交流接触器 2 个、熔断器 3 个、热继电器 1 个,主回路原理图如图 3-8a 所示;控制回路需要中间继电器 2 个、熔断器 2 个、常开按钮 2 个、常闭按钮 1 个、PLC 装置 1 套,具体配置:PS307(5 A)电源模块 1 个、CPU 314 模块 1 个、SM321 DI32×DC 24 V 数字量信号输入模块 1 个、SM322 DO16×Rel AC 120 V/230 V 数字量信号输出模块 1 个(继电器输出)。

2. 控制回路

由图 3-8 可知,用 PLC 实现电动机正反转控制,主电路仍然需要保留,接线时注意正反转接触器需要调相。通过中间继电器(线圈电压为直流 24 V、触点电压为交流 380 V)驱动接触器,然后由接触器再驱动大电流负载,这样还可以实现 PLC 系统与电气操作回路的电气隔离。控制回路包括 PLC 端子接线图(见图 3-9)和接触器控制原理图(见图 3-10),其中 KA1 和 KA2 分别为正转和反转控制用中间继电器,KM1 和 KM2 分别为正转和反转接触器,SB1 和 SB2 分别为正转和反转起动按钮,SB3 为停止按钮,FR 是主回路中热继电器的常闭触点。

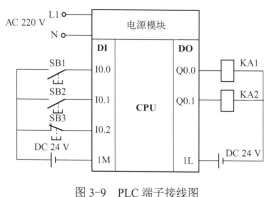

图 3-9 PLC 端子接线图

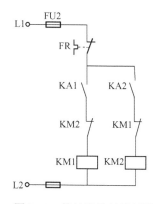

图 3-10 接触器控制原理图

该 PLC 硬件系统使用的数字量输入模块有 32 个输入点,外部控制按钮(SB1、SB2、SB3)通过 DC 24 V 送入相应的输入点(I0.0、I0.1、I0.2)。使用的数字量输出模块有 16 个输出点,外部负载(KA1、KA2)均通过电源(如 DC 24 V)接在公共电源输入端(如 1L)与输出端(Q0.0、Q0.1)之间。

控制原理:在停机状态下,如果需要电动机正转,则按下正转起动按钮 SB1,输入点 I0.0 接通,通过 PLC 内部用户程序使输出点 Q0.0 接通、Q0.1 断开,KA1 线圈得电,其常开触点闭合,从而使 KM1 线圈得电,串接于主回路的 KM1 主触点闭合,实现电动机的正转。在 PLC 内部通过程序运算,实现输出点 Q0.0 的自锁。当需要停机时,则按下停止按钮 SB3,输入点 I0.2 断开,通过 PLC 内部用户程序解除对 Q0.0 的自锁,Q0.0 断开,电动机停机。对电动机的反转操作也是这样。

3. 硬件组态

要用 S7-300/400 系列 PLC 实现对电动机的可逆旋转控制,除了要连接好前面所介绍的主回路、PLC 外围控制回路及中间继电器-接触器控制回路以外,还必须在 STEP 7 环境下进行 PLC 的硬件组态(设置与实际硬件配置完全相同的硬件信息)、编写 PLC 的控制程序,并将硬件组态信息及控制程序下载到 PLC。

创建 PLC 项目和硬件组态的过程与第 2 章技能训练中的操作步骤相同,此处不再赘述。

3.5.2 PLC 控制系统的软件设计

1. 控制程序

根据控制要求,在停机状态下按下正转起动按钮 SB1,则电动机正转起动并保持正转状态;在停机状态下按下反转起动按钮 SB2,则电动机反转起动并保持反转状态;在任何状态下按停止按钮 SB3,则电动机立即停机。由此可列出电动机的控制逻辑简化真值表,如表 3-13 所示。其中,1 表示 PLC "软元件"的状态为 1,即触点闭合或线圈得电;0 表示 PLC "软元件"的状态为 0,即触点断开或线圈失电;"T"表示输出元件操作前的状态(现态);"T+1"表示输出元件操作完成后的状态(次态)。

表 3-13 电动机控制逻辑简化真值表

操作按钮		操作前的状态		操作后的状态		说 明
I0.0	I0.2	$Q0.0^T$	$Q0.1^T$	$Q0.0^{T+1}$	$Q0.1^{T+1}$	正转控制
1	1	0	0	1	0	停机状态下按正转起动按钮→正转
0	1	1	0	1	0	正转状态下松开正转起动按钮→正转保持
1	1	1	0	1	0	正转状态下再按正转按钮→正转保持
I0.1	I0.2	$Q0.0^T$	$Q0.1^T$	$Q0.0^{T+1}$	$Q0.1^{T+1}$	反转控制
1	1	0	0	0	1	停机状态下按反转起动按钮→反转
0	1	0	1	0	1	反转状态下松开反转起动按钮→反转保持
1	1	0	1	0	1	反转状态下再按反转按钮→反转保持

根据控制逻辑简化真值表，利用数字电路的基本知识，将使 $Q0.0^{T+1}$ 及 $Q0.1^{T+1}$ 为 1 的最小项分别相加，可写出 $Q0.0^{T+1}$ 及 $Q0.1^{T+1}$ 的逻辑表达式如下：

$$Q0.0^{T+1} = I0.0 \cdot I0.2 \cdot \overline{Q0.0^T} \cdot \overline{Q0.1^T} + \overline{I0.0} \cdot I0.2 \cdot Q0.0^T \cdot \overline{Q0.1^T} + I0.0 \cdot I0.2 \cdot Q0.0^T \cdot \overline{Q0.1^T}$$

$$Q0.1^{T+1} = I0.1 \cdot I0.2 \cdot \overline{Q0.0^T} \cdot \overline{Q0.1^T} + \overline{I0.1} \cdot I0.2 \cdot \overline{Q0.0^T} \cdot Q0.1^T + I0.1 \cdot I0.2 \cdot \overline{Q0.0^T} \cdot Q0.1^T$$

化简后的逻辑表达式如下：

$$Q0.0^{T+1} = I0.2 \cdot \overline{Q0.1^T}(I0.0 + Q0.0^T)$$

$$Q0.1^{T+1} = I0.2 \cdot \overline{Q0.0^T}(I0.1 + Q0.1^T)$$

由此可绘制出 Q0.0 及 Q0.1 的控制逻辑图，如图 3-11 所示。

根据 FBD 语言可画出电动机正、反转控制功能块图（FBD）语言程序，如图 3-12 所示。

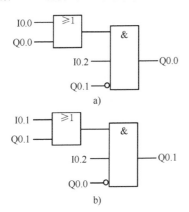
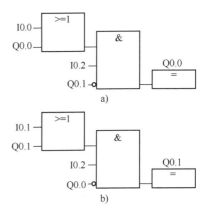

图 3-11 正、反转控制逻辑图
    a) 正转   b) 反转

图 3-12 电动机正、反转控制功能块图
    a) 正转   b) 反转

当然，在 STEP 7 的梯形图语言（LAD）环境下，也可以用若干个触点（或逻辑块）的串联来表示逻辑"与"的关系（逻辑与指令），用若干个触点（或逻辑块）的并联来表示逻辑"或"的关系（逻辑或指令），用圆括号"( )"表示逻辑输出（赋值指令）。一个完整的逻辑关系必须从左边的母线开始向右绘制，逻辑赋值指令必须与最右边的母线相连，能流只能从左母线开始，经状态为 1 的触点和赋值指令到右母线形成能流回路。按照这种方法可画出电动机正、反转控制梯形图，如图 3-13 所示。其中的常

开触点和常闭触点的符号及意义与继电器-接触器控制系统中常开触点和常闭触点的符号及意义相同。

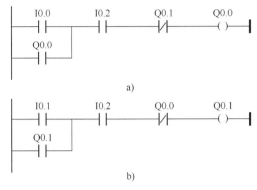

图 3-13　电动机正、反转控制梯形图

a) 正转　b) 反转

2. 编辑符号表

在项目管理器的 S7 Program（1）文件夹内，双击Symbols图标，打开符号表编辑器，并自动打开符号表。编辑本项目的符号表，如图 3-14 所示。

S7 Program(1) (Symbols) -- ch3-1\SIMATIC 300(1)\My CPU 314

	Status	Symbol	Address		Data type		Comment
1		KA1	Q	0.0	BOOL		正转控制用中间继电器
2		KA2	Q	0.1	BOOL		反转控制用中间继电器
3		SB1	I	0.0	BOOL		正转起动按钮，常开
4		SB2	I	0.1	BOOL		反转起动按钮，常开
5		SB3	I	0.2	BOOL		停止按钮，常闭
6		可逆旋转	FC	1	FC	1	可逆旋转控制程序
7							

图 3-14　编辑符号表

3. 编制程序

（1）创建并编制功能子程序块 FC1

在 Blocks 文件夹中添加一个功能 FC，在其“Properties-Function”（属性）对话框的“Name”（名称）文本框内输入“FC1”，在“Symbolic Name”（符号名）文本框内输入“可逆旋转”，在“Symbol Comment”（符号注释）文本框内输入“可逆旋转控制程序”，在“Created in Language”（编程语言）下拉列表中内选择“FBD”（功能块图语言），然后单击“OK”按钮确认，即可创建 FC1，如图 3-15 所示。

在 Blocks 文件夹内双击FC1图标进行程序编制，程序编制窗口如图 3-16 所示，具体过程如下。

1）单击 FC1 的程序块标题（Title），输入“电动机可逆旋转控制程序”；单击 FC1 的程序块说明（Comment），输入“SB1（I0.0）为正转起动按钮，常开；SB2（I0.1）为反转起动按钮，常开；SB3（I0.2）为停止按钮，常闭；KA1（Q0.0）为正转控制用中间继电器；KA2（Q0.1）为反转控制用中间继电器。”说明信息。

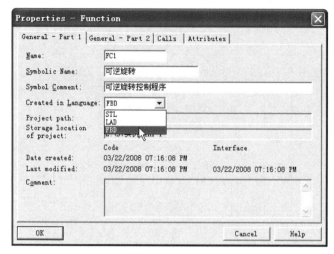

图 3-15 创建 FC1

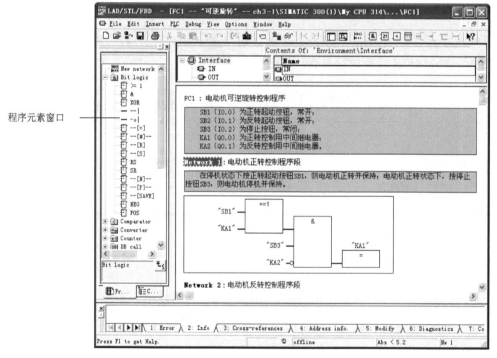

图 3-16 程序编制窗口

2）单击第一个程序段（Network 1）的标题部分，输入"电动机正转控制程序段"；单击第一个程序段的说明部分，输入"在停机状态下按正转起动按钮 SB1，则电动机正转并保持；电动机正转状态下，按停止按钮 SB3，则电动机停机并保持。"说明信息。

3）单击图 3-16 工具栏上的添加程序段图标 ，添加一个程序段（Network 2），然后单击其标题部分，输入"电动机反转控制程序段"；单击程序段的说明部分，输入"在停机状态下按反转起动按钮 SB2，则电动机反转并保持；电动机反转状态下，按停止按钮 SB3，则电动机停机并保持。"说明信息。

4）单击 Network 1 的程序编制区域，参照图 3-12 及图 3-16 完成电动机正转控制程序的编制。

5）单击 Network 2 的程序编制区域，编制电动机反转控制程序。

电动机可逆旋转（FBD）控制程序如图 3-17 所示。

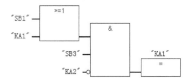

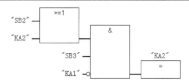

图 3-17　电动机可逆旋转（FBD）控制程序

（2）查看 FC1 的梯形图（LAD）程序及语句表（STL）程序

先保存程序，然后执行菜单命令"View"→"LAD"，切换到 LAD 显示及编辑方式，LAD 语言控制程序如图 3-18 所示；执行菜单命令"View"→"STL"，切换到 STL 显示及编辑方式，STL 语言控制程序如图 3-19 所示。

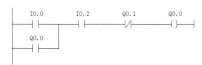

图 3-18　LAD 语言控制程序　　　　图 3-19　STL 语言控制程序

(3) 编辑组织块 OB1

子程序块 FC1 编辑完成以后，还必须在 OB1 中进行调用才能被 CPU 执行，OB1 的编辑过程如下。

1) 在项目管理器的 Blocks 文件夹内双击 OB1 图标打开 OB1 编辑窗口，然后执行菜单命令"View"→"LAD"切换到梯形图语言环境，在 OB1 的第一个程序段（Network 1）的标题区输入："调用电动机可逆旋转子程序，即调用功能 FC1"。

2) 单击 Network 1 的程序编辑区域，在程序元素窗口内单击 FC blocks（功能子程序块）图标，展开目录并双击 FC1 可逆旋转 图标。也可将 FC1 直接拖到 Network 1 的编辑区域，即可将 FC1 加入到 OB1，完成 FC1 的调用，如图 3-20 所示。

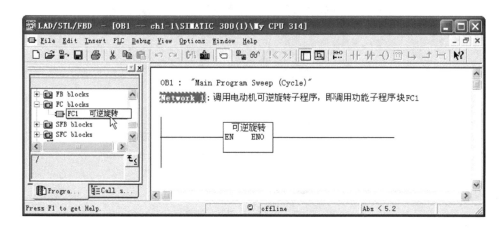

图 3-20　编辑 OB1 并调用 FC1

3.5.3　方案调试

在完成电动机可逆旋转控制系统的主回路及 PLC 控制回路接线以后，还必须将 PLC 系统硬件组态信息及控制程序下载到 PLC 中，才能对系统进行调试。

将 PLC 的硬件组态信息下载完毕后，在 SIMATIC Manager 的左视窗内单击程序块图标 Blocks，在右视窗中选择要下载的程序块（本例为 OB1 和 FC1），然后单击下载工具图标 进行下载。

打开 PLCSIM 仿真工具，在仿真窗口内将 CPU 模式开关切换到 RUN 或者 RUN-P 模式进行程序调试。通过设置 SB1、SB2、SB3 的状态，可观察 KA1 和 KA2 的状态。KA1 和 KA2 的状态不要人为设置。当位变量被勾选时，该变量为 1，否则为 0。

在仿真调试的同时，还可以打开 FC1 程序块，在线监视程序的运行状况。在 SIMATIC Manager 的左视窗内单击程序块图标 Blocks，然后在右视窗内双击打开 FC1。单击监视图标 ，通过操作 PLCSIM 窗口内变量的状态，可观察程序中元件状态的变化，在线监视程序如图 3-21 所示。其中绿色（实线）表示元件状态为 1，或已形成能流回路；蓝色（虚线）表示元件状态为 0，或未形成能流回路。

图 3-21 在线监视程序

3.6 习题

1．S7-300 PLC 的基本数据类型有_____、_____、_____。

2．S7-300 PLC 的内部元件有_____、_____、_____、_____、_____、_____、_____、_____、_____。

3．S7-300 PLC 的寻址方式有_____、_____、_____几种。

4．Q2.2 是输出第_____个字节第_____位。

5．MD100 中对应的最低 8 位字节是_____。

6．MW20 由_____和_____两个字节组成，其中_____是高字节，_____是低字节。

7．S7-300 PLC 的输入继电器和输出继电器地址编号是_____进制，其他内部软元件的地址编号是_____进制。

8．QD10 由哪些字节组成？

9．M0.0、MB0、MW0、MD0 有什么区别？

10．对触点的边沿检测指令与 RLO 的边沿检测指令有什么区别？

11．一个常开按钮在按下的过程中，发生了两个跳变沿，何谓"上升沿"？在 S7-300 PLC 中如何检测"上升沿"？

12．中间输出指令在程序中起什么作用？能不能出现在梯形图的最左边或者最右边？

13．将图 3-22 所示的功能块图转换为 LAD 和 STL 形式。

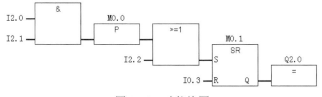

图 3-22 功能块图

第 4 章 定时器的应用

4.1 定时器

4.1.1 定时器指令

定时器相当于继电器控制电路中的时间继电器,在 S7-300 系列 PLC 的 CPU 存储器中为定时器保留有存储区,该存储区为每个定时器保留一个 16 位定时字和一个二进制位存储空间。STEP 7 梯形图指令集最多支持 256 个定时器。不同的 CPU 模块所支持的定时器数目在 64～512 之间不等。因此,在使用定时器时,定时器的地址编号(T0～T511)必须在有效范围之内。S7-300 系列 PLC 有 5 种定时器可供选择,如图 4-1 所示。

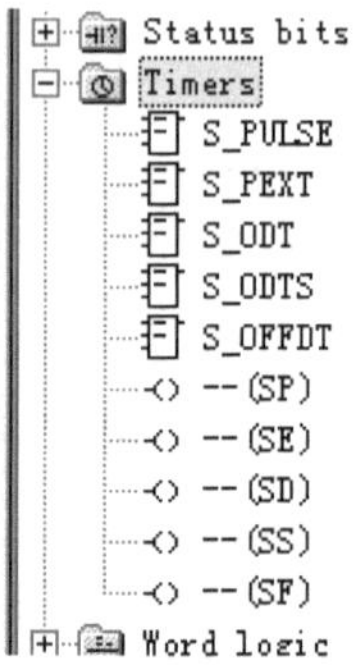

- S_PULSE:脉冲定时器。
- S_PEXT:扩展脉冲定时器。
- S_ODT:接通延时定时器。
- S_ODTS:保持型接通延时定时器。
- S_OFFDT:断电延时定时器。

图 4-1 5 种定时器

1. S_PULSE

S_PULSE 是脉冲 S5 定时器,简称为脉冲定时器,它的指令有 3 种形式:块图指令、LAD 环境下的定时器线圈指令及 STL 指令。脉冲定时器块图指令的格式及示例、脉冲定时器线圈指令的格式及示例分别如表 4-1 和表 4-2 所示。

表 4-1 脉冲定时器块图指令的格式及示例

指令形式	LAD	FBD	STL
格式	启动信号—S_PULSE Tno S Q—输出位地址 定时时间—TV BI—时间字单元 1 复位信号—R BCD—时间字单元 2	启动信号—S_PULSE Tno S BI—时间字单元 1 定时时间—TV BCD—时间字单元 2 复位信号—R Q—输出位地址	A 启动信号 L 定时时间 SP Tno A 复位信号 R Tno L 时间字单元 1 T 时间字单元 1 LC 时间字单元 2 T 时间字单元 2 A Tno = 输出地址
示例	I0.1—S_PULSE T1 S Q—Q4.0 S5T#8S—TV BI—MW0 I0.2 I0.3 —|/|—R BCD—MW2	I0.2—& I0.3— —S_PULSE T1 I0.1—S BI—MW0 S5T#8S—TV BCD—MW2 R Q—Q4.0 =	A I0.1 L S5T#8S SP T1 A I0.2 AN I0.3 R T1

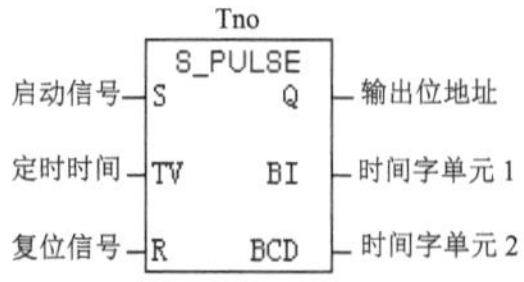

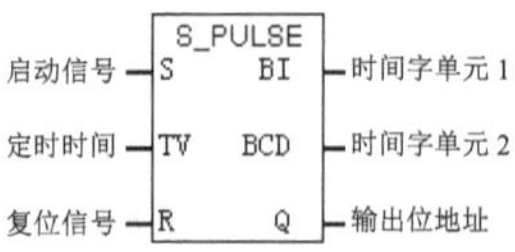

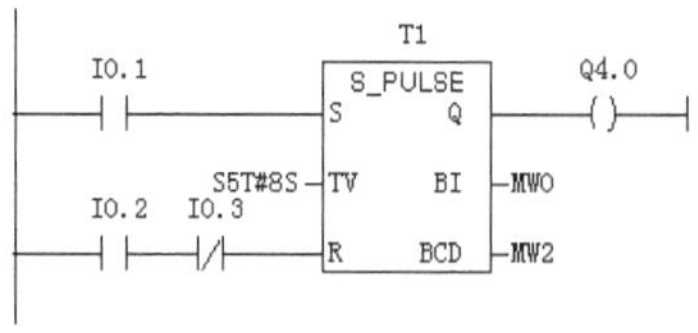

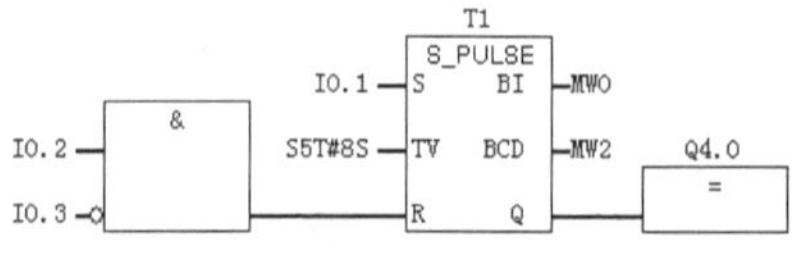

（续）

指令形式	LAD	FBD	STL
示例			L T1 T MW0 LC T1 T MW2 A T1 = Q4.0

表 4-2 脉冲定时器线圈指令的格式及示例

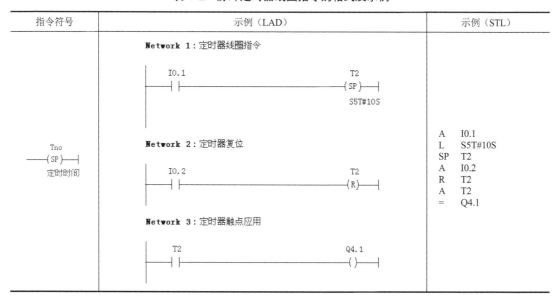

表 4-1 和表 4-2 中各符号的含义如下。

- Tno 为定时器的编号，其范围与 CPU 的型号有关。
- S 为启动信号，当 S 端出现上升沿时，启动指定的定时器。
- R 为复位信号，当 R 端出现上升沿时，定时器复位，当前值清 0。
- TV 为设定时间值的输入，最大设定时间为 9990s，或 2H_46M_30S，输入格式按 S5 系统时间格式，如 S5T#100S、S5T#10MS、S5T#2M1S、S5T#1H2M3S 等。
- Q 为定时器输出。定时器启动后，剩余时间非 0 时，Q 输出为 1；定时器停止或剩余时间为 0 时，Q 输出为 0。该端口可以连接位变量，如 Q4.0 等，也可以悬空。
- BI 用来以整数格式显示或输出剩余时间，采用十六进制形式，如 16#0023、16#00ab 等。该端口可以接各种字存储器，如 MW0、QW2 等，也可以悬空。
- BCD 用来以 BCD 码格式显示或输出剩余时间，采用 S5 系统时间格式，如 S5T#1H2M1S、S5T#2M1S、S5T#3S 等。该端口可以接各种字存储器，如 MW0、QW2 等，也可以悬空。
- STL 中的"SP……"为脉冲定时器指令，用来设置脉冲定时器编号；"L……"为累加器 1 装载指令，可将定时器的定时值作为整数装入累加器 1；"LC……"为 BCD 码装载指令，可将定时器的定时值作为 BCD 码装入累加器；"T……"为传送指令，可将累加器1的内容传送给指定的字节、字或双字单元。

与表4-1中脉冲定时器示例程序对应的梯形图及工作时序如图4-2所示。

从图4-2可以看到：如果R信号的RLO为0，且S信号的RLO出现上升沿，则定时器启动，并从设定的时间值（图中为8s）开始倒计时。此后只要S信号的RLO保持1，定时器就继续运行。在定时器运行期间，只要剩余时间不为0，其常开触点闭合，同时输出为1，直到定时时间到达为止。

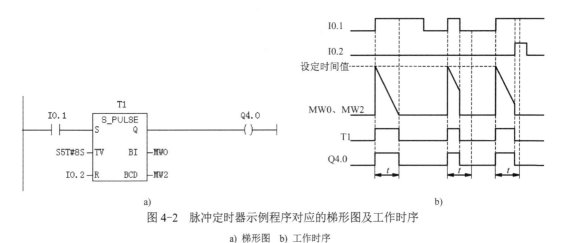

图4-2 脉冲定时器示例程序对应的梯形图及工作时序
a) 梯形图 b) 工作时序

在定时器运行期间，若S信号的RLO出现下降沿，则定时器停止并复位。同时，定时器常开触点断开，输出Q为0。当RLO再次出现上升沿时，定时器则重新从设定时间开始倒计时。

无论何时，只要R信号的RLO出现上升沿，定时器就立即停止工作，而且其常开触点断开，Q输出为0，同时剩余时间清零。此时的动作称为定时器复位。

2. S_PEXT

S_PEXT是扩展脉冲S5定时器，简称扩展脉冲定时器，它的指令有3种形式：块图指令、LAD环境下的定时器线圈指令及STL指令。扩展脉冲定时器块图指令的格式及示例、扩展脉冲定时器线圈指令的格式及示例分别如表4-3和表4-4所示，表内各符号的含义与S_PULSE各符号的含义相同。

表4-3 扩展脉冲定时器块图指令的格式及示例

指令形式	LAD	FBD	STL	
格式	启动信号—S_PEXT Q—输出位地址 定时时间—TV BI—时间字单元1 复位信号—R BCD—时间字单元2	启动信号—S_PEXT BI—时间字单元1 定时时间—TV BCD—时间字单元2 复位信号—R Q—输出位地址	A L SE A R L T LC T A =	启动信号 定时时间 Tno 复位信号 Tno Tno 时间字单元1 Tno 时间字单元2 Tno 输出位地址

（续）

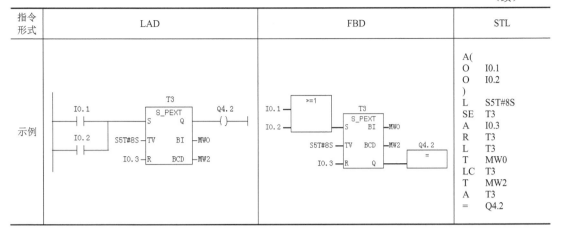

表 4-4 扩展脉冲定时器线圈指令的格式及示例

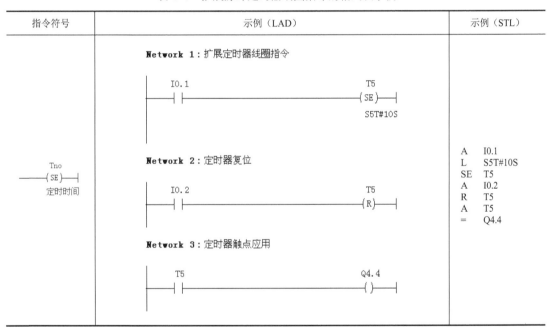

与表 4-3 中扩展脉冲定时器示例程序对应的梯形图及工作时序如图 4-3 所示。

从图 4-3 可以看到：如果 R 信号的 RLO 为 0，且 S 信号的 RLO 出现上升沿，则定时器启动，并从设定的时间值（图中为 8 s）开始倒计时，期间无论 S 信号是否出现下降沿仍继续计时。如果在定时结束之前，S 信号的 RLO 又出现一次上升沿，则定时器重新启动。定时器一旦运行，其常开触点就闭合，同时 Q 输出为 1，直到定时时间到达为止。

无论何时，只要 R 信号的 RLO 出现上升沿，定时器就立即复位，并使定时器的常开触点断开，Q 输出为 0，同时剩余时间清零。

3. S_ODT

S_ODT 是接通延时 S5 定时器，简称接通延时定时器，它的指令有 3

二维码 4-1 接通延时定时器

种形式：块图指令、LAD 环境下的定时器线圈指令及 STL 指令。接通延时定时器块图指令的格式及示例、接通延时定时器线圈指令的格式及示例分别如表 4-5 和表 4-6 所示，表内各符号的含义与 S_PULSE 各符号的含义相同。

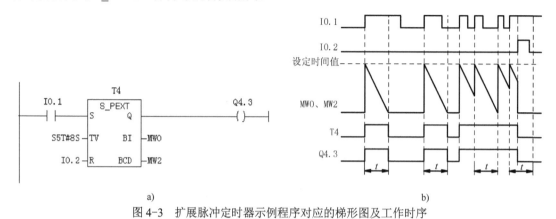

图 4-3 扩展脉冲定时器示例程序对应的梯形图及工作时序
a) 梯形图 b) 工作时序

表 4-5 接通延时定时器块图指令的格式及示例

指令形式	LAD	FBD	STL
格式	Tno S_ODT 启动信号—S Q—输出位地址 定时时间—TV BI—时间字单元1 复位信号—R BCD—时间字单元2	Tno S_ODT 启动信号—S BI—时间字单元1 定时时间—TV BCD—时间字单元2 复位信号—R Q—输出位地址	A 启动信号 L 定时时间 SD Tno A 复位信号 R Tno L Tno T 时间字单元1 LC Tno T 时间字单元2 A Tno = 输出位地址
示例	T5 S_ODT I0.0—S Q—Q4.5 S5T#8S—TV BI—MW0 I0.1—R BCD—MW2 M10.0—/	T5 S_ODT I0.1—≥1 M10.0—○ I0.0—S BI—MW0 S5T#8S—TV BCD—MW2 R Q—Q4.5 =	A I0.0 L S5T#8S SD T5 A(O I0.1 ON M10.0) R T5 L T5 T MW0 LC T5 T MW2 A T5 = Q4.5

表 4-6 接通延时定时器线圈指令的格式及示例

指令符号	示例（LAD）	示例（STL）

Tno
—(SD)—
定时时间
	Network 1：接通延时定时器线圈指令
	
	I0.0 T8
	——||——————————(SD)—
	                           S5T#10S
	
	Network 2：定时器复位
	
	I0.1 T8
	——||——————————(R)—
	
	Network 3：定时器触点
	
	T8 Q4.7
	——||——————————( )—
		Network 1：接通延时定时器线圈指令
		  A I 0.0
		  L S5T#10S
		  SD T 8
		
		Network 2：定时器复位
		  A I 0.1
		  R T 8
		
		Network 3：定时器触点
		  A T 8
		  = Q 4.7

与表 4-5 中接通延时定时器示例程序对应的梯形图及工作时序如图 4-4 所示。

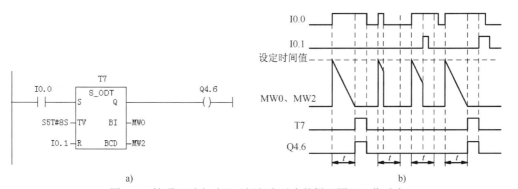

图 4-4 接通延时定时器示例程序对应的梯形图及工作时序
a) 梯形图 b) 工作时序

从图 4-4 可以看到：如果 R 信号的 RLO 为 0，且 S 信号的 RLO 出现上升沿，则定时器启动，并从设定的时间值（图中为 8 s）开始倒计时。如果在定时结束之前，S 信号的 RLO 出现下降沿，定时器就停止运行并复位，Q 输出状态为 0。当定时时间到达以后，且 S 信号的 RLO 仍为 1 时，定时器常开触点闭合，同时 Q 输出为 1，直到 S 信号的 RLO 变为 0 或定时器被复位。

无论何时，只要 R 信号的 RLO 出现上升沿，定时器就立即复位，并使定时器的常开触点断开，Q 输出为 0，同时剩余时间清零。

4. S_ODTS

S_ODTS 是保持型接通延时 S5 定时器，简称为保持型接通延时定时器，它的指令有 3 种形式：块图指令、LAD 环境下的定时器线圈指令及 STL 指令。保持型接通延时定时器块图指令的格式及示例、保持型接通延时定时器线圈指令的格式及示例分别如表 4-7 和表 4-8 所示。表内各符号的含义与 S_PULSE 各符号的含义相同。

表 4-7 保持型接通延时定时器块图指令的格式及示例

指令形式	LAD	FBD	STL
格式	Tno S_ODTS 启动信号─S Q─输出位地址 定时时间─TV BI─时间字单元1 复位信号─R BCD─时间字单元2	Tno S_ODTS 启动信号─S BI─时间字单元1 定时时间─TV BCD─时间字单元2 复位信号─R Q─输出位地址	A 启动信号 L 定时时间 SS Tno A 复位信号 R Tno L Tno T 时间字单元1 LC Tno T 时间字单元2 A Tno = 输出位地址
示例	T9 I0.0 S_ODTS Q5.0 ─┤├──S Q──( )─ S5T#8S─TV BI─MW0 I0.1 ─┤├──R BCD─MW2 M10.0 ─┤├─	T9 S_ODTS I0.0─S BI─MW0 I0.1─┐>=1 M10.0─┘ ─S5T#8S─TV BCD─MW2 Q5.0 R Q──=	A I0.0 L S5T#8S SS T9 A(O I0.1 O M10.0) R T9 L T9 T MW0 LC T9 T MW2 A T9 = Q5.0

表 4-8 保持型接通延时定时器线圈指令的格式及示例

指令符号	示例（LAD）	示例（STL）
Tno ─(SS)─ 定时时间	Network 1：保持型接通延时定时器线圈指令 I0.0 T11 ─┤├────────────(SS)─ S5T#10S Network 2：定时器复位 I0.1 T11 ─┤├────────────(R)─ Network 3：定时器触点 T11 Q5.2 ─┤├────────────( )─	A I0.0 L S5T#10S SS T11 A I0.1 R T11 A T11 = Q5.2

与表 4-7 中保持型接通延时定时器示例程序对应的梯形图及工作时序如图 4-5 所示。

从图 4-5 可以看到：如果定时器已经复位，且 R 信号的 RLO 位为 0，S 信号的 RLO 出现上升沿，则定时器启动，并从设定的时间值（图中为 8 s）开始倒计时。一旦定时器启动，即使 S 信号的 RLO 出现下降沿，定时器仍然继续运行。如果在定时结束之前，S 信号的 RLO 出现上升沿，则定时器以设定的时间值重新启动。只要定时时间到达，不管 S 信号的 RLO 出现什么状态，定时器都会保持在停止计时状态，并使定时器常开触点闭合，Q 输出为 1，直到定时器被复位。

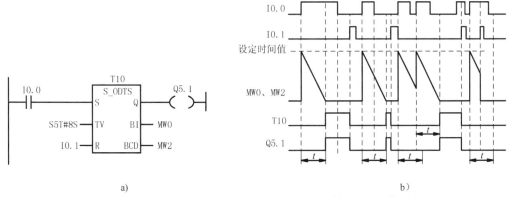

图 4-5 保持型接通延时定时器示例程序对应的梯形图及工作时序
a) 梯形图 b) 工作时序

无论何时，只要 R 信号的 RLO 出现上升沿，定时器就立即复位，并使定时器的常开触点断开，Q 输出为 0，同时剩余时间清零。

5. S_OFFDT

S_OFFDT 是断电延时 S5 定时器，简称断电延时定时器，它的指令有 3 种形式：块图指令、LAD 环境下的定时器线圈指令及 STL 指令。断电延时定时器块图指令的格式及示例、断电延时定时器线圈指令的格式及示例分别如表 4-9 和表 4-10 所示。表内各符号的含义与 S_PULSE 各符号的含义相同。

表 4-9 断电延时定时器块图指令的格式及示例

指令形式	LAD	FBD	STL	
格式	启动信号—S_OFFDT Tno S Q —输出位地址 定时时间—TV BI —时间字单元1 复位信号—R BCD —时间字单元2	启动信号—S_OFFDT Tno S BI —时间字单元1 定时时间—TV BCD —时间字单元2 复位信号—R Q —输出位地址	A L SF A R L T LC T A =	启动信号 定时时间 Tno 复位信号 Tno Tno 时间字单元1 Tno 时间字单元2 Tno 输出位地址
示例	I0.0 T12 S_OFFDT Q5.3 S Q S5T#12S—TV BI —MW0 I0.1 R BCD —MW2 M10.0	I0.0 T12 I0.1 ≥1 S_OFFDT S BI —MW0 S5T#12S—TV BCD —MW2 Q5.3 M10.0 R Q =	A L SF A(O ON) R L T LC T A =	I0.0 S5T#12S T12 I0.1 M10.0 T12 T12 MW0 T12 MW2 T12 Q5.3

表 4-10 断电延时定时器线圈指令的格式及示例

指令符号	示例（LAD）	示例（STL）
Tno —(SF)— 定时时间	Network 1：断电延时定时器线圈指令 I0.0 —(SF)— T14 　　　　　S5T#10S Network 2：定时器复位 I0.1 —(R)— T14 Network 3：定时器触点 T14 —( )— Q5.5	A　I0.0 L　S5T#10S SF　T14 A　I0.1 R　T14 A　T14 =　Q5.5

与表 4-9 中断电延时定时器示例程序对应的梯形图及工作时序如图 4-6 所示。

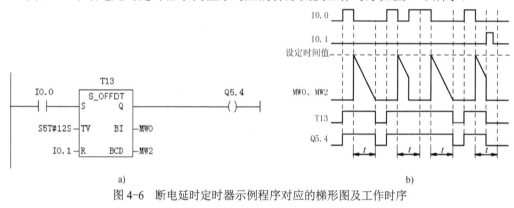

图 4-6 断电延时定时器示例程序对应的梯形图及工作时序
a) 梯形图　b) 工作时序

从图 4-6 可以看到：如果 R 信号的 RLO 位为 0，且 S 信号的 RLO 出现下降沿，则定时器启动，并从设定时间值（图中为 12 s）开始倒计时，定时时间到达后定时器的常开触点断开，Q 输出为 0。在定时器运行期间，如果 S 信号的 RLO 出现上升沿，则定时器立即复位。当 S 信号的 RLO 为 1 时，或定时器运行期间，定时器常开触点闭合，Q 输出为 1。

无论何时，只要 R 信号的 RLO 出现上升沿，定时器就立即复位，并使定时器的常开触点断开，Q 输出为 0，同时剩余时间清零。

4.1.2 CPU 的时钟存储器

S7-300 PLC 除了在 STEP 7 的程序单元（Program Elements）中提供前面介绍的 5 种定时器以外，还可以使用 CPU 系统时钟存储器（Clock Memory）实现精确的定时功能。要使用该功能需在硬件组态环境下双击 CPU 模块，打开 CPU 属性对话框，选择 "Cycle/Clock Memory" 属性选项卡，然后勾选 "Clock memory" 复选按钮以激活该功能，设置 Clock Memory（时钟存储器）如图 4-7 所示。

二维码 4-2
CPU 的时钟存储器

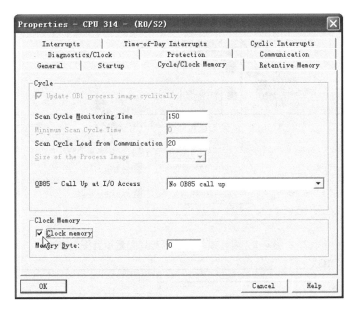

图 4-7　设置 Clock Memory（时钟存储器）

在图 4-7 中"Memory Byte"文本框中输入实现该项功能需设置的地址，如需要使用 MB10，则直接输入 10。Clock Memory 的功能是对定义的各位周期性地改变二进制的值（占空比为 1∶1）。Clock Memory 各位的周期及频率如表 4-11 所示。

表 4-11　Clock Memory 各位的周期及频率

位　序	7	6	5	4	3	2	1	0
周期/s	2	1.6	1	0.8	0.5	0.4	0.2	0.1
频率/Hz	0.5	0.625	1	1.25	2	2.5	5	10

如果在硬件配置中选择了该项功能，就可以在编程时使用该存储器来获得不同频率（或周期）的方波信号。

4.2　技能训练　人行横道控制

在现代生活中，交通信号灯是人们每天都要面对的交通指挥信号。常见的交通信号灯是双干道十字路口交通信号灯，但是在单干道上，也需要考虑行人横穿车道的安全及畅通问题。在这种情况下，利用上述的十字路口交通灯控制系统显然不合适，那么必须考虑新的控制系统——人行横道交通信号灯控制系统。

4.2.1　控制要求

图 4-8 所示为人行横道交通信号灯布置示意图，控制时序如图 4-9 所示，控制要求如下。
- 在无行人横穿车道的情况下，"车道绿灯"及"人行道红灯"常亮，车辆以较快的速度行驶，此时行人不能横穿车道。

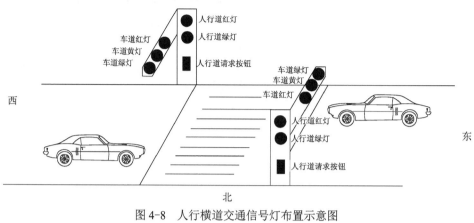

图 4-8 人行横道交通信号灯布置示意图

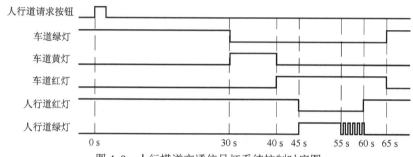

图 4-9 人行横道交通信号灯系统控制时序图

- 为保证交通安全，当有行人要横穿车道时，需要先按动"人行道请求按钮"，此后"车道绿灯"于 30 s 后熄灭、"车道黄灯"点亮，以提醒司机有行人请求横穿车道；5 s 后"车道黄灯"熄灭、"车道红灯"点亮，车辆应停在斑马线之外；5 s 后"人行道红灯"熄灭、"人行道绿灯"点亮，提醒行人可以安全横穿车道。

- "人行道绿灯"点亮 10 s 后，"人行道绿灯"以 1 Hz 的频率闪亮，以提醒已经进入车道的行人快速穿过车道，同时提醒还未跨入车道的行人不能横穿车道；5 s 后"人行道绿灯"熄灭、"人行道红灯"点亮，再经过 5 s 的过渡，"车道红灯"熄灭、"车道绿灯"点亮，车辆开始正常行驶。

4.2.2 任务实施

人行横道交通信号灯控制的关键就是时序关系的设计，可以用 PLC 的接通延时定时器来实现各时间点的定位，在两个时间点之间可实现相应信号灯的控制。

1. PLC 硬件配置及接线

根据图 4-8 信号灯及按钮的布置结构图可知，人行横道交通信号灯系统需要车道（东西方向）红、绿、黄各两只信号灯，人行道（南北方向）红、绿各两只信号灯，南北方向各需一只按钮。可采用 S7-300 系列 PLC 实现对人行横道交通信号灯系统进行控制，PLC 系统需配置以下模块，供读者参考。

- CPU 315 模块 1 只，订货号为 6ES7 315-1AF03-0AB0。
- PS 307（5A）电源模块 1 只，订货号为 6ES7 307-1EA00-0AA0。

- SM321 数字量输入模块 1 只，订货号为 6ES7 321-1BL80-0AA0。
- SM322 数字量输出模块 1 只，订货号为 6ES7 324-1FL00-0AA0。

PLC 的 I/O 端子分配及端子接线图如图 4-10 所示。

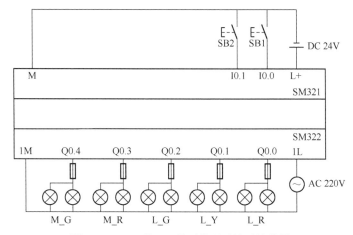

图 4-10　PLC 的 I/O 端子分配及端子接线图

其中：车道的两只红灯（L_R1、L_R2）、两只黄灯（L_Y1、L_Y2）、两只绿灯（L_G1、L_G2）及人行道的两只红灯（M_R1、M_R2）、两只绿灯（M_G1、M_G2）分别共用一个 PLC 输出点，并分别用 L_R、L_Y、L_G、M_R 和 M_G 表示；SB1 和 SB2 为两个人行道请求按钮，采用常开按钮。

2. 控制程序设计

（1）创建项目

打开 SIMATIC Manager，执行菜单命令"File"→"New"新建一个空项目文档，并命名为"人行横道控制"。

（2）插入 S7-300 PLC 工作站

在"人行横道控制"项目上右击，在弹出的快捷菜单中选择"Insert New Object"→"SIMATIC 300 Station"，在当前项目中插入一个 S7-300 PLC 的工作站，系统自动将工作站命名为"SIMATIC 300（1）"。

（3）硬件组态

首先在 SIMATIC Manager 窗口内单击"SIMATIC 300（1）"，在右视窗中双击硬件组态（Hardware）图标，打开硬件组态窗口。展开"SIMATIC 300"模块目录，再展开"RACK-300"子目录，双击"Rail"，插入一个导轨。

选中导轨的 1 号槽位，展开"SIMATIC 300"模块目录，再展开"PS-300"子目录，双击"PS 307 5A"图标，插入一个电源模块。

选中导轨的 2 号槽位，展开"SIMATIC 300"模块目录，再展开"CPU 300"子目录，在"CPU 315"子目录下的"6ES7 315-1AF03-0AB0"子目录中双击"V1.2"图标，插入一个 CPU 模块。

选中导轨的 4 号槽位，展开"SIMATIC 300"模块目录，再展开"SM-300"子目录，在"DI-300"子目录中双击"SM 321 DI32×DC24V"图标，插入一个订货号为"6ES7 321-

1BL80-0AA0"的数字量输入模块。

选中导轨的 5 号槽位，展开"SIMATIC 300"模块目录，再展开"SM-300"子目录，在"DO-300"子目录中双击"SM 322 DO32×AC120-230V/1A"图标，插入一个订货号为"6ES7 324-1FL00-0AA0"的数字量输出模块，然后双击该模块，将模块首地址修改为 0。

硬件组态完成后的结果如图 4-11 所示。

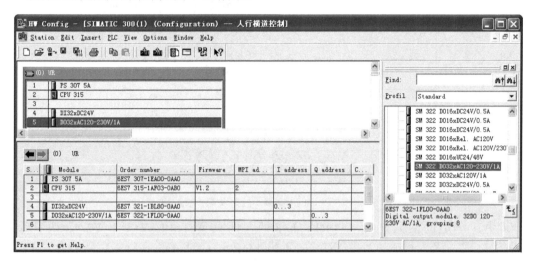

图 4-11　硬件组态完成后的结果

（4）编辑全局符号表

在 SIMATIC Manager 的左视窗内展开"SIMATIC 300（1）"目录及"CPU 315"子目录，单击"S7 Program（1）"程序文件夹图标，在右视窗中双击"Symbols"图标打开符号编辑器，然后按图 4-12 编辑符号表。

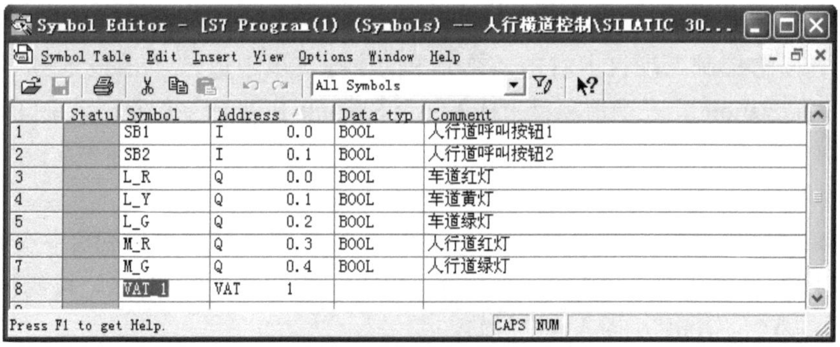

图 4-12　编辑符号表

（5）控制程序设计

可以用 S7-300 PLC 的接通延时定时器实现要求的时序关系，如图 4-13 所示。

考虑每按动一次"人行横道请求按钮"只能产生一个请求，所以可用上升沿检测指令对"人行横道请求按钮"信号进行检测，并设定一个周期控制信号（M0.0）。在一个控制周期内对应的时序有 6 个时间点，所以需要用 6 个定时器来实现。另外，为了实现"人行道绿灯"

80

的闪亮控制，可以使用 CPU 定时时钟，将时钟存储器字节地址设为 100，这样就可以引用 M100.5 来实现"人行道绿灯"以 1 Hz 的频率闪亮。

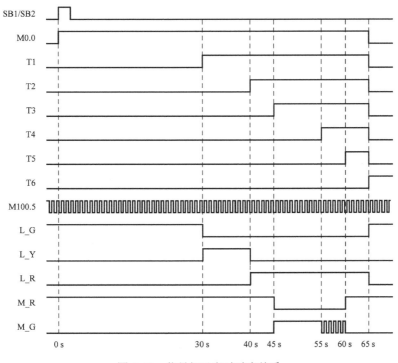

图 4-13 信号灯及定时时序关系

1）周期控制程序。根据图 4-13 可知，周期控制信号在 SB1/SB2 按下瞬间开始生效，当最后一个定时时间点到达（即 T6 定时到达）后变为无效，由此可编写出周期控制程序，如图 4-14 所示。周期控制程序在 FC1 中编制完成。

2）定时时序设计。定时时序由控制周期信号 M0.0 控制，由各定时器具体实现，控制程序在 FC2 中设计完成，定时时序的控制程序如图 4-15 所示。

3）车道信号灯控制程序。根据图 4-13 的时序关系可知，"车道绿灯"在两种情况下需要点亮：一是未进入定时周期，即 M0.0 为 0 期间；二是进入定时周期的前 30 s，即 M0.0 为 1 且 T1 定时到达之前。"车道红灯"只有在进入定时周期后 T2 定时到达且 T6 定时未到达时点亮，"车道黄灯"只有在进入定时周期后 T1 定时到达且 T2 定时未到达时点亮。由此可设计出车道信号灯控制程序，如图 4-16 所示，该部分程序在 FC3 中设计完成。

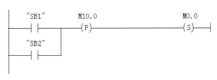

图 4-14 周期控制程序段

4）人行道信号灯控制程序。根据图 4-13 的时序关系可知，"人行道绿灯"只有在进入定时周期后 T3 定时到达且 T4 定时未到达时常亮，在 T4 定时到达 T5 定时未到达时以 1 Hz 的频率闪亮。"人行道红灯"在 3 种情况下需要点亮：一是未进入定时周期，即 M0.0

为 0 期间；二是进入定时周期的前 45 s，即 M0.0 为 1 且 T3 定时到达之前；三是 T5 定时到达之后。由此可设计出人行道信号灯控制程序，如图 4-17 所示，该部分程序在 FC4 中设计完成。

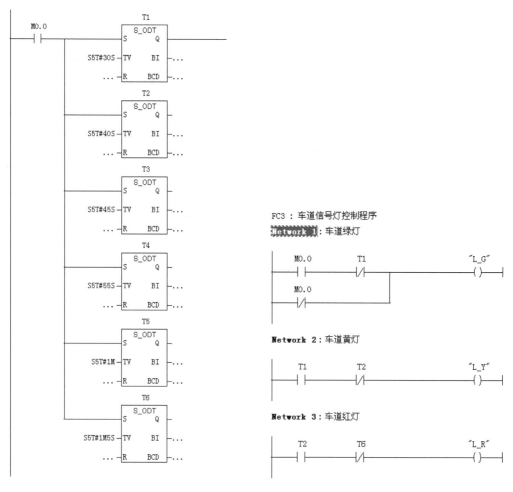

图 4-15 定时时序的控制程序　　　图 4-16 车道信号灯控制程序

5）主程序，即 OB1 的设计。人行横道控制系统程序采用模块式结构，组织块 OB1 为主程序，FC1～FC4 为功能子程序。要想实现程序的控制功能，必须在 OB1 中对 FC1～FC4 进行调用，本例采用无条件调用，主循环组织块（OB1）程序结构如图 4-18 所示。

4.2.3　方案调试

程序编制完成以后，首先按照第 2 章介绍的方法，将硬件组态数据编译并下载到目标 PLC 中，然后将 "Blocks" 目录下的程序块 FC1～FC4 及 OB1 下载到目标 PLC。为了进行方案调试，除了可采用第 2 章介绍的仿真调试及在线调试的方法以外，还可以利用变量表对方案进行仿真调试及在线调试，调试过程如下。

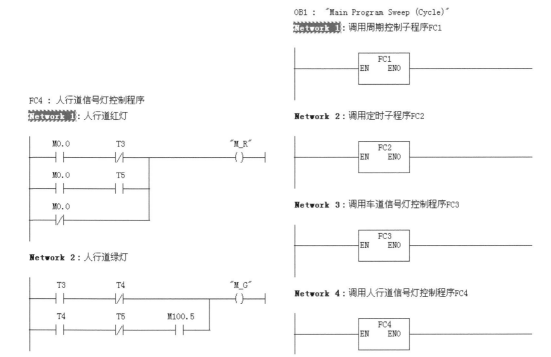

图 4-17 人行道信号灯控制程序　　　　图 4-18 主循环组织块（OB1）程序结构

1. 创建变量表

在 SIMATIC Manager 窗口的左视窗内选择"Blocks"程序块文件夹，然后在右视窗内右击并执行快捷菜单命令"Insert New Object"→"Variable Table"，插入一个变量表 VAT_1。双击变量表 VAT_1 图标，打开变量表编辑器并输入需要测试的变量，编辑变量表如图 4-19 所示。

图 4-19 编辑变量表

2. 测试变量

在图 4-19 所示的变量表窗口单击监控工具图标按钮，将 PLC 的运行模式开关切换到"RUN"状态，操作按钮 SB1 或 SB2，在变量窗口中可测试变量的状态，如图 4-20 所示。

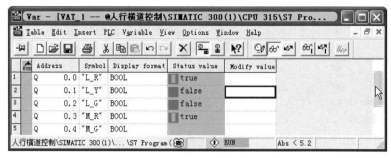

图 4-20　通过变量表测试信号状态

3. 总结分析

（1）时序控制

对于时间关系比较确定的控制任务（如人行横道信号灯的控制），在任务分析时可先绘制出控制时序图，每个时间点由一个定时器来确定，各阶段任务则通过相关定时器状态逻辑关系的组合来完成。

（2）项目创建

在创建 STEP 7 项目时，既可以采用"新建项目向导"来创建一个已包含 CPU 模块的新项目文档，也可以通过执行菜单命令"File"→"New"或单击"新建项目"工具图标 创建一个空项目文档。第 1 种方式简单易用比较适合于初学者，而对于能熟练使用 STEP 7 的用户建议采用第 2 种方式，这样可定制自己的 CPU 型号，设计比较灵活方便。

（3）变量表的使用

变量表是调试程序的常用工具，通过变量表在 PLC 的"RUN"模式下可监视过程输入/输出变量（如 I0.0、Q0.4、QB0、QW0、QD0）、内部存储器（如 M0.1、MB0、MW0、MD0）、计数器（如 C1、C2）、定时器（如 T1、T2）、数据块（如 DB1.DBX0.0、DB1.DBB0、DB1.DBW0、DB1.DBD0）等变量的状态，在"STOP"模式下可修改、强制变量。单击变量触发工具图标按钮 ，根据不同的测试方案在"Trigger"（触发设置）对话框内可设置监视、修改变量的触发时刻及触发条件，如图 4-21 所示。

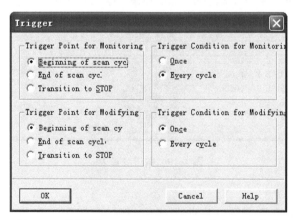

图 4-21　设置监视、修改变量的触发时刻及触发条件

图 4-21 中触发时刻有 3 种：Beginning of scan cycle（扫描周期开始）、End of scan cycle（扫描周期结束）及 Transition to STOP（切换到"STOP"模式时）。触发条件有两种：Once

（只触发一次）和 Every cycle（每个周期触发一次）。

要修改或强制变量，必须将 PLC 切换到"STOP"模式，然后在"Modify Value"一栏（见图 4-20）输入修改值，单击激活修改值图标按钮，接着单击刷新监视图标按钮，再将 PLC 切换到"RUN"模式，即可将修改值应用于测试。

4.3 编程注意事项

4.3.1 常闭输入触点的处理

PLC 是继电器控制系统的理想替代物，在实际应用中常会遇到老产品和旧设备的改造，原有的继电器控制图已经设计完毕，并且实践证明设计合理，由于继电器电气原理图与 PLC 的梯形图类似，用户可以将继电器原理图转变为梯形图，但在转变中必须注意对输入常闭触点的处理。

下面以三相异步电动机起动、停止控制电路为例进行说明。用 PLC 实现电动机起动、停止控制时，I/O 接线图如图 4-22 所示，起动按钮 SB1 为常开触点，接 I0.1；停止按钮 SB2 为常闭触点，接 I0.2。图 4-23a 是继电器控制原理图，当编制的梯形图为图 4-23b 时，将程序送入 PLC，并运行该程序，会发现输出继电器 Q0.0 线圈不能接通，电动机不能起动。

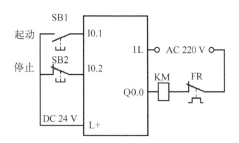

图 4-22 三相异步电动机起停控制的 I/O 接线图

这是因为 PLC 一通电，I0.2 线圈就得电而动作，其常闭触点断开。当按下起动按钮 SB1 时，I0.1 线圈得电，I0.1 常开触点闭合，但 Q0.0 线圈无法接通，必须将 I0.2 改为图 4-23c 所示的常开触点才能满足起动、停止的要求。或者停止按钮 SB2 采用常开触点，就可采用图 4-23b 的梯形图了。

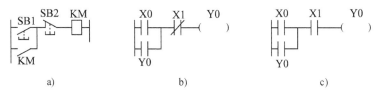

图 4-23 输入常闭触点的编程

由此可见，如果输入为常开触点，梯形图与继电器原理图一致；如果输入为常闭触点，梯形图与继电器原理图相反。为了与继电器原理图保持一致，在 PLC 中尽可能采用常开触点作为输入信号。

4.3.2 热继电器 FR 与 PLC 的连接

热继电器 FR 是电动机运行过程中不可缺少的过载保护电器，其常闭触点通常串联在控制电路中。连接 PLC 时，一般把热继电器的常闭触点连接到 PLC 的输出端，这样就存在故障隐患。如果电动机运行过程中出现过载现象，热继电器常闭触点断开，电动机停止运行，但是 PLC 对应电动机的输出信号并没有断开，当热继电器冷却复位后恢复正常，常闭触点闭合，由于 PLC 的输出信号并没有断开，电动机就会在无人操作情况下重新起动运行，可能引起故障和危险。

如果把热继电器 FR 的常开触点或者常闭触点引到 PLC 的输入端，则可以避免上述情况发生；也可以把 FR 的常开触点接到 PLC 的输入端，把 FR 的常闭触点接到 PLC 的输出端，同样可以避免此类情况发生。

4.3.3 定时器的扩展

S7-300 PLC 的定时器最长延时时间为 9990 s。如果需要超过最大值的延时时间，可以采用"定时器接力"的方法实现定时器的扩展，即先启动一个定时器计时，计时时间到达后用第 1 个定时器的触点启动第 2 个定时器，再用第 2 个定时器的触点启动第 3 个定时器，依此类推，用最后一个定时器的触点去控制最终的控制对象，总的延时时间是所有定时器的设定值之和，这样就可以实现长延时，如图 4-24 所示。

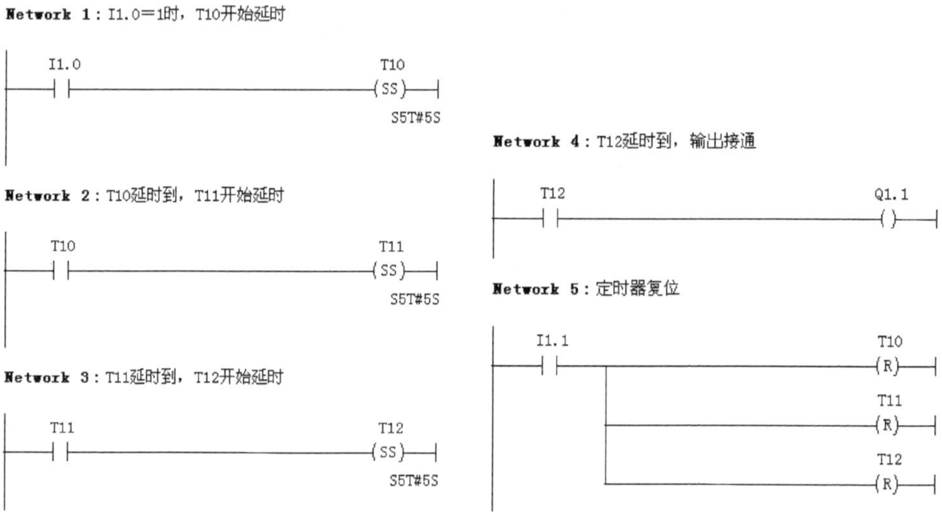

图 4-24 定时器的扩展梯形图

设定时器的设定值分别为 T1、T2、T3… Tn，则总时间为

$$T=T1+T2+T3+\cdots+Tn$$

定时器的扩展梯形图如图 4-24 所示，当输入 I1.0 接通时，定时器 T10 启动并开始延时，5 s 后 T10 的常开触点闭合，启动第 2 个定时器 T11；5 s 后 T11 的常开触点闭合，启动第 3 个定时器 T12；5 s 后 T12 的常开触点闭合，接通输出信号 Q1.1。从输入信号接通到送出输出信号，总的延时时间是 3 个定时器定时时间之和。

图 4-24 中采用保持型接通延时定时器，即使输入信号断开，定时器继续延时，直到延时时间到达后送出定时器常开触点信号。Network 5 为定时器复位。

用户还可以采用定时器与计数器配合使用的方法扩展延时时间，详见第 6 章计数器的应用。

4.3.4 编程规则

1）梯形图每一行都是从左边母线开始，线圈接在最右边，触点不能放在线圈的右边。即左母线只能与触点相连，右母线只能与线圈相连，但右母线可以省略不画。

2）线圈不能直接与左边的母线相连。

3）两个或两个以上的线圈可以并联输出，但不能串联连接。

4）同一编号的线圈在一个程序中使用两次称为双线圈输出。双线圈输出容易引起误操作，应避免线圈重复使用。

5）为了减少语句表指令的数量，串联电路中单个触点放在右边，串联触点较多的电路画在梯形图的上方；并联电路应放在左边，并联电路中单个触点放在下边。

6）由于 PLC 的运算速度远远大于继电器动作速度，如果继电器控制电路中有互锁环节，为了保证互锁功能，除了在 PLC 控制程序中设计软件互锁以外，还要设置 PLC 外部硬件互锁电路。

7）在梯形图中，程序被划分成独立的段，称为网络。编程软件按顺序自动地给网络编号。一个网络中只能有一个独立的电路，如果一个网络中有两个独立的电路，编译时会显示"无效网络或网络太复杂无法编译"。

8）如果多个线圈都受某一触点串/并联电路的控制，为了简化电路，在梯形图中可以设置中间单元，即用该电路控制某存储器位（M），由存储器的常开触点控制各个线圈。

4.4 习题

1. S7-300 PLC 的定时器有_____、_____、_____、_____、_____几种形式。

2. 接通延时定时器 SD 的线圈_____时开始定时，定时时间到剩余时间的值为_____时，其定时器位变为_____，常开触点_____，常闭触点_____，定时器输出信号为_____。定时期间如果 SD 线圈断开，定时器的剩余时间_____。线圈重新接通时，又从_____开始定时。复位信号为 1 时定时器为_____。

3. S7-300 PLC 定时器的启动信号和复位信号同时为 1 时，_____信号有效。

4. 时钟存储器提供_____种不同周期的时钟脉冲，脉冲的占空比为_____。

5. 脉冲定时器和扩展脉冲定时器有何区别？

6. 接通延时定时器和保持型接通延时定时器有何区别？

7. 简述接通延时定时器 SD 的工作原理，包括 S、R、TV、Q、BI、BCD 各个信号的动作情况。

8. 编写 PLC 控制程序，使 Q2.0 输出周期为 5 s、占空比为 20%的连续脉冲信号。

9. 用多种方法设计一个延时 24 h 的长延时程序。

10. 设计一个楼道灯光延时点亮的控制程序，要求按下开灯开关后，至少延时 1 h 楼道灯才自动点亮，如楼房管理员晚上 6 点下班时打开开关，到 7 点天黑楼道灯才自动点亮。

11. 分别用不同的定时器设计以下程序：按下起动按钮 I0.0，Q2.0 控制的电动机运行 2 h 后自动断电，同时 Q2.1 控制的制动电磁铁通电而制动，5 s 后自动断开。

12. 某设备有 3 台鼓风机，控制要求为：当设备处于运行状态时，如果有 2 台或 2 台以上鼓风机工作，则指示灯常亮，指示"正常"；如果仅有 1 台鼓风机工作，则该指示灯以 0.5 Hz 的频率闪烁，指示"一级报警"；如果没有鼓风机工作了，则指示灯以 2 Hz 的频率闪烁，指示"严重报警"。当设备部运转时，指示灯不亮试用 LAD 和 STL 设计程序。

13. 设计电动机 Y-△降压起动控制程序，按下起动按钮 SB1，接通电源接触器 KM1 和 Y 形接触器 KM2，电动机为 Y 形连接并开始降压起动，延时 3 s 后 Y 形接触器 KM2 断开，△形接触器 KM3 接通，电动机自动切换成△形连接并全压运行。按下停止按钮 SB2，系统立即停止工作。要求系统有过载保护。

14. 设计一个照明灯的控制程序，当按下按钮 SB，照明灯 H 点亮 30 s，如果在这段时间内又有人按下按钮，则时间间隔再从头开始，这样可以保证在最后一次按下按钮后，灯光维持 30 s 照明。

15. 试设计交通灯控制程序，图 4-25 所示为双干道交通信号灯设置示意图。信号灯的动作受开关总体控制，按一下起动按钮（常开按钮），信号灯系统开始工作，并周而复始地循环动作；按一下停止按钮（常开按钮），所有信号灯都熄灭。信号灯的控制时序如图 4-26 所示，试用梯形图编写交通信号灯控制程序。

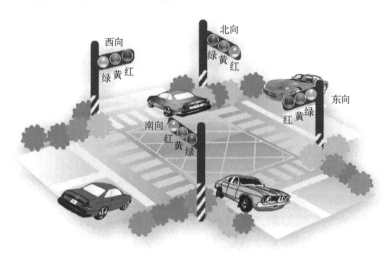

图 4-25 交通信号灯设置示意图

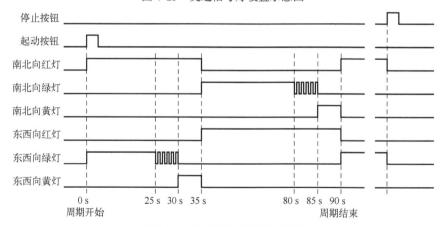

图 4-26 交通信号灯控制时序图

第5章 置位与复位指令的应用

5.1 置位与复位

5.1.1 置位与复位指令

置位（S）指令和复位（R）指令都是输出指令，通常被称为静态赋值指令。前面介绍的赋值指令则被称为动态赋值指令。

1. 置位（S）指令

当 RLO 值为 1 时，置位（S）指令对操作数进行置 1 操作并保持，置位（S）指令的格式及示例如表 5-1 所示。

表 5-1 置位（S）指令的格式及示例

指令形式	LAD	FBD	STL
格式	"位地址" —(S)—	"位地址" S	S 位地址
示例	I1.0 I1.2 Q2.0 —| |——|/|——(S)—	I1.0 & Q2.0 I1.2—o S	A I1.0 AN I1.2 S Q2.0

表 5-1 的示例中，当 I1.0 为 1 且 I1.2 为 0 时，RLO 值为 1，对 Q2.0 置位并保持。

2. 复位（R）指令

当 RLO 值为 1 时，复位（R）指令对操作数进行置 0 操作并保持，复位（R）指令的格式及示例如表 5-2 所示。

表 5-2 复位（R）指令的格式及示例

指令形式	LAD	FBD	STL
格式	"位地址" —(R)—	"位地址" R	R 位地址
示例	I1.1 I1.2 Q2.0 —| |——|/|——(R)—	I1.1 & Q2.0 I1.2—o R	A I1.1 AN I1.2 R Q2.0

表 5-1 的示例中，当 I1.1 为 1 且 I1.2 为 0 时，RLO 值为 1，对 Q2.0 复位并保持。

置位指令和复位指令常配合使用，图 5-1b 中的工作时序图说明了这两个指令的使用方法。示例中的置位指令保持 Q2.0 的状态为 1，直至复位指令把它变为 0；表 5-2 示例中的复位指令保持 Q2.0 的状态为 0，无论触点 I1.0 如何变化，Q2.0 仍保持为 0，直到置位指令把它置为 1。

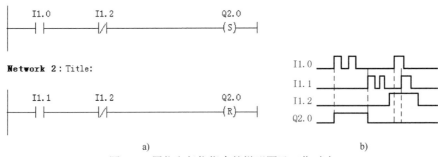

图 5-1 置位和复位指令的梯形图及工作时序
a) 梯形图　b) 工作时序

当置位指令和复位指令的条件同时满足时，如图 5-1 中 I1.0 和 I1.1 同时为 1 时，则 Q2.0=0。

置位（S）和复位（R）指令也可用于结束一个逻辑串。因此，在 LAD 中置位和复位指令只能放在逻辑串的最右端，而不能放在逻辑串中间。

5.1.2　RS 触发器指令与 SR 触发器指令

STEP 7 有两种触发器：RS 触发器和 SR 触发器。

1. RS 触发器

RS 触发器为"置位优先"型触发器，当 R 端和 S 端的驱动信号同时为 1 时，触发器最终为置位状态，RS 触发器指令的格式及示例如表 5-3 所示。

表 5-3　RS 触发器指令的格式及示例

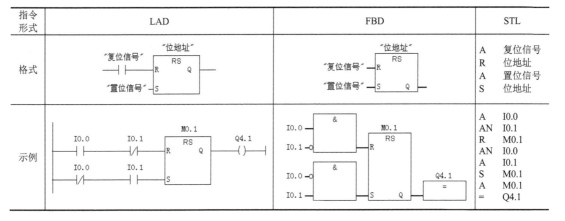

表 5-3 的示例说明当 I0.0 为 1 且 I0.1 为 0 时，M0.1 被复位，Q4.1 输出为 0；当 I0.1 为 1 且 I0.0 为 0 时，M0.1 被置位，Q4.1 输出为 1。

2. SR 触发器

SR 触发器为"复位优先"型触发器，当 R 端和 S 端的驱动信号同时为 1 时，触发器最终为复位状态，SR 触发器指令的格式及示例如表 5-4 所示。

表 5-4 SR 触发器指令的格式及示例

指令形式	LAD	FBD	STL
格式	"置位信号"—┤├—S "位地址" SR Q — "复位信号"—┤R	"置位信号"—S "位地址" SR Q "复位信号"—R	A 置位信号 S 位地址 A 复位信号 R 位地址
示例	I0.0 I0.1 M0.3 —┤├—┤/├—S SR Q—(Q4.3)— I0.0 I0.1 —┤/├—┤├—R	I0.0—& I0.1—o M0.3 SR I0.0—o & Q I0.1— R Q —[=] Q4.3	A I0.0 AN I0.1 S M0.3 AN I0.0 A I0.1 R M0.3 A M0.3 = Q4.3

表 5-4 的示例说明当 I0.0 为 1 且 I0.1 为 0 时，M0.3 被置位，Q4.3 输出为 1；当 I0.1 为 1 且 I0.0 为 0 时，M0.3 被复位，Q4.3 输出为 0。

图 5-2b 中的工作时序图说明了图 5-2a 示例中的 RS 触发器和 SR 触发器对 R 端和 S 端信号的响应及响应优先级。

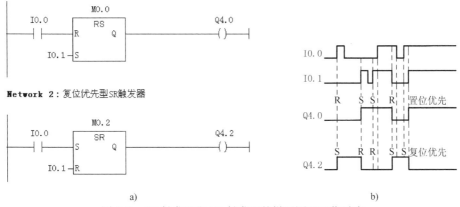

图 5-2 RS 触发器和 SR 触发器的梯形图及工作时序

a) 梯形图　b) 工作时序

对于 RS 触发器和 SR 触发器，如果置位输入端（S 端）为 1，则触发器置位。此后，即使置位输入端变为 0，触发器仍保持置位状态不变。如果复位输入端（R 端）为 1，则触发器复位。此后，即使复位输入端变为 0，触发器仍保持复位状态不变。

对于 RS 触发器，当两个输入端都为 1 时，置位输入最终有效。即置位输入优先，触发器或被置位，或保持置位状态不变。

对于 SR 触发器，当两个输入端都为 1 时，复位输入最终有效。即复位输入优先，触发器或被复位，或保持复位状态不变。

5.2 STEP 7 的用户程序结构

PLC 的程序分为操作系统和用户程序，操作系统用来实现特定的功能，处理 PLC 的启动、刷新映像寄存器、调用用户程序、处理中断、诊断故障、处理通信等，是 PLC 出厂时就固化在 CPU 中，用户只能调用而不能更改。用户程序由用户在 STEP 7 中生成，包含用户要完成自动化控制任务所需要的所有功能。

5.2.1 STEP 7 的程序块

SIMATIC S7-300 系列 PLC 有多种程序块，主要有：组织块（OB）、功能块（FB）、功能（FC）、数据块（DB）、系统数据块（SDB）、系统功能（SFC）和系统功能块（SFB）。STEP 7 将用户编写的程序和程序所需要的数据存放在块中，使单个的程序部件标准化。通过在块内和块间子程序的调用，使用户程序结构化，可以简化程序组织，使程序易于修改、查错和调试。块结构显著增加了 PLC 程序的组织透明性、可理解性和维护性。各种程序块的说明见表 5-5。

表 5-5 STEP 7 程序块的类型

块	描述
组织块（OB）	操作系统与用户程序的接口，决定用户程序的结构
功能块（FB）	用户编写的包含经常使用功能的子程序，有存储区
功能（FC）	用户编写的包含经常使用功能的子程序，无存储区
数据块（DB）	背景数据块 DB，存储局部数据，调用 FB 和 SFB 时用于传递参数的数据块
	共享数据块 DB，存储用户数据的数据区域，供所有的块共享
系统功能块（SFB）	集成在 CPU 模块中，通过 SFB 调用一些重要的系统功能，有存储区
系统功能（SFC）	集成在 CPU 模块中，通过 SFC 调用一些重要的系统功能，无存储区
系统数据块（SDB）	用于配置数据和参数的数据块

1. 组织块（OB）

组织块 OB 是操作系统和用户程序之间的接口，S7-300 PLC 提供了大量的组织块，这些组织块只能由 CPU 调用。组织块分为 3 大类：启动组织块、主循环组织块和中断组织块。为了避免组织块执行时发生冲突，操作系统为每个组织块分配了相应的优先级，组织块的优先级如表 5-6 所示。

表 5-6 组织块类型和优先级

类 型		OB	优先级
主循环组织块		OB1	1
中断组织块	时间中断	OB10、OB35 等	2、12
	事件中断	OB20、OB40 等	3、16
	诊断中断	OB80～OB122 等	26
启动组织块		OB100、OB101、OB102	27

（1）主循环组织块 OB1

OB1 是用户自己编写的主循环组织块，也是用户程序中唯一不可缺少的程序块。当 PLC 的硬件组态完成并编译无误且保存后，在程序块"Block"中自动生成 OB1 块。

操作系统在每一次循环中调用一次组织块 OB1，其他程序块只有通过 OB1 的调用才能被 CPU 执行。

（2）启动组织块

S7-300 PLC 的启动模式有 3 种，分别是暖启动 OB100、热启动 OB101 和冷启动 OB102。打开 S7-300 CPU 模块的属性对话框的"启动"选项卡，可以选择这 3 种启动方式中的一种，默认启动配置是暖启动。

1）暖启动组织块 OB100，是完全再启动的启动类型，启动时过程映像数据、非保持的存储器位、定时器和计数器被复位，具有保持功能的存储器位、定时器、计数器和所有的数据块将保留原数值。执行一次 OB100 后，循环执行 OB1。将模式选择开关从 STOP 位置扳到 RUN 位置，执行一次手动暖启动。

2）热启动组织块 OB101，是不完全再启动的启动类型，启动时所有数据（标志存储器、定时器、计数器、过程映像数据及数据块的当前值）被保持。如果 S7-300 CPU 在 RUN 模式时电源突然丢失，然后又很快重新上电，将执行 OB101，自动完成热启动，从上次 RUN 模式结束时程序被中断之处继续执行，不对计数器等复位。

3）冷启动组织块 OB102，一般是针对电源故障定义的启动模式。启动时，所有系统存储区均被清除，即被复位为零，包括有保持功能的存储区。S7-300 系列 PLC 的 CPU 不支持上电后自动执行冷启动模式。新版本的 S7-300 系列 PLC 在 STEP 7 中可以手动执行冷启动操作。冷启动过程中，用户程序从装载存储器被载入工作存储器，调用 OB102 后，循环执行 OB1。

（3）中断组织块

中断组织块分为时间中断、事件中断和诊断中断。

事件中断处理中，若出现一个中断事件，如时间中断、硬件中断和错误中断等，正在执行的块在当前语句执行完后被停止执行（被中断），操作系统将会调用一个分配给该事件的组织块。该组织块执行完后，被中断的块将从断点处继续执行。

2. 功能块（FB）

功能块 FB（Function Block）是用户自己编写的程序块，有自己的存储区（背景数据块），通过背景数据块传递参数。被其他程序块（OB、FC 和 FB）调用时，必须指定背景数据块的编号。一个功能块可以有多个背景数据块，使功能块用于不同的被控对象。

要生成功能块（FB）时，执行 SIMATIC 菜单命令"Insert"→"S7 Black"→"Function Block"，就可以得到一个功能块 FB。或者右击 SIMATIC 左边视窗中的"Black"→"Insert New Object"→"Function Block"生成一个新的功能块（FB）。在编译 FB 时自动生成背景数据块中的数据。

3. 功能（FC）

功能 FC（Function）与功能块的根本区别在于没有自己的存储区，即没有指定的背景数据块，不能存储信息，调用时必须给形参配置实参。功能（FC）一般用于编制重复发生并且复杂的自动化程序。

要生成功能（FC）时，执行 SIMATIC 菜单命令"Insert"→"S7 Black"→"Function"，就可以得到一个功能 FC。或者右击 SIMATIC 左边视窗中的"Black"→"Insert New Object"→"Function"生成一个新的功能（FC）。

4．数据块（DB）

数据块 DB(Data Block)是用于存放执行程序时所需变量数据的数据区，根据使用方式的不同，数据块分为共享数据块和背景数据块两种。

（1）共享数据块（Share Block）

共享数据块用于存储全局数据，所有逻辑块都可以从共享数据块中读取存储的数据，或将数据写入共享数据块。CPU 可以同时打开一个共享数据块和一个背景数据块。程序块执行结束后，共享数据块中的数据不会被删除。

（2）背景数据块（Instance Block）

背景数据块是专门指定给某个功能块（FB）或系统功能块（SFB）使用的数据块，它是 FB 或 SFB 运行时的工作存储区。当用户将数据块与某一功能块相连时，该数据块即成为该功能块的背景数据块。用户不能直接修改背景数据块，只能通过对应的功能块的变量声明表来修改它。调用 FB 时，必须同时指定一个对应的背景数据块。背景数据块只能被指定的功能块访问。

5．系统功能块（SFB）

系统功能块 SFB(System Function Block)和系统功能 SFC(System Function)是操作系统的一部分，不占用程序空间。系统功能块 SFB 是 CPU 为用户提供已经编好的程序块，可以在用户程序中调用这些块。系统功能块有存储功能，其变量保存在指定的背景数据块中，其背景数据块占用用户的存储空间。

6．系统功能（SFC）

系统功能 SFC 是集成在 S7 CPU 操作系统中预先编好程序的程序块，可以在用户程序中调用。与系统功能块 SFB 不同，SFC 没有存储功能。

7．系统数据块（SDB）

系统数据块是由 STEP 7 生成的程序存储区，包含了系统组态数据，例如模块参数和通信连接参数等用于 CPU 操作系统的数据。

5.2.2 STEP 7 的用户程序结构和调用

1．用户程序结构

STEP 7 有 3 种程序结构，即线性化程序结构、模块化程序结构和结构化程序结构。

二维码 5-1
STEP 的用户
程序结构

（1）线性化程序结构

线性化编程类似硬件继电器控制电路，整个控制程序放在主循环组织块 OB1（主程序）中，每一次循环扫描都要不断地顺序执行 OB1 中的全部指令。这种程序结构简单，不涉及功能、功能块、数据块、局部变量和中断等比较复杂的概念，容易入门，一般用于编写简单的控制系统程序。

由于线性化程序所有的指令都集中在一个块中，即使程序中的某些部分在大多数时候都不需要执行，但每个扫描周期都需要执行所有指令，CPU 的执行效率比较低。此外如果需要多次执行相同或相似的程序需要重复编写程序。

（2）模块化程序结构

控制程序按照功能划分为不同的功能块或功能（FB 或 FC），每个程序块完成一个确定的功能。通过这些程序块的互相协作，完成整个程序功能。程序执行时，组织块 OB1 中的指令根据需要调用相应的程序块，被调用的程序块执行完后返回到 OB1 中的调用点，继续执行 OB1。

（3）结构化程序结构

结构化程序是将复杂的控制任务，分解为能够反映过程要求的工艺、功能，在功能或功能块中编写通用的程序块。这些程序块是相对独立的，某些程序块可以用来实现相同或相似的功能，它们可以被 OB1 或别的程序块反复调用，可通过不同的参数调用相同的功能或通过不同的背景数据块调用相同的功能块。程序运行时所需的大量数据和变量存储在数据块中，可以共享。结构化程序具有很高的编程和编程调试效率，并且编程结构清晰，适合于复杂的控制任务。

2．程序块的调用

在程序块调用中，调用者可以是各种程序块，包含用户编写的组织块、FB、FC 和系统提供的 SFB、SFC。被调用者是除 OB 块之外的程序块。调用 FB 时需要为它指定一个背景数据块。

块可以嵌套调用，即被调用的块又可以调用别的块，允许嵌套调用的层数（嵌套深度）与 CPU 的型号有关。操作系统的调用关系如图 5-3 所示，如 OB1 调用 FB，FB 调用 FC。

3．启动组织块的应用

CPU 上电或运行模式由 STOP 切换到 RUN 时，CPU 只执行一次启动组织块。用户可以通过在启动组织块中编写程序，来设置 CPU 的初始化操作，例如设置开始运行时某些变量的初始值和输出模块的初始值等。所以启动组织块常用于系统初始化。

如图 5-4 的 CPU 动态扫描过程所示，在 PLC 接通电源的瞬间，CPU 就进入启动模式。暖启动组织块 OB100 用以初始化系统在 PLC 上电的第一个周期执行一次，然后顺序执行 OB1 的程序。

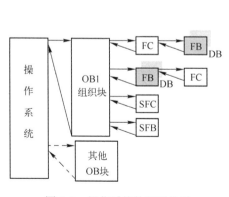

图 5-3 操作系统的调用关系

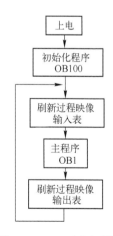

图 5-4 CPU 动态扫描过程

5.3 技能训练 1 抢答器的控制

5.3.1 控制要求

抢答器设计控制要求如下：一人按下抢答按钮，接通本组抢答信号灯，通知主持人和观众本组获得抢答权，同时切断其他各组信号灯电路；进入下一轮问题抢答时，主持人按下复位按钮，清除上一轮抢答信号，抢答重新开始。

5.3.2 任务分析

抢答器设计：4人抢答器有4个按钮作为输入信号，分别接 I0.1、I0.2、I0.3、I0.4，主持人的复位按钮对应 I0.5，每人对应的输出灯为 Q1.1、Q1.2、Q1.3、Q1.4。要求：4人抢答，谁先按按钮谁的指示灯优先亮，此后其他人再按下按钮无效，灯只能亮一盏；进入下一轮问题抢答时，主持人按下复位按钮，抢答重新开始。

另外，主持人按下复位按钮 10 s 之后如果没有人抢答，此题作废，进入下一轮抢答。

5.3.3 任务实施

1. PLC 硬件配置及接线

抢答器控制系统有 4 个答题人的抢答按钮，1 个主持人的复位按钮，4 个抢答信号灯，需要 5 个输入信号，4 个输出信号，PLC 系统可选择以下配置。

1）CPU 315 模块 1 只，订货号为 6ES7 315-1AF03-0AB0。

2）PS 307（5 A）电源模块 1 只，订货号为 6ES7 307-1EA00-0AA0。

3）SM323 DI16/ DO16×DC 24 V/0.5 A 数字量输入/输出模块 1 只，订货号为 6ES7 323-1BL00-0AA0。

4）直流 24 V 10 A 的电源 1 只。

PLC 的 I/O 端子分配表如表 5-7 所示，PLC 的 I/O 端子接线图如图 5-5 所示。

表 5-7 PLC 的 I/O 分配

符号	地址	功能	符号	地址	功能
SB1	I0.1	第一组的抢答按钮（常开）	HL1	Q1.1	第一组的抢答信号灯
SB2	I0.2	第二组的抢答按钮（常开）	HL2	Q1.2	第二组的抢答信号灯
SB3	I0.3	第三组的抢答按钮（常开）	HL3	Q1.3	第三组的抢答信号灯
SB4	I0.4	第四组的抢答按钮（常开）	HL4	Q1.4	第四组的抢答信号灯
SB5	I0.5	主持人的复位按钮（常开）			

2. 硬件组态

打开 SIMATIC Manager，新建一个项目并命名为"抢答器"，然后在该项目内插入一个 S7-300 PLC 的工作站。双击硬件组态（Hardware）图标，进入硬件组态窗口，然后参照图 5-6 完成 PLC 硬件组态操作。

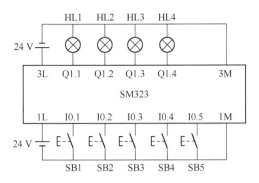

图 5-5　PLC 的 I/O 端子接线图

(0)　UR

S...	Module	Order number	Firmware	MPI address	I address	Q address	Comment
1	PS 307 5A	6ES7 307-1EA00-0AA0					
2	CPU 315	6ES7 315-1AF03-0AB0	V1.2	2			
3							
4	DI16/DO16x24V/0.5A	6ES7 323-1BL00-0AA0			0...1	0...1	
5							

图 5-6　PLC 硬件组态

展开“SIMATIC 300”模块目录，再展开“RACK-300”子目录，双击“Rail”插入一个导轨。选中导轨的 1 号槽位，插入电源模块“PS 307 5 A”，订货号为“6ES7 307-1EA00-0AA0”。选中导轨的 2 号槽位，插入 CPU 模块“CPU 315”，订货号为“6ES7 315-1AF03-0AB0”“V1.2”。选中导轨的 4 号槽位，插入数字量输入/输出模块“DI16/DO16×24 V/0.5 A”，订货号为“6ES7 323-1BL00-0AA0”。

3. 编辑全局符号表

在 SIMATIC Manager 的左视窗内展开“SIMATIC 300（1）”目录及“CPU 315”子目录，单击“S7 Program（1）”程序文件夹图标，在右视窗中双击“Symbols”图标打开符号编辑器，参照图 5-7 完成 PLC 符号表操作。

S7 Program(1) (Symbols) -- 抢答器\SIMATIC 300(1)\CPU 315

	Statu	Symbo	Address		Data typ	Comment
1		FC1	FC	1	FC 1	子程序
2		HL1	Q	1.1	BOOL	第一组灯
3		HL2	Q	1.2	BOOL	第二组灯
4		HL3	Q	1.3	BOOL	第三组灯
5		HL4	Q	1.4	BOOL	第四组灯
6		SB1	I	0.1	BOOL	第一组按钮
7		SB2	I	0.2	BOOL	第二组按钮
8		SB3	I	0.3	BOOL	第三组按钮
9		SB4	I	0.4	BOOL	第四组按钮
10		SB5	I	0.5	BOOL	主持人复位按钮
11		VAT_1	VAT	1		
12						

图 5-7　PLC 符号表

4. 控制程序设计

（1）功能 FC1 和 FC2 的程序设计

SB1（I0.1）按钮信号可以作为 SR 触发器的置位信号，而且要串入其他 3 路的互锁信号，否则就不止一盏指示灯亮，中间存储位地址为 M0.0。其他 3 路的工作原理相同，注意中间存储位地址分别为 M0.1、M0.2、M0.3，不能重复。FC1 的程序如图 5-8 所示。如果置位和复位信号同时满足，复位信号优先，即主持人优先。

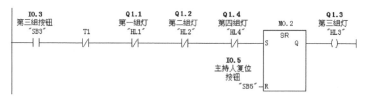

图 5-8 FC1 程序

如图 5-9 所示，在子程序 FC2 中，设置定时器标志位"F1"，其地址为 M1.0。用 SB5 下降沿触发接通"F1"，并由"F1"接通延时定时器 T1。同时用 SB5 上升沿复位定时器 T1，为下次做延时准备。注意在 PC1 程序中每一路需串入 T1 的常闭触点。

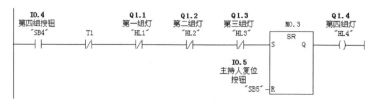

图 5-9 FC2 程序

图 5-9 FC2 程序（续）

（2）OB1 的程序设计

抢答器程序采用模块式结构，在组织块 OB1 中编写主程序，FC1、FC2 是子程序，在 OB1 中无条件调用 FC1 和 FC2。OB1 中的主程序如图 5-10 所示。

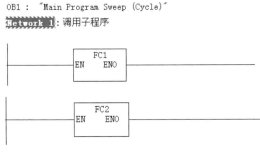

图 5-10 OB1 中的主程序

5.4 技能训练 2 多级传送带的控制

传送带又称为带式输送机，是组成有节奏的流水作业线不可缺少的经济型物流输送设备。传送带具有输送能力强、输送距离远、运行高速平稳、噪声低以及结构简单的特点，并可以上下坡传送，能方便地实行程序化控制和自动化操作，特别适合一些散碎原料及不规则物品的输送，在煤炭、采砂、食品、烟草和物流等生产领域运用非常普遍。对于多个流程工艺的生产线一般需要多级传送带。为了防止物料的堆积，多级传送带在正常起动时需按物流方向逆序逐级起动；正常停机时则按物流方向顺向逐级停机；故障停机时，故障点之前的传送带应立即停机，故障点之后的传送带应按物流方向顺向逐级停机。

5.4.1 控制要求

图 5-11 所示为由 3 条传送带和料斗组成的物料三级输送系统。为防止物料堆积，要求按下起动按钮后，3#传送带首先开始工作，2 s 后 2#传送带自动起动，再过 2 s 后 1#传送带自动起动，再过 2 s 料斗底门打开。按下停止按钮后，停机的顺序与起动的顺序相反，间隔为 2 s。如果起动过程中按下停止按钮，没有起动的电动机不再起动，已起动的传送带按照

起动的顺序逆序停止。

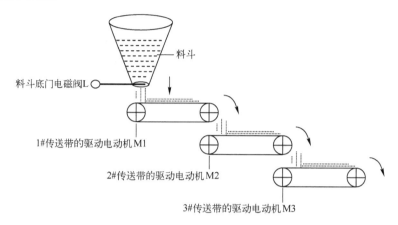

图 5-11 物料三级输送系统的工作流程图

5.4.2 任务分析

多级传送带系统是典型的顺序控制，根据控制要求可以把控制系统分成 8 个工作状态，需要设置 8 个工作状态的标志：初始状态为 F0，全部输出负载复位；F1 为第 1 级起动与延时，使 3#传送带的驱动电动机 M3 起动；F2 为第 2 级起动与延时，使 2#传送带的驱动电动机 M2 起动；F3 为第 3 级起动与延时，使 1#传送带的驱动电动机 M1 起动；F4 为第 4 级起动，使料斗底门打开，实现按物流方向的逆序起动；F5 为第 1 级停止，关闭料斗底门；F6 为第 2 级停止与延时，使 M1 停止；F7 为第 3 级停止与延时，使 M2 停止；F0 不仅是初始状态，而且是第 4 级停止，即第 4 级停止后返回初始状态 F0，使 M3 停止，实现按物流方向顺序停机。多级传送带系统的控制程序流程图如图 5-12 所示。

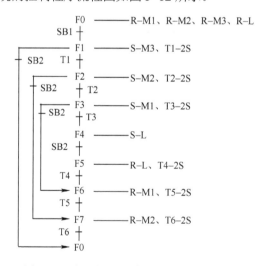

图 5-12 多级传送带系统的控制程序流程图

在起动过程中，第 1 级起动状态 F1 期间按下停止按钮，直接返回到初始状态 F0；第 2 级起动状态 F2 期间按下停止按钮，直接跳转到状态 F7；第 3 级起动状态 F3 期间按下停止按钮，直接跳转到状态 F6，然后顺序停止。

5.4.3 任务实施

1. PLC 硬件配置及接线

根据图 5-11 可知，物料三级输送系统有 3 台驱动电动机，1 个料斗底门电磁阀，因此需要 3 个交流接触器和 1 个电磁阀，共占用 PLC 的 4 个输出点；需要起动按钮 1 个、停止按钮 1 个，占用 PLC 的两个输入点。

在设计实际生产线的 PLC 控制系统时，都是用接触器来驱动电动机之类的大电流负载，而接触器的线圈则由中间继电器的触点控制，中间继电器的线圈（一般采用 DC 24 V）最终由 PLC 的数字输出点控制，实现高电压、大电流系统与弱电系统的隔离，确保 PLC 系统的安全。为了保护 PLC 的输出触点不被高电压（或大电流）冲击，一般需要在中间继电器的线圈两端并接一个二极管和电阻的串联网络，可有效释放中间继电器关断时所产生的感应电动势。因此 PLC 系统可选择以下配置：

1）CPU 315 模块 1 只，订货号为 6ES7 315-1AF03-0AB0。
2）PS 307（5 A）电源模块 1 只，订货号为 6ES7 307-1EA00-0AA0。
3）DI16/DO16×24 V/0.5 A 数字量输入/输出模块 1 只，订货号为 6ES7 323-1BL00-0AA0。
4）直流 24 V 10 A 的电源 1 只。

PLC 的 I/O 地址分配表如表 5-8 所示，PLC 的 I/O 接线图如图 5-13 所示。

表 5-8 PLC 的 I/O 分配表

信号	符号	I/O 地址	功能
输入信号	SB1	I0.1	起动按钮（常开）
	SB2	I0.2	停止按钮（常开）
输出信号	K1	Q1.1	M1 运行继电器
	K2	Q1.2	M2 运行继电器
	K3	Q1.3	M3 运行继电器
	L	Q1.4	料斗底门电磁阀

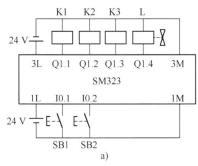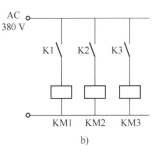

图 5-13 PLC 的 I/O 接线图

2. 硬件组态

打开 SIMATIC Manager，新建一个项目并命名为"传送带"，然后在该项目内插入一个 S7-300 PLC 的工作站。进入硬件组态窗口，然后参照图 5-14 进行硬件组态。

S...	Module	Order number	Firmware	MPI address	I address	Q add...	Comment
1	PS 307 5A	6ES7 307-1EA00-0AA0					
2	CPU 315	6ES7 315-1AF00-0AB0		2			
3							
4	DI16/DO16x24V/0.5A	6ES7 323-1BL00-0AA0			0...1	0...1	
5							

图 5-14　硬件组态

3．编辑全局符号表

参照图 5-15 编辑符号表。

S7 Program(1) (Symbols) -- 料斗顺序控制\SIMATIC 300(1)\CPU 315

	Statu	Symbol	Address		Data typ	Comment
1		COMPLETE RESTART	OB	100	OB 100	初始化程序
2		F0	M	0.0	BOOL	初始标志
3		F1	M	0.1	BOOL	状态1标志
4		F2	M	0.2	BOOL	状态2标志
5		F3	M	0.3	BOOL	状态3标志
6		F4	M	0.4	BOOL	状态4标志
7		F5	M	0.5	BOOL	状态5标志
8		F6	M	0.6	BOOL	状态6标志
9		F7	M	0.7	BOOL	状态7标志
10		K1	Q	1.1	BOOL	M1运转
11		K2	Q	1.2	BOOL	M2运转
12		K3	Q	1.3	BOOL	M3运转
13		L	Q	1.4	BOOL	料斗底门打开
14		SB1	I	0.1	BOOL	起动按钮
15		SB2	I	0.2	BOOL	停止按钮
16						

图 5-15　编辑符号表

4．控制程序设计

（1）初始状态，全部输出负载复位

控制系统起动之前，全部输出负载均处于复位状态，由初始状态标志 F0 对全部输出负载进行复位，如图 5-16 所示。

（2）设置第 1 级起动状态标志，复位初始状态标志

按下起动按钮 SB1，用置位指令设置第 1 级起动状态标志 F1，同时用复位指令复位初始状态标志 F0，进入第 1 级起动过程，如图 5-17 所示。

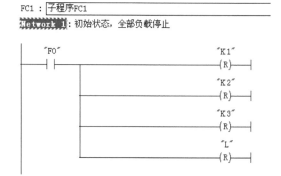

图 5-16　初始状态设置

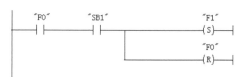

图 5-17　设置第 1 级起动标志

用第 1 级起动状态标志 F1 置位 M3 的控制继电器 K3，同时起动第 1 级起动延时定时器 T1，如图 5-18 所示。

根据控制要求，在 F1 起动过程中若按下停止按钮 SB2，则直接返回到初始状态，同时复位 F1，设置第 1 级起动后的停止如图 5-19 所示。

图 5-18 设置第 1 级起动延时定时器 T1 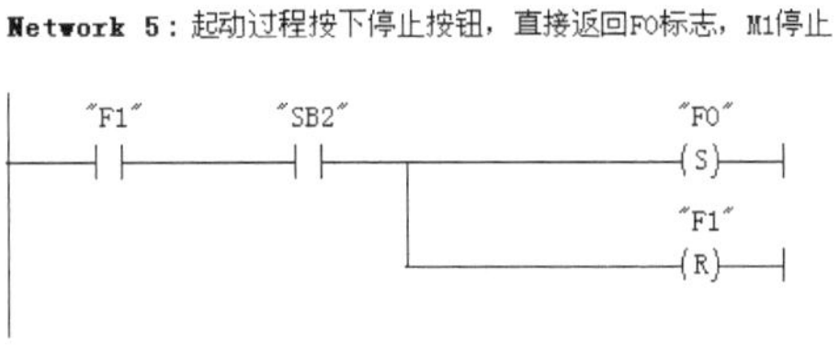　　　　图 5-19 设置第 1 级起动后的停止

（3）设置第 2 级起动状态标志，复位第 1 级起动状态标志

第 1 级起动延时时间结束后，置位第 2 级起动状态标志 F2，同时复位第 1 级起动状态标志 F1，进入第 2 级起动过程，如图 5-20 所示。

用第 2 级起动状态标志 F2 置位 M2 的控制继电器 K2，同时起动第 2 级起动延时定时器 T2，如图 5-21 所示。

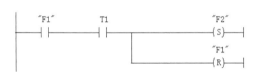

图 5-20 设置第 2 级起动标志 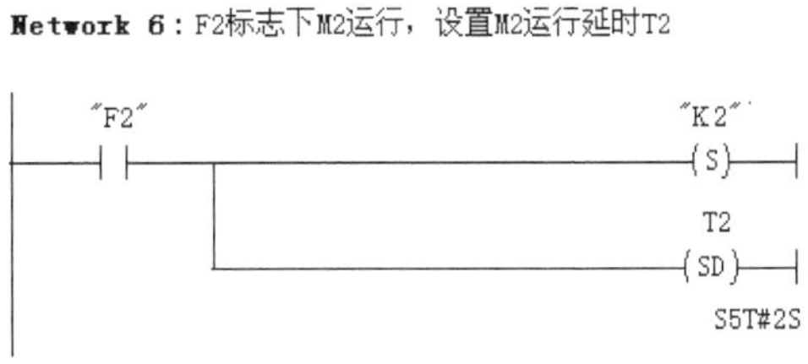　　　　图 5-21 设置第 2 级起动延时定时器 T2

根据控制要求，在 F2 起动过程中若按下停止按钮 SB2，则直接跳转到停止状态标志 F7，同时复位 F2，设置第 2 级起动后的停止如图 5-22 所示。

（4）设置第 3 级起动状态标志，复位第 2 级起动状态标志

第 2 级起动延时时间结束后，置位第 3 级起动状态标志 F3，同时复位第 2 级起动状态标志 F2，进入第 3 级起动过程，设置第 3 级起动标志如图 5-23 所示。

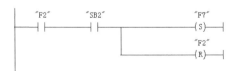 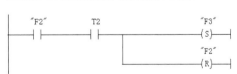

图 5-22 设置第 2 级起动后的停止　　　　图 5-23 设置第 3 级起动标志

用第 3 级起动状态标志 F3 置位 M1 的控制继电器 K1，同时起动第 3 级起动延时定时器 T3，如图 5-24 所示。

根据控制要求，在 F3 起动过程中若按下停止按钮 SB2，则直接跳转到停止状态标志 F6，同时复位 F3，设置第 3 级起动后的停止如图 5-25 所示。

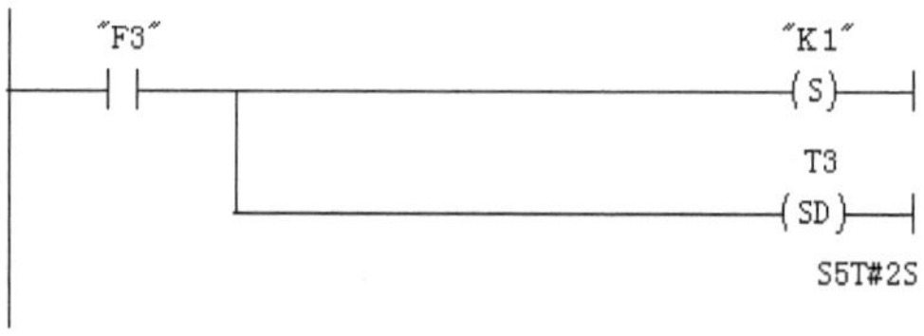

Network 9: F3标志下M1运行,设置M1运行延时T3

```
    "F3"                              "K1"
─────┤├───────────────────────────────( S )─

                                       T3
                                      ─( SD )─
                                      S5T#2S
```

图 5-24　设置第 3 级起动延时定时器 T3

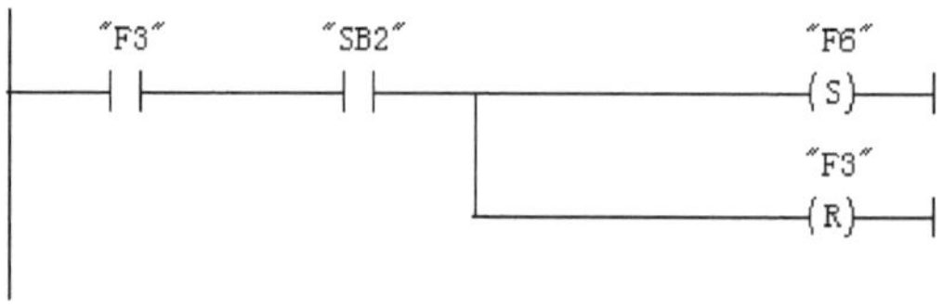

Network 11: 起动过程按下停止按钮,直接到F6标志,M1停止,M2和M3延时停止

```
    "F3"      "SB2"                    "F6"
─────┤├────────┤├────────────────────( S )─

                                       "F3"
                                      ─( R )─
```

图 5-25　设置第 3 级起动后的停止

（5）设置第 4 级起动状态标志,复位第 3 级起动状态标志

第 3 级起动延时时间结束后,置位第 4 级起动状态标志 F4,同时复位第 3 级起动状态标志 F3,进入第 4 级起动过程,设置第 4 级起动标志如图 5-26 所示。

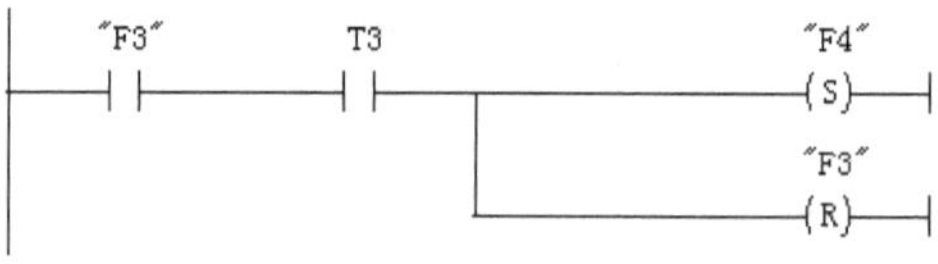

Network 10: T3延时时间到,F4标志动作,F3复位

```
    "F3"       T3                     "F4"
─────┤├────────┤├────────────────────( S )─

                                       "F3"
                                      ─( R )─
```

图 5-26　设置第 4 级起动标志

用第 4 级起动状态标志 F4 置位料斗底门电磁阀 L,如图 5-27 所示。

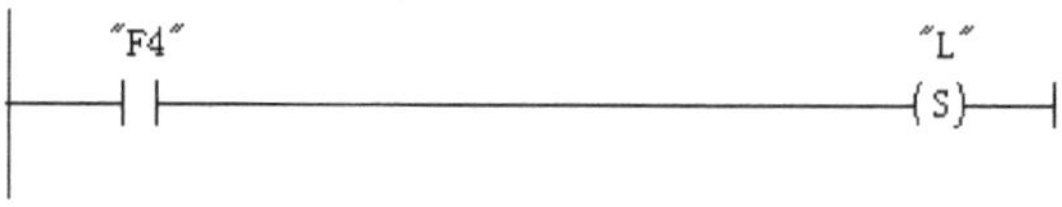

Network 12: F4标志打开料斗底门电磁阀L

```
    "F4"                              "L"
─────┤├───────────────────────────────( S )─
```

图 5-27　设置第 4 级输出动作

（6）设置第 1 级停止状态标志,复位起动状态标志

按下停止按钮 SB2,置位第 1 级停止状态标志 F5,同时复位起动状态标志 F4,进入第 1 级停止过程,如图 5-28 所示。

用第 1 级停止状态标志 F5 复位料斗底门电磁阀 L,同时起动第 1 级停止延时定时器 T4,如图 5-29 所示。

（7）设置第 2 级停止状态标志,复位第 1 级停止状态标志

第 1 级停止延时时间结束后,置位第 2 级停止状态标志 F6,同时复位第 1 级停止状态标志 F5,进入第 2 级停止过程,如图 5-30 所示。

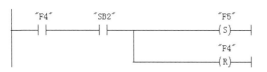

图 5-28 设置第 1 级停止状态标志

图 5-29 设置第 1 级停止动作和延时

用第 2 级停止状态标志 F6 复位 M1 的控制继电器 K1，同时起动第 2 级停止延时定时器 T5，如图 5-31 所示。

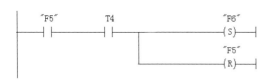

图 5-30 设置第 2 级停止状态标志　　　图 5-31 设置第 3 级停止动作和延时

（8）设置第 3 级停止状态标志，复位第 2 级停止状态标志

第 2 级停止延时时间结束后，置位第 3 级停止状态标志 F7，同时复位第 2 级停止状态标志 F6，进入第 3 级停止过程，如图 5-32 所示。

用第 3 级停止状态标志 F7 复位 M2 的控制继电器 K2，同时起动第 3 级停止延时定时器 T6，如图 5-33 所示。

图 5-32 设置第 3 级停止状态标志　　　图 5-33 设置第 3 级停止动作和延时

（9）设置第 4 级停止状态标志，复位第 3 级停止状态标志

第 3 级停止延时时间结束后，置位第 4 级停止状态标志，也就是初始状态标志 F0，同时复位第 3 级停止状态标志 F7，系统进入初始状态 F0，同时复位 M3，如图 5-34 所示。

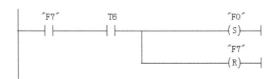

图 5-34 返回初始状态

（10）OB100 初始化程序

设置系统的初始化标志 F0，如图 5-35 所示。

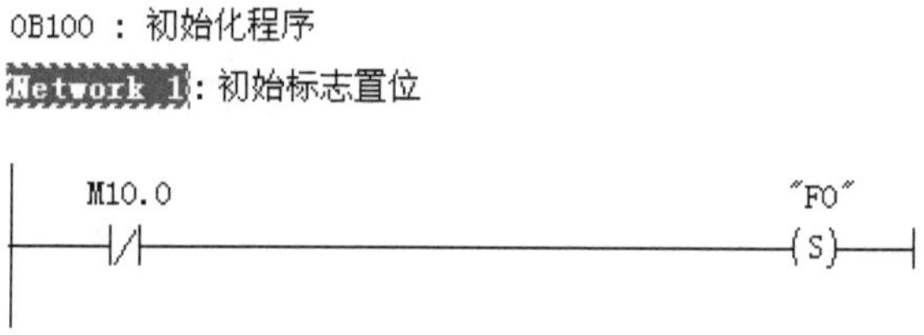

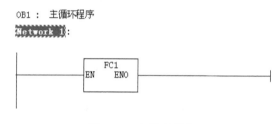

图 5-35 设置初始状态

（11）主循环程序 OB1

在 OB1 中直接调用子程序 FC1，实现对整个系统的控制。主循环程序如图 5-36 所示。

图 5-36 主循环程序

5.4.4 方案调试

程序设计完成以后，必须将 PLC 的硬件组态信息及所有的程序模块下载到目标 PLC，先进行离线仿真调试，离线仿真调试通过后再进行现场在线调试。只有在线调试通过后才能交付用户使用。下面介绍离线仿真调试的步骤。

1. 编辑调试变量表

在 SIMATIC Manager 窗口内单击 Blocks 文件夹，在右视窗内右击，执行弹出的快捷菜单命令"Insert New Object"→"Variable Table"插入一个调试变量表，然后双击变量表并按图 5-37 输入调试变量并保存。

2. 启动仿真工具（PLCSIM）并下载用户程序

在 SIMATIC Manager 窗口内单击仿真工具图标 启动仿真工具 PLCSIM，并选择当前项目所用 CPU 作为调试对象，然后下载硬件组态信息及程序块 OB1、OB100、FC1。

3. 调试数据

在 PLCSIM 窗口内执行菜单命令"Tools"→"Options"→"Attach Symbols"选择当前项目符号表进行符号匹配，然后执行菜单命令"Insert"→"Vertical Bits"或单击"Insert Vertical Bit"工具图标 插入两个按位垂直排列的字节变量，并指定字节地址分别为 IB0 和 QB1。调整 IB0 及 QB1 在窗口内的布局并尽量将窗口调到最小，然后单击图钉按钮 固定窗口，或执行菜单命令"View"→"Always On Top"将窗口始终放置在最顶层。

在变量表上单击监控工具图标 将变量表切换到监控状态。调整好 PLCSIM 窗口的位置，离线仿真调试窗口如图 5-38 所示。将 CPU 模式开关切换到 RUN 或 RUN-P 模式，然后在 PLCSIM 窗口内操作输入信号的状态，在变量表窗口内观察输出信号的状态，并及时在 PLCSIM 窗口内给出反馈信号。

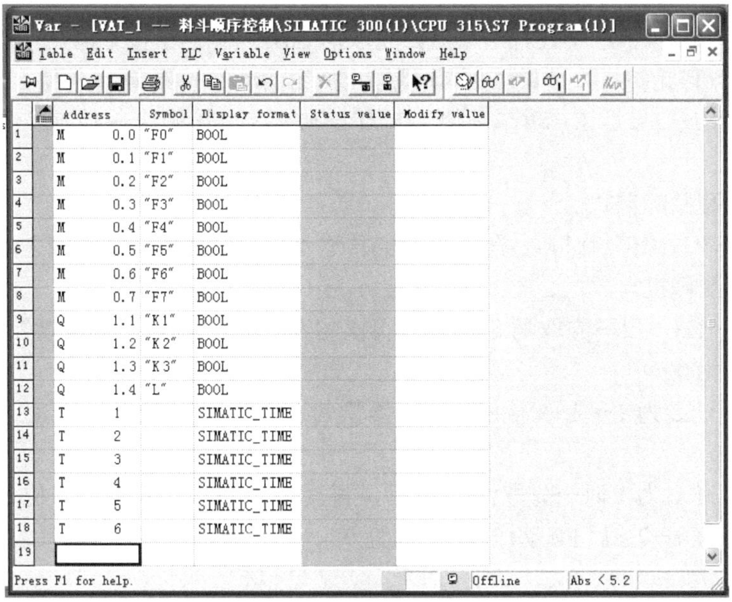

图 5-37 编辑调试变量表

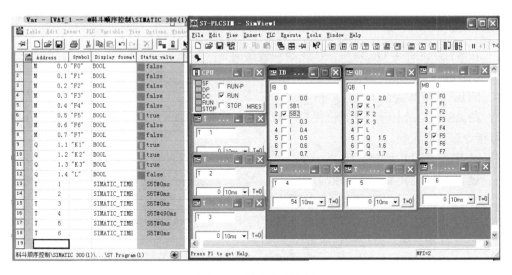

图 5-38 离线仿真调试

为了节省调试时间，在离线仿真调试时可将长延时定时器的时间值设置得短一些，仿真调试通过后再恢复原来的设定时间。

（1）起动过程调试

起动过程的调试步骤：RUN→F0→在 PLCSIM 窗口内勾选 SB1（相当于按下起动按钮

SB1）再取消（相当于松开起动按钮 SB1），以模拟起动按钮的动作→F1 动作→使 K3 为 1→2 s 后 F2 动作→K2 为 1→2 s 后 F3 动作→K1 为 1→2 s 后 F4 动作→使 L 为 1，起动过程结束。

（2）停机过程调试

停机过程调试步骤：起动过程结束后，先取消 SB2（相当于按下停止按钮）后再次勾选 SB2（相当于松开停止按钮），以模拟常闭型停止按钮的动作→F5 动作→使 L 为 0→2 s 后 F6 动作→使 K1 为 0→2 s 后 F7 动作→使 K2 为 0→2 s 后 F0 动作→使 K3 为 0，停机过程结束。

（3）起动过程故障调式

在起动过程中故障停机时，故障点之前的传送带应立即停机，故障点之后的传送带应按物流方向顺向逐级停机。

当 F1 动作→K3 为 1→先取消 SB2 后，再次勾选 SB2，以模拟常闭型停止按钮的动作→F0 动作→使 K3 为 0。

当 F2 动作→K2 为 1→先取消 SB2 后，再次勾选 SB2→F7 动作→使 K2 为 0→2 s 后 F0 动作→使 K3 为 0。

当 F3 动作→K1 为 1 时→先取消 SB2 后，再次勾选 SB2→F6 动作→使 K1 为 0→2 s 后 F7 动作→使 K2 为 0→2 s 后 F0 动作→使 K3 为 0。

5.5 习题

1. STEP 的程序块中 OB 代表＿＿＿＿，FC 代表＿＿＿＿，FB 代表＿＿＿＿，DB 代表＿＿＿＿。

2. 在 STEP 的许多 OB 块中，优先级别最高的是＿＿＿＿块。

3. OB100 是＿＿＿＿组织块，只在 PLC 上电的＿＿＿＿周期执行＿＿＿＿。

4. STEP 的仿真调试工具菜单是＿＿＿＿。

5. 在 RS 触发器中何谓"置位优先"和"复位优先"，如何运用？置位、复位指令与 RS 触发器指令有什么区别？

6. 对于 RS 和 SR 触发器而言，当 S 和 R 两个输入端均为 1 时，触发器处于什么状态？

7. 设计一个汽车库自动门控制系统，具体控制要求是：当汽车到达车库门前，超声波开关接收到车来的信号，开门上升；当升到顶点碰到上限开关时，门停止上升；当汽车驶入车库后，光电开关发出信号，门电动机反转，门下降；当下降碰到下限开关时后，门电动机停止。画出 I/O 接线图，设计梯形图程序。

8. 某自动生产线上，使用有轨小车来运转工序之间的物件，小车的驱动采用电动机拖动，其行驶示意图如图 5-39 所示。控制过程如下：

（1）按下起动按钮，小车从 A 站出发驶向 B 站，抵达后，延时 5 s 返回 A 站；

（2）返回 A 站后延时 5 s 驶向 C 站，抵达后，延时 5 s 返回 A 站；

（3）返回 A 站后延时 5 s 驶向 D 站，抵达后，延时 5 s 返回 A 站；

（4）运行一个周期后停止运行，即完成（1）（2）（3）动作后自动停止；

（5）重复（1）、（2）和（3）动作，一直循环，直到按下停止按钮，系统停止运行。

图 5-39　自动生产线工作示意图

第 6 章 计数器的应用

6.1 计数器指令

在 S7-300 PLC 的 CPU 存储器内预留有一定容量的存储区专门供计数器存储计数值，S7-300 PLC 的计数器都是 16 位的，每个计数器占用该区域 2 B 空间。不同的 CPU 型号，用于计数器的存储区域也不同，最多允许使用 64～512 个计数器。因此在使用计数器时，计数器的地址编号（C0～C511）必须在有效范围之内。S7-300 系列 PLC 有加计数器、减计数器和加/减计数器 3 种，如图 6-1 所示。

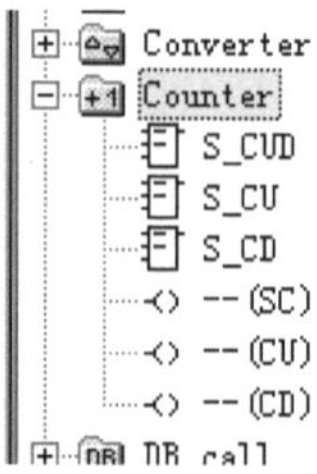

图 6-1 计数器

6.1.1 加/减计数器（S_CUD）

加/减计数器（S_CUD）的块图指令的格式及示例如表 6-1 所示。

表 6-1 加/减计数器（S_CUD）的块图指令的格式及示例

指令形式	LAD	FBD	STL	
格式	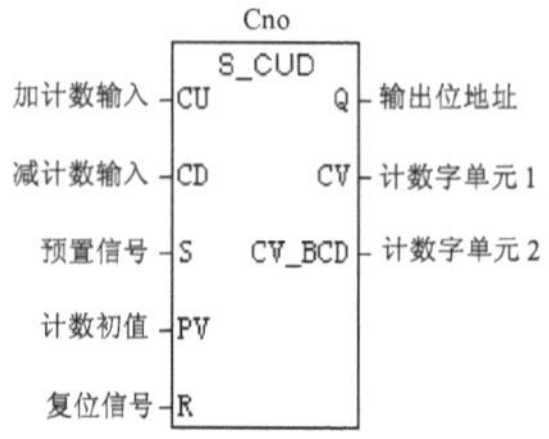 Cno S_CUD 加计数输入—CU Q—输出位地址 减计数输入—CD CV—计数字单元1 预置信号—S CV_BCD—计数字单元2 计数初值—PV 复位信号—R	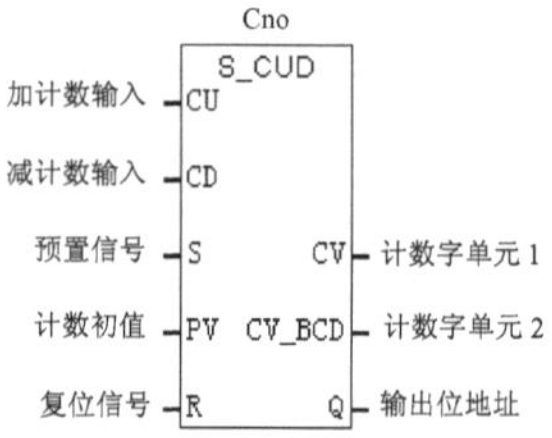 Cno S_CUD 加计数输入—CU 减计数输入—CD 预置信号—S CV—计数字单元1 计数初值—PV CV_BCD—计数字单元2 复位信号—R Q—输出位地址	A 加计数输入 CU Cno A 减计数输入 CD Cno A 预置信号 L 计数初值 S Cno A 复位信号 R Cno L Cno T 计数字单元1 LC Cno T 计数字单元2 A Cno = 输出位地址	
示例	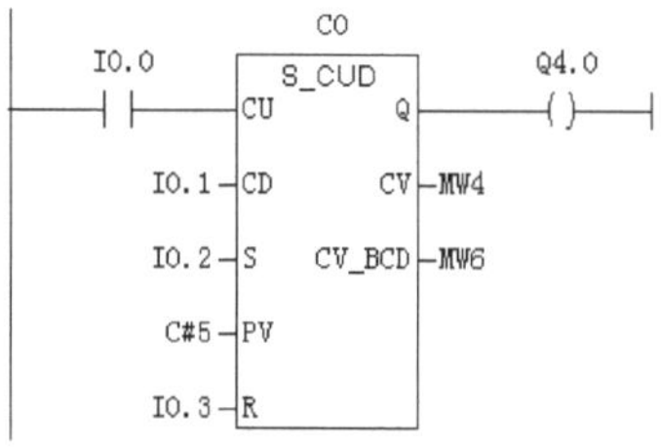 C0 S_CUD I0.0—CU Q—Q4.0 I0.1—CD CV—MW4 I0.2—S CV_BCD—MW6 C#5—PV I0.3—R	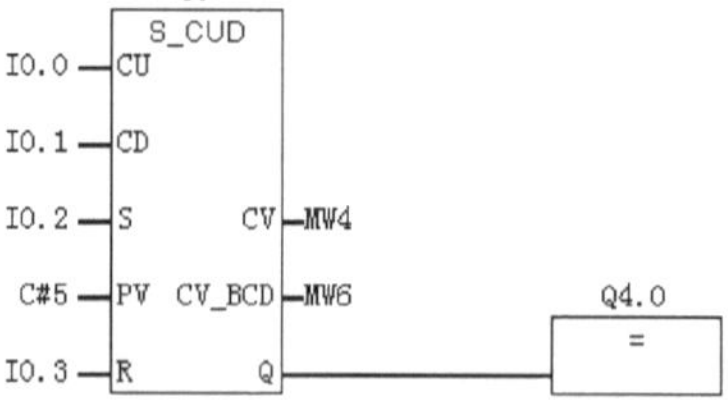 C0 S_CUD I0.0—CU I0.1—CD I0.2—S CV—MW4 C#5—PV CV_BCD—MW6 I0.3—R Q— =Q4.0	A I0.0 CU C0 A I0.1 CD C0 A I0.2 L C#5 S C0 A I0.3 R C0 L C0 T MW4 LC C0 T MW6 A C0 = Q4.0	

表 6-1 内各符号的含义如下。

1) Cno 为计数器的编号，其编号范围与 CPU 的具体型号有关。

2) CU 为加计数输入端，该端每出现一个上升沿，计数器自动加 1。当计数器的当前值为 999 时，计数值保持为 999，此时的加 1 操作无效。

3) CD 为减计数输入端，该端每出现一个上升沿，计数器自动减 1。当计数器的当前值为 0 时，计数值保持为 0，此时的减 1 操作无效。

4) S 为预置信号输入端，该端出现上升沿的瞬间，将计数初值作为当前值。

5) PV 为计数初值输入端，初值的范围为 0～999。可以通过字存储器（如 MW0、IW0 等）为计数器提供初值，也可以直接输入 BCD 码形式的立即数，此时的立即数格式为 C#xxx，如 C#6、C#999 等。

6) R 为计数器复位信号输入端。任何情况下，只要该端出现上升沿，计数器就会立即复位。复位后计数器当前值变为 0，输出状态为 0。

7) Q 为计数器状态输出端，只要计数器的当前值不为 0，计数器的状态就为 1。该端口可以连接位存储器，如 Q4.0、M1.7 等，也可以悬空。Q 的状态与计数器地址 Cno 的状态相同。

8) CV 为以二进制格式显示（或输出）的计数器当前值，如 16#0023、16#00ab 等。该端口可以接各种字存储器，如 MW4、QW0 等，也可以悬空。

9) CV_BCD 为以 BCD 码形式显示（或输出）的计数器当前值，如 C#369、C#023 等。该端口可以接各种字存储器，如 MW4、QW0 等，也可以悬空。

表 6-1 的示例中 I0.0 每出现一次上升沿 C0 就自动加 1（最大加到 999），I0.1 每出现一次上升沿 C0 就自动减 1（最小减到 0）。C0 的当前值保存在 MW4（16 进制整数）和 MW6（BCD 码格式）中，如果 C0 的当前值不为 0，Q4.0 就为 1，否则 Q4.0 为 0。当 I0.2 出现上升沿时，计数器的当前值将立即置为 5（由 C#5 决定），同时 Q4.0 为 1，以后将从 5 开始计数；如果 I0.3 出现上升沿，则计数器的当前值立即置 0，同时 Q4.0 为 0，以后 C0 将从 0 开始计数。加/减计数器的功能示意图如图 6-2 所示。

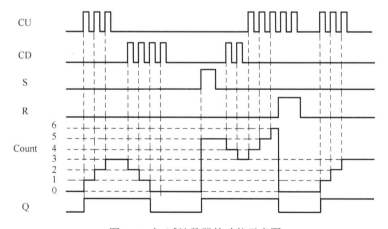

图 6-2 加/减计数器的功能示意图

6.1.2 加计数器（S_CU）

加计数器（S_CU）的块图指令的格式及示例如表 6-2 所示，表中各符号的含义与 S_CUD 计数器各符号的含义相同。

二维码 6-1
加计数器

表 6-2 加计数器（S_CU）的块图指令的格式及示例

指令形式	LAD	FBD	STL	
格式	加计数输入—CU S_CU Q—输出位地址 预置信号—S CV—计数字单元 1 计数初值—PV CV_BCD—计数字单元 2 复位信号—R	加计数输入—CU S_CU 预置信号—S CV—计数字单元 1 计数初值—PV CV_BCD—计数字单元 2 复位信号—R Q—输出位地址	A CU BLD A L S A R L T LC T A =	加计数输入 Cno 101 预置信号 计数初值 Cno 复位信号 Cno Cno 计数字单元 1 Cno 计数字单元 2 Cno 输出位地址
示例	I0.0—CU S_CU Q—Q4.1 I0.1—S CV—... C#99—PV CV_BCD—... I0.2—R	I0.0—CU S_CU I0.1—S CV—... C#99—PV CV_BCD—... I0.2—R Q—Q4.1	A CU BLD A L S A R NOP NOP A =	I0.0 C1 101 I0.1 C#99 C1 I0.2 C1 0 0 C1 Q4.1

表 6-2 的示例中 I0.0 每出现一次上升沿，C1 就自动加 1（最大加到 999），如果 C1 的当前值不为 0，Q4.1 就为 1，否则 Q4.1 为 0。当 I0.1 出现上升沿时，计数器的当前值将立即置为 99（由 C#99 决定），同时 Q4.1 为 1，以后将从 99 开始计数；如果 I0.2 出现上升沿，则计数器的当前值立即置 0，同时 Q4.1 为 0，以后 C1 将从 0 开始计数。

6.1.3 减计数器（S_CD）

减计数器（S_CD）的块图指令的格式及示例如表 6-3 所示。各符号的含义与 S_CUD 计数器各符号的含义相同。

表 6-3 减计数器（S_CD）的块图指令的格式及示例

指令形式	LAD	FBD	STL	
格式	减计数输入—CD　Q—输出位地址 预置信号—S　CV—计数字单元1 计数初值—PV　CV_BCD—计数字单元2 复位信号—R	减计数输入—CD 预置信号—S　CV—计数字单元1 计数初值—PV　CV_BCD—计数字单元2 复位信号—R　Q—输出位地址	A CD BLD A L S A R L T LC T A =	减计数输入 Cno 101 预置信号 计数初值 Cno 复位信号 Cno Cno 计数字单元1 计数字单元2 Cno 输出位地址
示例	I0.0—CD C2 Q—(Q4.2) I0.1—S　CV—MW0 C#99—PV　CV_BCD—… I0.2—R	I0.0—CD C2 I0.1—S　CV—MW0 C#99—PV　CV_BCD—… I0.2—R　Q—=Q4.2	A CD BLD A L S A R L T NOP A =	I0.0 C2 101 I0.1 C#99 C2 I0.2 C2 C2 MW0 0 C2 Q4.2

表 6-3 的示例中 I0.0 每出现一次上升沿，C2 就自动减 1（最小减到 0），如果 C2 的当前值不为 0，Q4.2 就为 1，否则 Q4.2 为 0。当 I0.1 出现上升沿时，计数器的当前值将立即置为 99（由 C#99 决定），同时 Q4.2 为 1，以后将从 99 开始计数；如果 I0.2 出现上升沿，则计数器的当前值立即置 0，同时 Q4.2 为 0。

为了区别双向计数和单向计数功能，在 STL 语句中加入 BLD 101 语句。

6.1.4 线圈形式的计数器

除了前面介绍的块图形式的计数器指令以外，S7-300 系列 PLC 还为用户准备了 LAD 环境下使用的线圈形式的计数器。这些计数器指令有计数器初值预置指令 SC（见图 6-3a）、加计数器指令 CU（见图 6-3b）和减计数器指令 CD（见图 6-3c）。

图 6-3　计数器的线圈指令
a) 计数器初值预置指令 SC　b) 加计数器指令 CU　c) 减计数器指令 CD

其中，计数器初值预置指令 SC 若与加计数器指令 CU 配合可实现 S_CU 指令的功能（见图 6-4a）；计数器初值预置指令 SC 若与减计数器指令 CD 配合可实现 S_CD 指令的功能

（见图 6-4b）；计数器初值预置指令 SC 若与加计数器指令 CU 和减计数器指令 CD 配合可实现 S_CUD 的功能（见图 6-4c）。

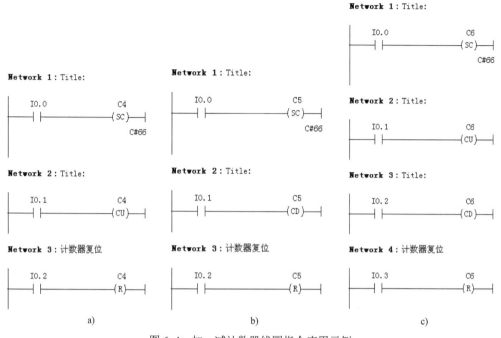

图 6-4 加、减计数器线圈指令应用示例
a) SC 与 CU 配合 b) SC 与 CD 配合 c) SC 与 CU 和 CD 配合

6.2 数据传送指令

MOVE 指令为数据传送指令，能够给字节（B）、字（W）或双字（D）数据对象赋值，MOVE 指令的格式及示例如表 6-4 所示。其中，IN 为被传送数据输入端；OUT 为数据接收端；EN 为使能端，只有当 EN 信号的 RLO 值为 1 时，才允许执行数据传送操作，将 IN 端的数据传送到 OUT 端所指定的存储器；ENO 为使能输出端，其状态跟随 EN 信号而变化。实际应用中 IN 和 OUT 端操作数可以是常数、I、Q、M、D、L 等类型，但必须在数据宽度上相匹配。

表 6-4 MOVE 指令的格式及示例

指令形式	LAD	FBD
格式	使能输入—EN ENO—使能输出 数据输入—IN OUT—数据输出	使能输入—EN OUT—数据输出 数据输入—IN ENO—使能输出
示例	I0.1—EN ENO—Q4.0 MB0—IN OUT—PQB5	I0.1—EN OUT—PQB5 MB0—IN ENO—Q4.0

表 6-4 的示例中,当 I0.1 为 1 时,将数据字节 MB0 的内容直接复制到过程输出字节 PQB5,同时使 Q4.0 动作。

6.3 比较指令

比较指令可完成整数、双整数、32 位浮点数(实数)的相等、不等、大于、小于、大于或等于、小于或等于的比较运算。

6.3.1 整数比较指令

整数比较指令有 STL 指令、LAD 指令和 FBD 指令 3 种形式,整数比较指令的格式、说明及示例如表 6-5 所示。

表 6-5 整数比较指令的格式、说明及示例

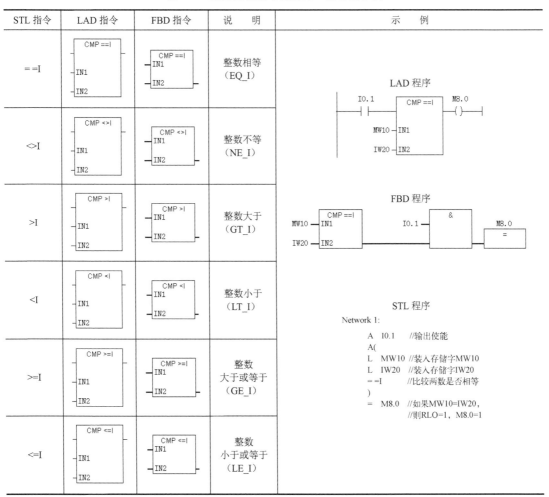

对于 STL 形式的指令,直接将累加器 2 的内容与累加器 1 的内容进行比较,如果比较结果为真,则指令的 RLO 值为 1。比较结果将影响状态字的 CC1 和 CC0。

对于 LAD 和 FBD 形式的指令，当使能端有效时则将由参数 IN1 提供的整型（INT）数据与由 IN2 提供的整型（INT）数据进行比较，如果比较结果为真，则输出 1，否则输出 0。

表 6-5 的示例中，如果 I0.1 为 1，则对 MW10 和 IW20 中的 16 位整型数据进行比较，如果两个数据相等，则说明比较结果为真，输出 M8.0 为 1，否则 M8.0 为 0。

6.3.2 双整数比较指令

双整数比较指令有 STL 指令、LAD 指令和 FBD 指令 3 种形式，双整数比较指令的格式、说明及示例如表 6-6 所示。

表 6-6 双整数比较指令的格式、说明及示例

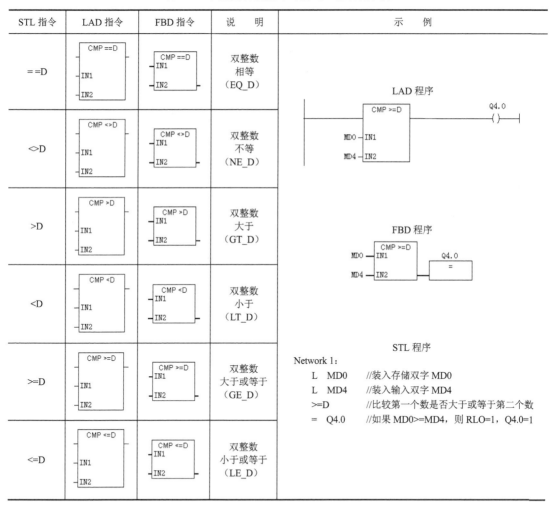

对于 STL 形式的指令，直接将累加器 2 的内容与累加器 1 的内容进行比较，如果比较结果为真，则指令的 RLO 值为 1。比较结果将影响状态字的 CC1 和 CC0。

对于 LAD 和 FBD 形式的指令，当使能端有效时则对由参数 IN1 提供的双整型（DINT）数据与由 IN2 提供的双整型（DINT）数据进行比较，如果比较结果为真，则输出

1，否则输出 0。

表 6-6 的示例中，直接对两个双整型数据 MD0 和 MD4 进行比较，如果 MD0 的内容大于或等于 MD4 的内容，则说明比较结果为真，输出 Q4.0 为 1，否则 Q4.0 为 0。

6.3.3 实数比较指令

实数比较指令有 STL 指令、LAD 指令和 FBD 指令 3 种形式，实数比较指令的格式、说明及示例如表 6-7 所示。

表 6-7 实数比较指令的格式、说明及示例

STL 指令	LAD 指令	FBD 指令	说明	示例
==R	CMP ==R / IN1 / IN2	CMP ==R / IN1 / IN2	实数相等（EQ_R）	LAD 程序 CMP >R MD0—IN1 MD4—IN2　　Q4.0—( ) FBD 程序 CMP >R MD0—IN1 MD4—IN2　=　Q4.0 STL 程序 Network 1: 　L　MD0　　//装入存储双字 MD0 　L　MD4　　//装入输入双字 MD4 　>R　　　　//比较第一个数是否大于第二个数 　=　Q4.0　　//如果 MD0>MD4，则 RLO=1，Q4.0=1
<>R	CMP <>R / IN1 / IN2	CMP <>R / IN1 / IN2	实数不等（NE_R）	
>R	CMP >R / IN1 / IN2	CMP >R / IN1 / IN2	实数大于（GT_R）	
<R	CMP <R / IN1 / IN2	CMP <R / IN1 / IN2	实数小于（LT_R）	
>=R	CMP >=R / IN1 / IN2	CMP >=R / IN1 / IN2	实数大于或等于（GE_R）	
<=R	CMP <=R / IN1 / IN2	CMP <=R / IN1 / IN2	实数小于或等于（LE_R）	

对于 STL 形式的指令，直接将累加器 2 的内容与累加器 1 的内容进行比较，如果比较结果为真，则指令的 RLO 的值 1。比较结果将影响状态字的 CC1 和 CC0。

对于 LAD 和 FBD 形式的指令，当使能端有效时则将参数 IN1 提供的实型（REAL）数据与 IN2 提供的实型（REAL）数据进行比较，如果比较结果为真，则输出为 1，否则输出为 0。

表 6-7 的示例中，直接对两个实型数据 MD0 和 MD4 进行比较，如果 MD0 的内容大于

MD4 的内容，则说明比较结果为真，输出 Q4.0 为 1，否则 Q4.0 为 0。

S7-300 PLC 中的比较指令如图 6-5 所示。

6.4 移位指令

6.4.1 基本移位指令

S7-300 PLC 系统的基本移位指令（简称为移位指令）可对有符号整数（或双整数）及无符号的字（或双字）数据进行移位（左移、右移）操作，其中每条移位指令都有 STL 指令、LAD 指令和 FBD 指令 3 种指令形式。对于 STL 形式的基本移位指令，可将累加器 1 低字中的内容逐位移动，结果保存在累加器 1 中；由移位指令中给定的数值（0～15）或累加器 2 低字中低字节的数值（0～255）确定移动的位数。对于 LAD 和 FBD 形式的基本移位指令，由参数 IN（类型为 INT 或 WORD）指定待移位的数值，由参数 N（类型为 WORD）指定移位的位数，结果保存在由参数 OUT（类型为 INT 或 WORD）指定的存储区内。EN（类型为 BOOL）为使能输入信号，ENO（类型为 BOOL）为使能输出，ENO 和 EN 具有相同的状态。当 EN 的信号状态为 1 时，激活字的逻辑运算。上述参数使用的操作数可以是 I、Q、M、L、D。移位指令如图 6-6 所示。

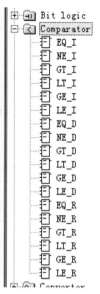

图 6-5 比较指令

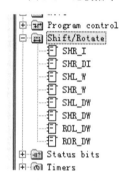

图 6-6 移位指令

1. 有符号整数或双整数的移位指令

有符号整数或双整数的移位指令的格式及示例如表 6-8 所示。

表 6-8 有符号整数或双整数的移位指令的格式及示例

STL	LAD	FBD	说明	示例
SSI 或 SSI <数值>	SHR_I EN ENO IN OUT N	SHR_I EN IN OUT N ENO	有符号整数右移（SHR_I）：空出位用符号位（位 15）填补，最后移出的位送至 CC1，有效移位的位数是 0～15	Network 1：整数右移 I0.1 — SHR_I — Q4.0 EN ENO MW0—IN OUT—MW2 W#16#3—N
SSD 或 SSD <数值>	SHR_DI EN ENO IN OUT N	SHR_DI EN IN OUT N ENO	有符号双整数右移（SHR_DI）：空出位用符号位（位 31）填补，最后移出的位送至 CC1，有效移位的位数是 0～31	Network 1：双整数右移（FBD） SHR_DI I0.1—EN L#168—IN OUT—MD0 W#16#18—N ENO— Q4.1 =

2. 无符号字或双字移位指令

无符号字或双字移位指令的格式及示例如表 6-9 所示。

表 6-9 无符号字或双字移位指令的格式及示例

STL	LAD	FBD	说明	示例
SLW 或 SLW <数值>	SHL_W EN ENO IN OUT N	SHL_W EN IN OUT N ENO	字左移（SHL_W）： 空出位用 0 填补，最后移出的位送至 CC1，有效移位的位数是 0～15	L MW0 //将数字装入累加器 1 SLW 6 //左移 6 位 T MW2 //将结果传输到 MW2
SRW 或 SRW <数值>	SHR_W EN ENO IN OUT N	SHR_W EN IN OUT N ENO	字右移（SHR_W）： 空出位用 0 填补，最后移出的位送至 CC1，有效移位的位数是 0～15	Network 1：字右移（LAD） I0.1 SHR_W Q4.2 EN ENO MW0─IN OUT─MW0 MW2─N
SLD 或 SLD <数值>	SHL_DW EN ENO IN OUT N	SHL_DW EN IN OUT N ENO	双字左移（SHL_DW）： 空出位用 0 填补，最后移出的位送至 CC1，有效移位的位数是 0～31	L +3 //将数字+3 装入累加器 1 L 18 //累加器 1→累加器 2 //18→累加器 1 SLD //左移 3 位 T MD2 //将结果传输到 MD2
SRD 或 SRD <数值>	SHR_DW EN ENO IN OUT N	SHR_DW EN IN OUT N ENO	双字右移（SHR_DW）： 空出位用 0 填补，最后移出的位送至 CC1，有效移位的位数是 0～31	L +5 //将数字+5 装入累加器 1 L MD0 //累加器 1→累加器 2 //MD0→累加器 1 SRD //右移 5 位 T MD2 //将结果传输到 MD2

6.4.2 循环移位指令

循环移位指令可对双字数据进行循环移位（左移或右移），也可实现累加器 1 带 CC1 的循环移位（左移或右移）操作。循环移位指令格式及示例如表 6-10 所示。

表 6-10 循环移位指令格式及示例

STL	LAD	FBD	说 明	示 例
RLD RLD <数值>	ROL_DW EN ENO IN OUT N	ROL_DW EN IN OUT N ENO	双字循环左移（ROL_DW），有效移位的位数是 0～31	Network 1：双字循环左移（LAD） I0.1 ROL_DW EN ENO MD0─IN OUT─MD2 W#16#2─N
RRD 或 RRD <数值>	ROR_DW EN ENO IN OUT N	ROR_DW EN IN OUT N ENO	双字循环右移（ROR_DW），有效移位的位数是 0～31	Network 1：双字循环右移（FBD） I0.1 ROR_DW EN ENO MD0─IN OUT─MD0 Q4.4 IW0─N =
RLDA	—	—	累加器 1 通过 CC1 循环左移，累加器 1 的内容与 CC1 一起进行循环左移 1 位。CC1 移入累加器 1 的位 0，累加器 1 的位 31 移入 CC1	L MD0 //MD0→累加器 1 RLDA //带 CC1 循环左移 1 位 JP NEXT //若 CC1=1，则转到 NEXT
RRDA	—	—	累加器 1 通过 CC1 循环右移，累加器 1 的内容与 CC1 一起进行循环右移 1 位。CC1 移入累加器 1 的位 31，累加器 1 的位 0 移入 CC1	L MD0 //MD0→累加器 1 RRDA //带 CC1 循环右移 1 位 T MD2 //将结果传输到 MD2

S7-300 PLC 系统的每条循环移位指令都有 STL 指令、LAD 指令和 FBD 指令 3 种指令形式，对于 STL 形式的循环移位指令，可对整个累加器的内容进行逐位循环移动，结果保存在累加器 1 中。由移位指令中给定的数值（0～31）或累加器 2 中低字节的数值（0～255）确定循环移动的位数。对于 LAD 和 FBD 形式的循环移位指令，由参数 IN（类型为 DINT 或 DWORD）指定待移位的数值，由参数 N（类型为 WORD）指定循环移位的位数，结果保存在由参数 OUT（类型为 DINT 或 DWORD）指定的存储区内。EN（类型为 BOOL）为使能输入信号，ENO（类型为 BOOL）为使能输出，ENO 和 EN 具有相同的状态。当 EN 的信号状态为 1 时，激活相应的移位指令。上述参数使用的操作数可以是 I、Q、M、L、D。

6.5 技能训练　多台电动机单个按钮的控制

通常一个电路的起动和停止控制是由两个按钮分别完成的。当一个 PLC 控制多个这种需要起/停操作的电路时，将占用很多的 I/O 资源。一般 PLC 的 I/O 点是按 3∶2 的比例配置的。由于大多数被控系统是输入信号多，输出信号少，有时在设计一个不太复杂的控制系统时，也会面临输入点不足的问题，因此用单按钮实现起/停控制的意义很重要。

6.5.1 控制要求

设某设备有两台电动机，要求用 PLC 实现一个按钮同时对两台电动机的控制。具体要求如下。
- 第 1 次按动按钮时，只有第 1 台电动机工作。
- 第 2 次按动按钮时，第 1 台电动机停车，第 2 台电动机工作。
- 第 3 次按动按钮时，两台电动机同时停车。

6.5.2 任务分析

按任务要求，用单按钮对多台电动机进行起/停控制可采用多种方案来实现，如逻辑指令、计数器和比较指令、计数器当前值位的状态信号、移位指令、定时器等。但是，不管用哪种方案实现，都必须注意一个扫描周期内与按钮操作次数相对应的各状态信号的唯一性或排他性。

6.5.3 任务实施

1. 控制方案 1——用逻辑指令实现

要用逻辑指令实现两台电动机的单按钮起/停控制，必须为每次操作设置一个状态标志。在本次操作中该状态标志必为 1，而其他状态标志必须为 0。

第 1 次按操作按钮之前，两台电动机都处于停机状态，对应接触器 KM1 和 KM2 的常闭触点闭合，因此可用 KM1 和 KM2 的常闭触点设置状态标志 F1。

第 2 次按操作按钮之前，第 1 台电动机处于工作状态，第 2 台电动机处于停机状态，对应接触器 KM1 的常开触点闭合，KM2 的常闭触点闭合，因此可用 KM1 的常开触点和 KM2 的常闭触点设置状态标志 F2。

第 3 次按操作按钮之前，第 1 台电动机处于停机状态，第 2 台电动机处于工作状态，对应接触器 KM1 的常闭触点闭合，KM2 的常开触点闭合，因此可用 KM1 的常闭触点和 KM2 的常开触点设置状态标志 F3。

为了保证每次操作按钮只在一个扫描周期内起作用,所以要用上升沿检测指令检测操作按钮 SB1 的动作。当状态标志 F1 为 1 时,可直接对 KM1 置位;当状态标志 F2 为 1 时,可直接对 KM2 置位,同时对 KM1 复位;当状态标志 F3 为 1 时,可直接对 KM2 复位。控制方案 1——用逻辑指令实现如图 6-7 所示。

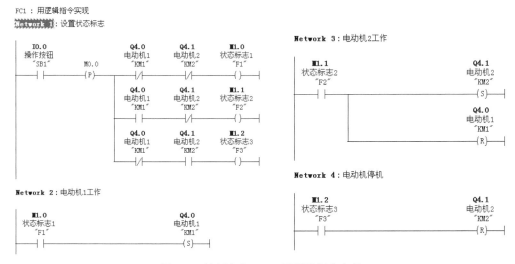

图 6-7 控制方案 1——用逻辑指令实现

2. 控制方案 2——用计数器及比较指令实现

要用计数器及比较指令实现两台电动机的单按钮起/停控制,可用操作按钮控制计数器的加 1 操作,然后用比较指令判断计数器的当前值是否为 1、2 或 3。如果计数器的当前值为 1,则起动第 1 台电动机;如果计数器的当前值为 2,则起动第 2 台电动机,同时关闭第 1 台电动机;如果计数器的当前值为 3,则复位计数器,同时关闭第 2 台电动机。控制方案 2——用计数器及比较指令实现如图 6-8 所示。

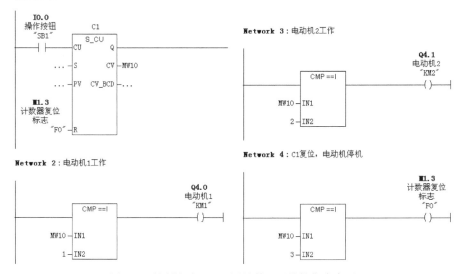

图 6-8 控制方案 2——用计数器及比较指令实现

3. 控制方案 3——用计数器实现

要单独用计数器指令实现两台电动机的单按钮起/停控制，可用操作按钮控制计数器的加 1 操作，然后取计数器当前值最低 2 位的状态判断是否为 01、10 或 11，计数器的当前值保存在 MW10 中，由 MB10 和 MB11 组成，最低两位为 M11.1 和 M11.0。如果计数器当前值最低 2 位的状态 01，则起动第 1 台电动机；如果计数器当前值最低 2 位的状态为 10，则起动第 2 台电动机，同时关闭第 1 台电动机；如果计数器当前值最低 2 位的状态为 11，则复位计数器，同时关闭第 2 台电动机。控制方案 3——用计数器实现如图 6-9 所示。

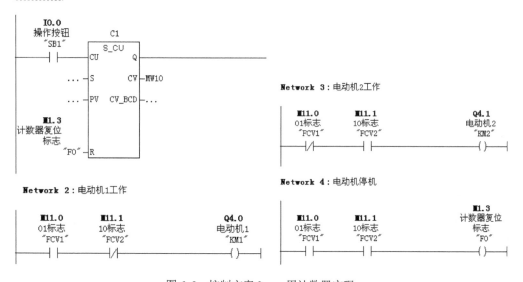

图 6-9 控制方案 3——用计数器实现

4. 控制方案 4——用移位指令实现

要用移位指令实现两台电动机的单按钮起/停控制，需首先设置一个控制字，然后用控制字的最低两位分别控制两台电动机，每按动一次操作按钮控制字向右移动两位。第 1 次操作时控制字的最低两位应变为 01；第 2 次操作时控制字的最低两位应变为 10；第 3 次操作时控制字的最低两位应变为 00。因此可推得控制字的初始值为：xxxx xxxx 0010 01xx（二进制数），其中的"x"既可以为 0，也可以为 1。但是，为实现循环操作用 0 来替换初始值中的"x"，当操作 1 个循环以后，控制字就会变为 0，可方便进行判断。一旦控制字变为 0，应用数据传送指令重新对控制字赋初值。控制字的初值为 W#16#24。

另外，由于 PLC 采用顺序循环扫描的方式来执行 OB1 的每条指令，如果采用在 OB1 或 OB1 的子程序（如 FC、FB）中用传送指令第 1 次为控制字设置初值，必将导致每个扫描周期都会进行一次赋值操作，无法实现控制字的 3 次移位。解决的办法就是将控制字的第 1 次赋值指令放置在启动组织块 OB100 中。由于 OB100 只有在 PLC 重新起动时执行一次，以后 CPU 不再扫描 OB100 的指令，所以可以避免对控制字的反复赋值。

控制方案 4——用移位指令实现如图 6-10 所示。在组织块 OB100 中为控制字设置初值如图 6-11 所示。

122

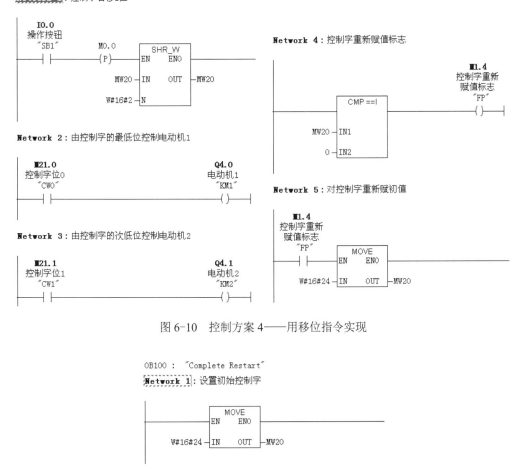

图 6-10 控制方案 4——用移位指令实现

图 6-11 在组织块 OB100 中为控制字设置初值

6.6 计数器的扩展

6.6.1 计数器与定时器配合使用

S7-300 PLC 的定时器最长延时时间为 9990 s，即 2 h 46 min 30 s。为了得到更长的延时时间，可以把计数器与定时器配合使用来实现长延时。如要实现延时 12 h 的定时功能，可以先设计一个周期振荡电路，用两个定时时间均为 7200 s 的接通延时定时器输出振荡周期为 4 h 的脉冲信号，作为初始值为 3 的减计数器的触发脉冲，每 4 h 触发一次。当减计数器计数值为 0 时，正好是 12 h。图 6-12 所示为计数器与定时器配合下扩展定时器定时范围的梯形图，当输入信号 I0.0 接通后，延时 12 h 后输出信号 Q4.0 接通，实现长延时。注意：图中 I0.0 为长输入信号。

在图 6-12 所示程序的 Network1 和 Network2 中，T2 和 T3 组成周期振荡电路，振荡周期为 4 h。在 Network3 中，在计数器 C0 预置信号输入端加上升沿检测指令，保证计数器只预置一次初值。在 Network4 中，用 T2 的下降沿信号作为计数器 C0 的计数脉冲信号，因为在开始的 2 h 中 T2 的输出为 "0"，2 h 后延时时间到，T2 的输出为 "1"，经过 4 h 后 T2 才能出现下降沿。如果用 T2 的上升沿作为计数脉冲信号，将会少 2 h，所以在编写程序时一定要注意这些细节。在 Network6 中，以 C0 的常闭触点和启动按钮 I0.0 串联控制输出信号 Q4.0。当计数器 C0 的计数值为 0 时，定时时间已经到 12 h。

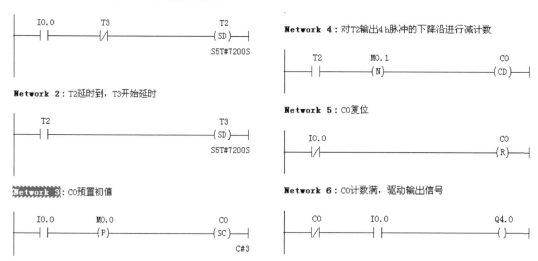

图 6-12　计数器与定时器配合下扩展定时器定时范围的梯形图

6.6.2　计数器的加法和乘法扩展

在使用计数器时，由于受计数器计数范围的限制，单个计数器的计数值不能满足要求，可以采用几个计数器组合起来使用，以扩大计数范围。

1．加法扩展法

设有 n 个计数器，分别为 C1、C2…Cn，采用加法扩展法，则

系统总计数值=C1 设定值+C2 设定值+…+Cn 设定值

图 6-13 为 3 个计数器采用加法扩展法扩展计数器的梯形图，其中 M100.5 为 1 s 时钟脉冲源，先在 CPU 中设置好。程序中 Network 1～3 为计数器 C2 的控制程序，Network 4～6 为计数器 C3 的控制程序，Network 7～9 为计数器 C4 的控制程序。当启动信号 I1.0 接通时，C2、C3 和 C4 分别预置初值 5，C2 开始对 M100.5 提供的时钟脉冲进行减计数。当 C2 的当前值为 0 时，C2 的常闭触点复位，C3 开始减计数；当 C3 的当前值为 0 时，C3 的常闭触点复位，C4 开始减计数。

在 Network 10 中把 C4 的当前值传送到 MW10，在 Network 11 中对 MW10 的值与 0 进行比较。当 MW10=0 时，即计数器 C4 的当前值为 0，接通输出信号 Q4.1，总的计数值为 3 个计数器初值的和，从而实现 3 个计数器的加法扩展。I1.0 常闭触点使每个计数器复位，也作为停止计数的信号。

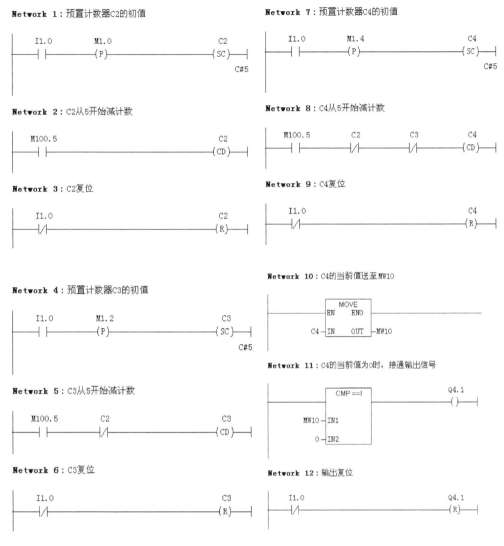

图 6-13　3 个计数器采用加法扩展法扩展计数器的梯形图

2．乘法扩展法

设有两个计数器，计数设定值都为 n，采用乘法扩展法，则系统总计数值 C 为

$$C=n^2-(n-1)$$

图 6-14 为两个计数器采用乘法扩展法扩展计数器的梯形图，其中 M100.5 作为 1 s 时钟脉冲源。

程序中 Network 1～3 为计数器 C10 的控制程序，当 C10 计数当前值从 5 减为 0 时，C10 常开触点断开一个扫描周期，产生计满 5 个数的脉冲，供 C11 计数一次，同时 C10 的常闭触点接通一个扫描周期，使 C10 重新预置初值，开始又一轮计数；Network 4～6 为计数器 C11 的控制程序，C11 对 C10 常开触点的下降沿进行计数。

在 Network 7 中把 C11 的当前值传送到 MW20，在 Network 8 中对 MW20 的值与 0 进行比较。当 MW20=0 时，即计数器 C11 的当前值为 0，接通输出信号 Q4.2，总的计数值为

$5^2-(5-1)=21$。I2.0 常闭触点使每个计数器复位，也作为停止计数的信号。

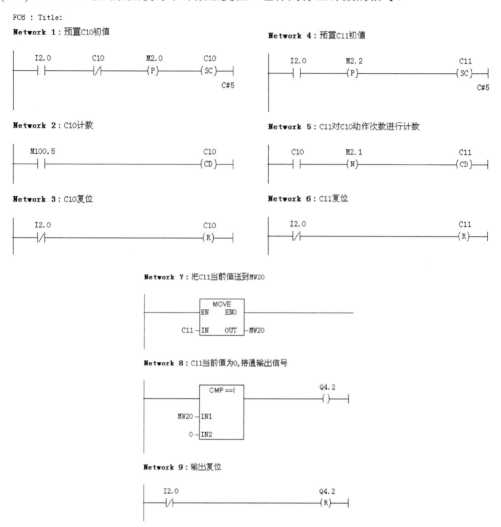

图 6-14 两个计数器采用乘法扩展法扩展计数器的梯形图

注意：由于计数器的乘法扩展比较复杂，在使用时要注意一些细节。对于计数器的初值不相等，或者用 3 个计数器实现乘法扩展等情况，请读者自行设计程序。

6.7 习题

1. S7-300 PLC 的计数器分别有_____、_____和_____3 种。
2. S7-300 PLC 的计数器指令格式有_____和_____两种。
3. 在加计数器预置信号输入端 S 的_____，将预置值 PV 指定的值送入计数器。在加计数器脉冲输入信号 CU_____开始计数，如果计数值小于_____，计数值加 1。复位输入信号 R 为 1 时，计数值被_____。计数值大于 0 时计数器位（Q）为_____。计数值等于 0 时，计数器位（Q）为_____。

4．用线圈表示的计数器与用功能框表示的计数器有何区别？

5．用计数器与定时器配合，设计一个延时 24 h 的定时器扩展程序。

6．用时钟存储器与计数器配合，设计一个延时 48 h 的定时器扩展程序。

7．为了扩大计数范围，设计一个能计数 15000 的计数器。

8．设计一个用计数器线圈指令对车辆进行计数控制的程序。

9．设计信号灯的单按钮控制程序，用 1 个按钮控制一个指示灯，要求第 1 次操作按钮指示灯亮，第 2 次操作按钮指示灯闪亮，第 3 次操作按钮指示灯灭，如此循环，试编写 LAD 控制程序。

10．设计一个监控系统的程序，监控 3 台电动机的运转：如果 2 台或 2 台以上电动机在运转，信号灯就持续点亮；如果只有 1 台电动机运转，信号灯就以 1 Hz 的频率闪烁；如果 3 台电动机都不转，信号灯以 2 Hz 的频率闪烁。

11．设计一个方波信号发生器的程序，方波的周期为 2 s，脉宽为 1.2 s。

12．设计车库车位预警程序，控制要求如下：车库共有 100 个车位，当车库内停放车辆少于或等于 90 辆车时，车库入口处的绿灯亮（Q0.0），表示车辆可以进入；当车库内停放车辆大于 90 辆小于 100 辆车时，车库入口处的黄灯亮（Q0.1），表示车位即将放满；当车库内停放等于 100 辆车时，车库入口处的红灯亮（Q0.2），表示车位已满，车辆不能进入。

13．设计跑马灯控制程序，要求如下：

（1）输出端 MW0 接 16 盏灯，按下启动按钮输出端从第一盏灯开始亮，每隔 0.5 s 亮一盏灯，直到全部灯亮。再隔 0.5 s 又从第一盏灯亮开始循环。

（2）按下启动按钮输出端从第一盏灯开始亮，0.5 s 后第二盏灯亮第一盏灯灭，0.5 s 后第三盏灯亮第二盏灯灭，直到最后一盏灯灯亮。再隔 0.5 s 又从第一盏灯亮开始循环。

第 7 章 功 能 指 令

7.1 数据装入、传输和转换指令

7.1.1 数据装入指令和传输指令

数据装入指令（L）和传输指令（T）可以对字节（8 位）、字（16 位）、双字（32 位）数据进行操作。当数据长度小于 32 位时，数据在累加器 1 中右对齐（低位对齐），其余各位补 0。数据装入指令（L）和传输指令（T）能够完成以下功能。

- 实现输入/输出存储区（I/O）与位存储区（M）、过程输入/输出存储区（PI/PQ）、定时器（T）、计数器（C）及数据区（D）之间的数据交换。
- 实现过程输入/输出存储区（PI/PQ）与位存储区（M）、定时器（T）、计数器（C）和数据区（D）之间的数据交换。
- 实现定时器（T）/计数器（C）与过程输入/输出存储区（PI/PQ）、位存储区（M）和数据区（D）之间的数据交换。

数据装入指令（L）和传输指令（T）必须通过累加器进行数据交换，因此 CPU 在每次扫描中都无条件执行这些指令。也就是说，这些指令不受语句逻辑操作结果（RLO）的影响。

S7-300 PLC 系统有两个 32 位的累加器：累加器 1 和累加器 2。当执行装入指令时，首先将累加器 1 中原有的数据移入累加器 2，而累加器 2 中原有的内容被覆盖，然后将数据装入累加器 1 中；当执行传输指令时，将累加器 1 中的数据写入目标存储区中，而累加器 1 的内容保持不变。

1. 对累加器 1 的装入指令和传输指令

（1）L 指令

L 指令可以将被寻址操作数的内容（字节、字或双字）送入累加器 1 中，未用到的位清零。指令格式如下：

    L 操作数

其中，操作数可以是立即数（如–5、B#16#1A、'AB'、S5T#8S、P#I1.0 等），直接或间接寻址的存储区（如 IB0、MW2、DBB12 等）。L 指令示例如表 7-1 所示。

表 7-1 L 指令示例

示例（STL）	说　　明
L　B#16#1B	向累加器 1 低字的低字节装入 8 位的十六进制常数
L　139	向累加器 1 低字装入 16 位的整型常数
L　B#(1,2,3,4)	向累加器 1 的 4B 分别装入常数 1、2、3、4

(续)

示例（STL）	说　　明
L　L#168	向累加器 1 装入 32 位的整型常数 168
L　'ABC'	向累加器 1 装入字符型常数 ABC
L　C#10	向累加器 1 装入计数型常数
L　S5T#10S	向累加器 1 装入 S5 定时器型常数
L　1.0E+2	向累加器 1 装入实型常数
L　T#1D_2H_3M_4S	向累加器 1 装入时间型常数
L　D#2005_10_20	向累加器 1 装入日期型常数
L　IB10	将输入字节 IB10 的内容装入累加器 1 低字的低字节
L　MB20	将存储字节 MB20 的内容装入累加器 1 低字的低字节
L　DBB10	将数据字节 DBB10 的内容装入累加器 1 低字的低字节
L　DIW15	将背景数据字 DIW15 的内容装入累加器 1 的低字
L　LD252	将本地数据双字 LD252 装入累加器 1
L　P#I4.7	将指针装入累加器 1
L　C1	将计数器 C1 的计数值以二进制格式装入累加器 1 的低字
L　T2	将定时器 T2 的当前值以二进制格式装入累加器 1 的低字

（2）T 指令

T 指令可以将累加器 1 的内容复制到被寻址的操作数（目标地址），所复制的字节数取决于目标地址的类型（字节、字或双字），指令格式如下：

　　T　操作数

其中，操作数可以是过程输出存储区（PQ）、数据存储区（M）或过程映像输出区（Q）。T 指令示例如表 7-2 所示。

表 7-2　T 指令示例

示例（STL）	说　　明
T　QB10	将累加器 1 低字的低字节的内容传输到输出字节 QB10
T　MW16	将累加器 1 低字的内容传输到存储字 MW16
T　DBD2	将累加器 1 的内容传输到数据双字 DBD2

2. 状态字与累加器 1 之间的装入指令和传输指令

（1）L　STW 指令

使用 L　STW 指令可以将状态字装入累加器 1 中，指令的执行与状态位无关，而且对状态字没有任何影响。对于 S7-300 PLC，使用该指令不能装入状态字的 FC、STA 和 OR 位，只有位 1、4、5、6、7 和 8 才能装入到累加器 1 低字的相应位中，其他未用到的位（位 9～31）清零。指令格式如下：

　　L　STW

(2) T STW 指令

使用 T STW 指令可以将累加器 1 的位 0～8 传输到状态字的相应位，指令的执行与状态位无关，指令格式如下：

  T STW

3. 与地址寄存器有关的装入指令和传输指令

S7-300 PLC 系统有两个地址寄存器：AR1 和 AR2。对于地址寄存器可以不经过累加器 1 直接对操作数执行装入和传输，或直接交换两个地址寄存器的内容。

(1) LAR1 指令

使用 LAR1 指令可以将操作数的内容（32 位指针）装入地址寄存器 AR1，执行后累加器 1 和累加器 2 的内容不变。指令的执行与状态位无关，而且对状态字没有任何影响，指令格式如下：

  LAR1 [操作数]

其中，操作数可以是累加器 1、指针型常数（P#）、存储双字（MD）、本地数据双字（LD）、数据双字（DBD）、背景数据双字（DID）或地址寄存器 AR2，操作数可以省略。若省略操作数，则直接将累加器 1 的内容装入地址寄存器 AR1。LAR1 指令示例如表 7-3 所示。

表 7-3　LAR1 指令示例

示例（STL）	说　明
LAR1	将累加器 1 的内容装入 AR1
LAR1　P#I0.0	将输入位 I0.0 的地址指针装入 AR1
LAR1　P#M10.0	将一个 32 位指针常数装入 AR1
LAR1　P#2.7	将指针数据 2.7 装入 AR1
LAR1　MD20	将存储双字 MD20 的内容装入 AR1
LAR1　DBD2	将数据双字 DBD2 中的指针装入 AR1
LAR1　DID30	将背景数据双字 DID30 中的指针装入 AR1
LAR1　LD180	将本地数据双字 LD180 中的指针装入 AR1
LAR1　P#Start	将符号名为"Start"的存储器的地址指针装入 AR1
LAR1　AR2	将 AR2 的内容传输到 AR1

(2) LAR2 指令

使用 LAR2 指令可以将操作数的内容（32 位指针）装入地址寄存器 AR2，指令格式同 LAR1。其中，操作数可以是累加器 1、指针型常数（P#）、存储双字（MD）、本地数据双字（LD）、数据双字（DBD）或背景数据双字（DID），但不能用地址寄存器 AR1。

(3) TAR1 指令

使用 TAR1 指令可以将地址寄存器 AR1 的内容（32 位指针）传输给被寻址的操作数，指令的执行与状态位无关，而且对状态字没有任何影响，指令格式如下：

  TAR1 [操作数]

其中，操作数可以是累加器 1、存储双字（MD）、本地数据双字（LD）、数据双字（DBD）、背景数据双字（DID）或地址寄存器 AR2，操作数可以省略。若省略操作数，则直接将地址寄存器 AR1 的内容传输到累加器 1，累加器 1 的原有内容传输到累加器 2。TAR1 指令示例如表 7-4 所示。

表 7-4　TAR1 指令示例

示例（STL）	说　　明
TAR1	将 AR1 的内容传输到累加器 1
TAR1　DBD20	将 AR1 的内容传输到数据双字 DBD20
TAR1　DID20	将 AR1 的内容传输到背景数据双字 DBD20
TAR1　LD180	将 AR1 的内容传输到本地数据双字 LD180
TAR1　AR2	将 AR1 的内容传输到地址寄存器 AR2

（4）TAR2 指令

使用 TAR2 指令可以将地址寄存器 AR2 的内容（32 位指针）传输给被寻址的操作数，指令格式同 TAR1。其中，操作数可以是累加器 1、存储双字（MD）、本地数据双字（LD）、数据双字（DBD）、背景数据双字（DID），但不能用地址寄存器 AR1。

（5）CAR 指令

使用 CAR 指令可以交换地址寄存器 AR1 和地址寄存器 AR2 的内容，指令不需要指定操作数。指令的执行与状态位无关，而且对状态字没有任何影响。

4．LC 指令

使用 LC 指令可以在累加器 1 的内容保存到累加器 2 中之后，将指定定时器的当前时间值和时基以 BCD 码（0～999）格式装入到累加器 1 中，或将指定计数器的当前计数值以 BCD 码（0～999）格式装入到累加器 1 中。指令格式如下：

　　LC　＜定时器/计数器＞

例如，

　　LC　T3　　//将定时器 3 的当前定时间值和时基以 BCD 码格式装入累加器 1 低字
　　LC　C10　　//将计数器 C10 的计数值以 BCD 码格式装入累加器 1 低字

定时器的定时字（包含时基信息和当前值）格式及"LC　T3"指令执行后累加器 1 低字中内容的变化情况如图 7-1 所示。

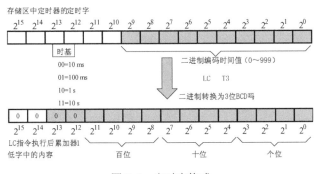

图 7-1　定时字格式

7.1.2 转换指令

转换指令可对累加器 1 中的数据进行数据类型转换,转换结果仍存放在累加器 1 中。S7-300 PLC 系统可以实现 BCD 码与整数、整数与长整数、长整数与实数、整数求反码、整数求补码、实数求反等数据类型转换操作。

1. BCD 码和整数与其他类型数据的转换指令

S7-300 PLC 系统共有 6 条 BCD 码和整数与其他类型数据的转换指令,每条指令都有 STL 指令、LAD 指令和 FBD 指令 3 种指令形式。指令说明及示例如表 7-5 和表 7-6 所示。

表 7-5 BCD 码和整数与其他类型数据的转换指令、说明及示例(STL)

指令	说明	示例	

BTI	将累加器 1 低字中的内容作为 3 位 BCD 码(-999~+999)进行编译,并转换为整数,结果保存在累加器 1 低字中,累加器 2 保持不变。累加器 1 的位 11~0 为 BCD 码数值部分,位 15~12 为 BCD 码的符号位(0000 代表正数;1111 代表负数)
	 如果 BCD 编码出现无效码(10~15)会引起转换错误(BCDF),并使 CPU 进入 STOP 状态
		L MW0
		
		 BTI
		
		 T MW20
			//将 3 位 BCD 码装入
			 //累加器 1 的低字中
			 //将 BCD 码转换为整数,
			 //结果存入累加器 1 的低字中
			 //将结果(整数)传送到
			 //存储字 MW20

BTD	将累加器 1 的内容作为 7 位的 BCD 码(-9999999~+9999999)进行编译,并转换为长整数,结果保存在累加器 1 中,累加器 2 保持不变。累加器 1 的位 27~0 为 BCD 码数值部分,位 31 为 BCD 码的符号位(0 代表正数;1 代表负数),位 30~28 无效
	 如果 BCD 编码出现无效码(10~15)会引起转换错误(BCDF),并使 CPU 进入 STOP 状态
		L MD0
		
		 BTD
		
		 T MD20
			//将 7 位 BCD 码装入
			 //累加器 1 中
			 //将 BCD 码转换为长整数,
			 //结果存入累加器 1 中
			 //将结果(长整数)传送到
			 //存储双字 MD20

ITB	将累加器 1 低字中的内容作为一个 16 位整数进行编译,并转换为 3 位的 BCD 码,结果保存在累加器 1 的低字中,累加器 1 的位 11~0 为 BCD 码数值部分,位 15~12 为 BCD 码的符号位(0000 代表正数;1111 代表负数),累加器 1 的高字及累加器 2 保持不变
	 BCD 码的范围在-999~+999 之间,如果有数值超出这一范围,则 OV="1"、OS="1"
		L MW0
		 ITB
		
		 T MW20
			//将整数装入累加器 1 的低字中
			 //将整数转换为 3 位的 BCD 码,
			 //结果存入累加器 1 低字中
			 //将结果(3 位的 BCD 码)
			 //传送到存储字 MW20

DTB	将累加器 1 中的内容作为一个 32 位长整数进行编译,并转换为 7 位的 BCD 码,结果保存在累加器 1 中,位 27~0 为 BCD 码数值部分,位 31~28 为 BCD 码的符号位(0000 代表正数;1111 代表负数),累加器 2 保持不变
	 BCD 码的范围在-9999999~+9999999 之间,如果有数值超出这一范围,则 OV="1"、OS="1"
		L MD0
		 DTB
		
		 T MD20
			//将长整数装入累加器 1 中
			 //将长整数转换为 7 位的 BCD,
			 //结果存入累加器 1 中
			 //将结果(BCD 码)传送到
			 //存储双字 MD20

ITD	将累加器 1 低字中的内容作为一个 16 位整数进行编译,并转换为 32 位的长整数,结果保存在累加器 1 中,累加器 2 保持不变	L MW0
		 ITD
		
		 T MD20
			//将整数装入累加器 1 中
			 //将整数转换为长整数,
			 //结果存入累加器 1 中
			 //将结果(长整数)传送到
			 //存储双字 MD20

DTR	将累加器 1 中的内容作为一个 32 位长整数进行编译,并转换为 32 位的 IEEE 浮点数,结果保存在累加器 1 中	L MD0
		 DTR
		
		 T MD20
			//将长整数装入累加器 1 中
			 //将长整数转换为 32 位浮点数,
			 //结果存入累加器 1 中
			 //将结果(浮点数)传送到
			 //存储双字 MD20

表 7-6 BCD 码和整数与其他类型数据的转换指令说明及示例（LAD 和 FBD）

LAD	FBD	说 明	示 例
BCD_I EN ENO IN OUT	BCD_I EN OUT IN ENO	将 3 位 BCD 码转换为整数	I0.1—[ ]—BCD_I EN ENO, MW0—IN OUT—MW20 或 I0.1—BCD_I EN OUT—MW20, MW0—IN ENO
BCD_DI EN ENO IN OUT	BCD_DI EN OUT IN ENO	将 7 位 BCD 码转换为长整数	I0.1—[ ]—BCD_DI EN ENO, MD0—IN OUT—MD10 或 I0.1—BCD_DI EN OUT—MD10, MD0—IN ENO
I_BCD EN ENO IN OUT	I_BCD EN OUT IN ENO	将整数转换为 3 位的 BCD 码	I0.1—[ ]—I_BCD EN ENO, MW0—IN OUT—MW6 或 I0.1—I_BCD EN OUT—MW6, MW0—IN ENO
DI_BCD EN ENO IN OUT	DI_BCD EN OUT IN ENO	将长整数转换为 7 位的 BCD 码	I0.1—[ ]—DI_BCD EN ENO, MD0—IN OUT—MD10 或 I0.1—DI_BCD EN OUT—MD10, MD0—IN ENO
I_DI EN ENO IN OUT	I_DI EN OUT IN ENO	将整数转换为长整数	I0.1—[ ]—I_DI EN ENO, MW0—IN OUT—MD20 或 I0.1—I_DI EN OUT—MD20, MW0—IN ENO
DI_R EN ENO IN OUT	DI_R EN OUT IN ENO	将长整数转换为 32 位的浮点数	I0.1—[ ]—DI_R EN ENO, MD0—IN OUT—MD10 或 I0.1—DI_R EN OUT—MD10, MD0—IN ENO

2. 整数与实数的码型变换指令

S7-300 PLC 系统共有 5 条整数与实数的码型变换指令，每条指令都有 STL 指令、LAD 指令和 FBD 指令 3 种形式。指令说明及示例如表 7-7 和表 7-8 所示。

表 7-7 整数与实数的码型变换指令说明及示例（STL）

指 令	说 明	示 例	

INVI	对累加器 1 低字中的 16 位数求二进制反码（逐位求反，即 "1" 变为 "0"、"0" 变为 "1"），结果保存在累加器 1 的低字中	L MW0
		INVI
		T MW20
			//将 16 位数装入累加器 1 的低字中
			//对 16 位数求反，结果存入累加器 1 的低字中
			//将结果传送到存储字 MW20

INVD	对累加器 1 中的 32 位数求二进制反码，结果保存在累加器 1 中	L MD0
		INVD
		T MD20
			//将 32 位数装入累加器 1 中
			//对 32 位数求反，结果存入累加器 1 中
			//将结果传送到存储双字 MD20

NEGI	对累加器 1 低字中的 16 位数求二进制补码（对反码加 1），结果保存在累加器 1 的低字中	L MW0
		NEGI
		T MW20/
			//将 16 位数装入累加器 1 的低字中
			//对 16 位数求补，结果存入累加器 1 的低字中
			//将结果传送到存储字 MW20

NEGD	对累加器 1 中的 32 位数求二进制补码，结果保存在累加器 1 中	L MD0
		NEGD
		T MD20
			//将 32 位数装入累加器 1 中
			//对 32 位数求补，结果存入累加器 1 中
			//将结果传送到存储双字 MD20

NEGR	对累加器 1 中的 32 位浮点数求反（相当于乘以-1），结果保存在累加器 1 中	L MD0
		NEGR
		T MD20
			//将 32 位浮点数装入累加器 1 中，假设为+3.14
			//对 32 位浮点数求反，结果存入累加器 1 中
			//结果变为-3.14
			//将结果传送到存储双字 MD20

表 7-8 整数与实数的码型变换指令说明及示例（LAD 和 FBD）

LAD	FBD	说明	示例
INV_I	INV_I	求整数的二进制反码	I0.1 — INV_I (MW0→MW20) 或 I0.1 — INV_I (MW0→MW20)
INV_DI	INV_DI	求长整数的二进制反码	I0.1 — INV_DI (MD0→MD20) 或 I0.1 — INV_DI (MD0→MD20)
NEG_I	NEG_I	求整数的二进制补码	I0.1 — NEG_I (MW0→MW10) 或 I0.1 — NEG_I (MW0→MW10)
NEG_DI	NEG_DI	求长整数的二进制补码	I0.1 — NEG_DI (MD0→MD10) 或 I0.1 — NEG_DI (MD0→MD10)
NEG_R	NEG_R	对浮点数求反	I0.1 — NEG_R (MD0→MD10) 或 I0.1 — NEG_R (MD0→MD10)

3．实数取整指令

S7-300 PLC 系统共有 4 条实数取整指令，每条指令都有 STL 指令、LAD 指令和 FBD 指令 3 种指令形式。实数取整指令说明及示例（STL）、实数取整指令说明及示例（LAD 和 FBD）分别如表 7-9 和表 7-10 所示。

表 7-9 实数取整指令说明及示例（STL）

指令	说明	示例
RND	将累加器 1 中的 32 位浮点数转换为长整数，并将结果取整为最近的整数。如果被转换数字的小数部分位于奇数和偶数中间，则选取偶数结果。结果保存在累加器 1 中	L MD0 //将 32 位浮点数装入累加器 1 中 RND //对 32 位浮点数转换为长整数 T MD20 //将结果传送到存储双字 MD20
TRUNC	截取累加器 1 中的 32 浮点数的整数部分并转换为长整数，结果保存在累加器 1 中	L MD0 //将 32 位浮点数装入累加器 1 中 TRUNC //截取浮点数的整数部分，并转换为长整数 T MD20 //将结果传送到存储双字 MD20
RND+	将累加器 1 中的 32 位浮点数转换为大于或等于该浮点数的最小的长整数，结果保存在累加器 1 中	L MD0 //将 32 位浮点数装入累加器 1 中 RND+ //取大于或等于该浮点数的最小的长整数 T MD20 //将结果传送到存储双字 MD20
RND-	将累加器 1 中的 32 位浮点数转换为小于或等于该浮点数的最大的长整数，结果保存在累加器 1 中	L MD0 //将 32 位浮点数装入累加器 1 中 RND- //取小于或等于该浮点数的最大的长整数 T MD20 //将结果传送到存储双字 MD20

表 7-10 实数取整指令说明及示例（LAD 和 FBD）

LAD	FBD	说明	示例
ROUND	ROUND	将 32 位浮点数转换为最接近的长整数	I0.1 — ROUND (MD0→MD4) 或 I0.1 — ROUND (MD0→MD4)

(续)

LAD	FBD	说　明	示　例
TRUNC EN ENO IN OUT	TRUNC EN OUT IN ENO	取 32 位浮点数的整数部分并转换为长整数	I0.1 ─┤├─ TRUNC EN ENO MD0─IN OUT─MD10　或　I0.1 ─┤├─ TRUNC EN OUT─MD10 MD0─IN ENO
CEIL EN ENO IN OUT	CEIL EN OUT IN ENO	将 32 位浮点数转换为大于或等于该数的最小的长整数	I0.1 ─┤├─ CEIL EN ENO MD0─IN OUT─MD10　或　I0.1 ─┤├─ CEIL EN OUT─MD10 MD0─IN ENO
FLOOR EN ENO IN OUT	FLOOR EN OUT IN ENO	将 32 位浮点数转换为小于或等于该数的最大的长整数	I0.1 ─┤├─ FLOOR EN ENO MD0─IN OUT─MD10　或　I0.1 ─┤├─ FLOOR EN OUT─MD10 MD0─IN ENO

7.2 算术运算指令

算术运算指令有两大类：基本算术运算指令和扩展算术运算指令。

7.2.1 基本算术运算指令

基本算术运算指令可完成整数、长整数或 32 位浮点数（实数）的加、减、乘、除、取余及取绝对值等运算，指令格式及说明如表 7-11～表 7-13 所示。

表 7-11　整数的基本算术运算指令格式及说明

STL	LAD	FBD	说　明
+I	ADD_I EN ENO IN1 OUT IN2	ADD_I EN IN1 OUT IN2 ENO	整数加（ADD_I）： 累加器 2 的低字（或 IN1）加上累加器 1 的低字（或 IN2），结果保存到累加器 1 的低字（或 OUT）中
-I	SUB_I EN ENO IN1 OUT IN2	SUB_I EN IN1 OUT IN2 ENO	整数减（SUB_I）： 累加器 2 的低字（或 IN1）减去累加器 1 的低字（或 IN2），结果保存到累加器 1 的低字（或 OUT）中
*I	MUL_I EN ENO IN1 OUT IN2	MUL_I EN IN1 OUT IN2 ENO	整数乘（MUL_I）： 累加器 2 的低字（或 IN1）乘以累加器 1 的低字（或 IN2），结果（32 位）保存到累加器 1（或 OUT）中
/I	DIV_I EN ENO IN1 OUT IN2	DIV_I EN IN1 OUT IN2 ENO	整数除（DIV_I）： 累加器 2 的低字（或 IN1）除以累加器 1 的低字（或 IN2），结果保存到累加器 1 的低字（或 OUT）中
+ <16 位整常数>	—	—	加整数常数（16 位）： 累加器 1 的低字加上 16 位整数常数，结果保存到累加器 1 的低字中

135

表 7-12　长整数的基本算术运算指令格式及说明

STL	LAD	FBD	说　明
+D	ADD_DI EN　ENO IN1　OUT IN2	ADD_DI EN IN1　OUT IN2　ENO	长整数加（ADD_DI）： 累加器 2（或 IN1）加上累加器 1（或 IN2），结果保存到累加器 1（或 OUT）中
-D	SUB_DI EN　ENO IN1　OUT IN2	SUB_DI EN IN1　OUT IN2　ENO	长整数减（SUB_DI）： 累加器 2（或 IN1）减去累加器 1（或 IN2），结果保存到累加器 1（或 OUT）中
*D	MUL_DI EN　ENO IN1　OUT IN2	MUL_DI EN IN1　OUT IN2　ENO	长整数乘（MUL_DI）： 累加器 2（或 IN1）乘以累加器 1（或 IN2），结果保存到累加器 1（或 OUT）中
/D	DIV_DI EN　ENO IN1　OUT IN2	DIV_DI EN IN1　OUT IN2　ENO	长整数除（DIV_DI）： 累加器 2（或 IN1）除以累加器 1（或 IN2），结果保存到累加器 1（或 OUT）中
+<32 位整数常数>	—	—	加整数常数（32 位）： 累加器 1 的内容加上 32 位整数常数，结果保存到累加器 1 中
MOD	MOD_DI EN　ENO IN1　OUT IN2	MOD_DI EN IN1　OUT IN2　ENO	长整数取余（MOD_DI）： 累加器 2（或 IN1）除以累加器 1（或 IN2），将余数保存到累加器 1（或 OUT）中

表 7-13　实数的基本算术运算指令格式及说明

STL	LAD	FBD	说　明
+R	ADD_R EN　ENO IN1　OUT IN2	ADD_R EN IN1　OUT IN2　ENO	实数加（ADD_R）： 累加器 2（或 IN1）加上累加器 1（或 IN2），结果保存到累加器 1（或 OUT）中
-R	SUB_R EN　ENO IN1　OUT IN2	SUB_R EN IN1　OUT IN2　ENO	实数减（SUB_R）： 累加器 2（或 IN1）减去累加器 1（或 IN2），结果保存到累加器 1（或 OUT）中
*R	MUL_R EN　ENO IN1　OUT IN2	MUL_R EN IN1　OUT IN2　ENO	实数乘（MUL_R）： 累加器 2（或 IN1）乘以累加器 1（或 IN2），结果保存到累加器 1（或 OUT）中
/R	DIV_R EN　ENO IN1　OUT IN2	DIV_R EN IN1　OUT IN2　ENO	实数除（DIV_R）： 累加器 2（或 IN1）除以累加器 1（或 IN2），结果保存到累加器 1（或 OUT）中
ABS	ABS EN　ENO IN　OUT	ABS EN　OUT IN　ENO	取绝对值（ABS）： 对累加器 1（或 IN1）的 32 位浮点数取绝对值，结果保存到累加器 1（或 OUT）中

对于 STL 形式的基本算术运算指令，参与算术运算的第 1 操作数由累加器 2 提供，第 2 操作数由累加器 1 提供，运算结果保存在累加器 1 中，并影响状态字的 CC1、CC0、OV 和 OS 标志位。

对于 LAD 和 FBD 形式的基本算术运算指令，参与算术运算的第 1 操作数和第 2 操作数分别由参数 IN1 和 IN2（类型为 INT、DINT 或 REAL，操作数可以是 I、Q、M、L、D 及常数）提供，运算结果保存在由参数 OUT（类型为 INT、DINT 或 REAL，操作数可以是 I、Q、M、L、D）指定的存储区中，并影响状态字的 CC1、CC0、OV 和 OS 标志位。EN（类型为 BOOL）为使能输入信号，当 EN 信号状态为"1"时激活相应的算术运算操作，并将运算结果存入由 OUT 指定的存储区；ENO（类型为 BOOL）为使能输出，如果运算结果超出允许范围（对 INT 结果为 –32768～+32767；对 DINT 结果为 –2147483648～+2147483647；对 32 位 REAL 结果为 –1.175495e–38～+3.402824e+38），则使 ENO=0，否则 ENO=1。

【例 7-1】 求输入双字 ID10 的内容与常数 32 相除的余数，结果保存到 MD20 中。

对应的 FBD 和 LAD 程序如图 7-2a 和图 7-2b 所示。当 I0.1 信号状态为"1"时，开始执行求余运算，并用 Q4.0 指示运算结果是否有效（0 表示有效，1 表示无效）。

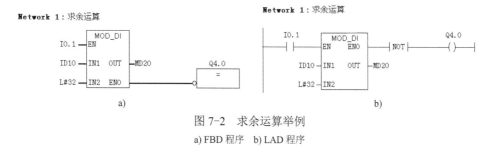

图 7-2 求余运算举例
a) FBD 程序 b) LAD 程序

7.2.2 扩展算术运算指令

扩展算术运算指令可完成 32 位浮点数的平方、平方根、自然对数、基于 e 的指数运算及三角函数等运算，扩展算术运算指令格式及说明如表 7-14 所示。

表 7-14 扩展算术运算指令格式及说明

STL 指令	LAD 指令	FBD 指令	说明	示例	
SQR	SQR EN ENO IN OUT	SQR EN OUT IN ENO	浮点数 平方 （SQR）		

SQRT	SQRT
	EN ENO
	IN OUT
		SQRT
		EN OUT
		IN ENO
			浮点数
			平方根
			（SQRT）
				OPN DB17
				L DBD0
				SQR
				AN OV
				JC OK
				BEU
				T DBD4
					//打开数据块 DB17
					//装入浮点数到累加器 1
					//求平方，结果送累加器 1
					//扫描 OV 是否为 0
					//若运算没错误则转到 OK
					//若运算有错误则无条件结束
					//保存结果

EXP	EXP EN ENO IN OUT	EXP EN OUT IN ENO	浮点数 指数运算 （EXP）		
LN	LN EN ENO IN OUT	LN EN OUT IN ENO	浮点数 自然对数运算 （LN）		

SIN	SIN
	EN ENO
	IN OUT
		SIN
		EN OUT
		IN ENO
			浮点数
			正弦运算
			（SIN）
				L MD0
				COS
				T MD4
					//装入浮点数到累加器 1
					//求余弦，结果送累加器 1
					//保存结果

（续）

STL 指令	LAD 指令	FBD 指令	说 明	示 例
COS	COS EN/ENO IN/OUT	COS EN/ENO IN/OUT	浮点数余弦运算（COS）	L MD0 //装入浮点数到累加器 1 COS //求余弦，结果送累加器 1 T MD4 //保存结果
TAN	TAN EN/ENO IN/OUT	TAN EN/ENO IN/OUT	浮点数正切运算（TAN）	
ASIN	ASIN EN/ENO IN/OUT	ASIN EN/ENO IN/OUT	浮点数反正弦运算（ASIN）	L MD10 //装入浮点数到累加器 1 ATAN //反正切运算，结果累加器 1 AN OV //扫描 OV 是否为 0 JC OK //若运算没错误则转到 OK BEU //若运算有错误则无条件结束 T MD20 //保存结果
ACOS	ACOS EN/ENO IN/OUT	ACOS EN/ENO IN/OUT	浮点数反余弦运算（ACOS）	
ATAN	ATAN EN/ENO IN/OUT	ATAN EN/ENO IN/OUT	浮点数反正切运算（ATAN）	

对于 STL 形式的扩展算术运算指令，可对累加器 1 中的 32 位浮点数进行运算，结果保存在累加器 1 中，指令执行后将影响状态字的 CC1、CC0、OV 和 OS 状态位。

对于 LAD 和 FBD 形式的扩展运算指令，由参数 IN 提供 32 位浮点数，当 EN 的信号状态为"1"时，激活运算；ENO 为使能输出，如果指令未执行或运算结果在允许范围之外，则 ENO=0，否则 ENO=1。EN 和 ENO 使用的操作数可以是 I、Q、M、L、D。

7.3 字逻辑运算指令

字逻辑运算指令可对两个 16 位（WORD）或 32 位（DWORD）的二进制数据逐位进行逻辑与、逻辑或、逻辑异或运算，字逻辑运算指令格式及说明、双字逻辑运算指令格式及说明分别如表 7-15 及表 7-16 所列。

表 7-15 字逻辑运算指令格式及说明

STL	LAD	FBD	说 明	示 例
AW	WAND_W EN/ENO IN1/OUT IN2	WAND_W EN IN1/OUT IN2/ENO	字"与"（WAND_W）	
OW	WOR_W EN/ENO IN1/OUT IN2	WOR_W EN IN1/OUT IN2/ENO	字"或"（WOR_W）	Network 1：字逻辑与运算 I0.1—EN WAND_W IW0—IN1 OUT—MW0 Q4.0= W#16#1248—IN2 ENO
XOW	WXOR_W EN/ENO IN1/OUT IN2	WXOR_W EN IN1/OUT IN2/ENO	字"异或"（WXOR_W）	

表 7-16 双字逻辑运算指令格式及说明

STL	LAD	FBD	说明	示例
AD	WAND_DW EN ENO IN1 OUT IN2	WAND_DW EN IN1 OUT IN2 ENO	双字"与" （WAND_DW）	示例 1： L ID10 //装入浮点数到累加器 1 XOD DW#12345678 //双字异或 T MD0 //将运算结果传送到 MD0
OD	WOR_DW EN ENO IN1 OUT IN2	WOR_DW EN IN1 OUT IN2 ENO	双字"或" （WOR_DW）	示例 2： L ID0 //装入浮点数到累加器 1 L ID4 //累加器 1→累加器 2 //ID4→累加器 1
XOD	WXOR_DW EN ENO IN1 OUT IN2	WXOR_DW EN IN1 OUT IN2 ENO	双字"异或" （WXOR_DW）	XOD //双字异或 T QD0 //将运算结果传送到 QD0

对于 STL 形式的字逻辑运算指令，可对累加器 1 和累加器 2 中的字或双字数据进行逻辑运算，结果保存在累加器 1 中。若运算结果不为 0，则对状态标志位 CC1 置"1"，否则对 CC1 置"0"。

对于 LAD 和 FBD 形式的字逻辑运算指令，由参数 IN1 和 IN2 提供参与运算的两个数据（类型为 WORD 或 DWORD），运算结果保存在由 OUT 指定的存储区（类型为 WORD 或 DWORD）中。若运算结果不为 0，则对状态标志位 CC1 置"1"，否则对 CC1 置"0"。EN（类型为 BOOL）为使能输入信号，ENO（类型为 BOOL）为使能输出，ENO 和 EN 具有相同的状态，操作数可以是 I、Q、M、L、D。当 EN 的信号状态为"1"时，激活字逻辑运算。

7.4 技能训练 1　功能指令的应用

7.4.1 转换指令的应用

【例 7-2】 将 101 in（英寸）转换为以 cm（厘米）为单位的整数，保存在 MW0 中。
STL 语句表程序如下：

```
L    101     // 将 16 位常数 101（65H）装入累加器 1
ITD          // 转换为 32 位双整数
DTR          // 转换为浮点数 101.0
L    2.54    // 将浮点数常数 2.54 装入累加器 1，将累加器 1 的内容装入累加器 2
*R           // 101.1 乘以 2.54，转换为 256.54cm
RND          // 四舍五入转换为 257（101H）
```

7.4.2 求补指令的应用

【例 7-3】 将 MD20 中的双整数求补后传送到 MD30 中。

STL 语句表程序如下：

```
L   MD20       // 将 32 位双整数装入累加器 1
NEGD           // 求补
T   MD30       // 运算结果传送到 MD30
```

7.4.3 运算指令的应用

【例 7-4】 用语句表实现整数除法运算。

设 IW10 的值为 13，MW14 的值为 4，13 除以 4，将指令执行后的商存放在累加器 1 的低字中，余数存放在累加器 1 的高字中。

STL 语句表程序如下：

```
L   IW10        // 将 IW10 的内容装入累加器 1 的低字
L   MW14        // 将累加器 1 的内容装入累加器 2，将 MW14 的值装入累加器 1 的低字
/I              // 将累加器 2 低字的值除以累加器 1 低字的值，结果存放在累加器 1 的低字
T   DB1.DBW2    // 将累加器 1 低字中的运算结果传送到 DB1.DBW2 中
```

【例 7-5】 用梯形图和指令表实现运算（10000×MD6）/27666，将结果存入 MW10 中。双整数运算梯形图和指令表如图 7-3 所示。

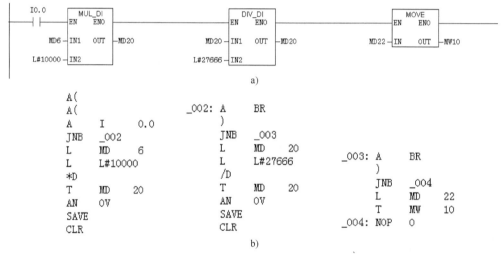

图 7-3 双整数运算梯形图和指令表
a) 梯形图 b) 指令表

【例 7-6】 用浮点数对数指令和指数指令求 5 的立方，将结果存入 MW40 中，计算公式为

$$5^3 = \exp(3\ln 5) = 125$$

STL 语句表程序如下：

```
L   L#5         // 装入 32 位双整数常数 5 于累加器 1 中
DTR             // 转换为浮点数
LN              // 取对数
```

```
L    3.0        // 装入浮点数常数
*R              // 与 3.0 进行浮点数相乘
EXP             // 取指数
RND             // 将浮点数四舍五入转换为整数
T    MW40       // 存于 MW40 中
```

【例 7-7】 实现字逻辑或运算，该操作将 QW10 中的低 4 位置 1，其余各位保持不变。
STL 语句表程序如下：

```
L    QW10       // 将 QW10 的内容装入累加器 1 的低字
L    W#16#000F  // 将累加器 1 的内容装入累加器 2，将常数 W#16#000F 装入累加器 1
OW              // 将累加器 1 低字中的内容与 W#16#000F 逐位相或，将结果放在累加器 1 低字中
T    QW10       // 将累加器 1 低字中的运算结果传送到 QW10 中
```

7.4.4 移位指令的应用

【例 7-8】 用梯形图将 MD10 中的内容左移 4 位，将结果存入 MD20 中。
双字左移指令的梯形图和指令表如图 7-4 所示。

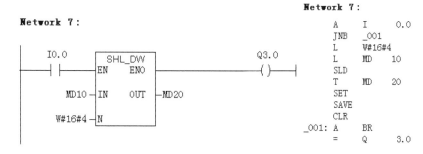

图 7-4 双字左移指令的梯形图和指令表

7.4.5 循环指令的应用

【例 7-9】 用循环指令求 5 的阶乘。
STL 语句表程序如下：

```
L    L#1        // 将 32 位整数常数装入累加器 1，置阶乘的初值
T    MD20       // 将累加器 1 的内容传送到 MD20，保持阶乘的初值
L    5          // 将循环次数装入累加器的低字
BACK：T  MW10   // 将累加器 1 低字中的内容保存到循环计数器 MW10
L    MD20       // 取阶乘值
*D              // 将 MD20 的内容与 MD10 的内容相乘
T    MD20       // 将乘积送至 MD20 中
L MW10          // 将循环计数器内容装入累加器 1
LOOP  BACK      // 将累加器 1 低字中的内容减 1，减 1 后若大于 0，则跳转到标号 BACK 处
...             // 循环结束后，恢复线性扫描
```

7.5 技能训练2 节日彩灯的控制

7.5.1 控制要求

用功能指令设计节日彩灯的控制程序，要求如下：当按下启动按钮 SB1 时，16 个彩灯以 1 s 的速度自左向右亮起，到达最右侧后，再自右向左原路返回。如此循环，当按下停止按钮 SB2 时停止。

7.5.2 任务分析

启动按钮 SB1 和停止按钮 SB2 作为输入信号，分别接 I0.0 和 I0.1，16 个彩灯 H1~H16 对应输出信号为 Q0.0~Q1.7。用 CPU 的时钟存储器设置 M100.5，使其输出 1 s 脉冲作为移位触发信号，并加入上升沿检测指令，保证每 1 个脉冲信号只移位 1 次。

为了实现彩灯的左右移动，首先建立左右移动的定时振荡电路，振荡周期为左右移动的时间，用两个定时器 T0 和 T1 实现。

在程序开始时，必须给移位存储器设置初值，保证开始时只有最低（或最高）位的彩灯亮。

7.5.3 任务实施

1. PLC 硬件配置及接线

彩灯控制系统有两个输入信号，16 个输出信号，PLC 系统可选择以下配置。

1）CPU 315 模块 1 只，订货号为 6ES7 315-1AF03-0AB0。
2）PS 307 5 A 电源模块 1 只，订货号为 6ES7 307-1EA00-0AA0。
3）DI16/DO16×24 V/0.5 A 数字量输入/输出模块 1 只，订货号为 6ES7 323-1BL00-0AA0。
4）直流 24 V/10 A 的电源 1 只。

2. 硬件组态

打开 SIMATIC Manager 新建一个项目并命名为"节日彩灯"，然后在该项目内插入一个 S7-300 PLC 的工作站。双击硬件组态（Hardware）图标，进入硬件组态窗口，然后参照图 7-5 进行 PLC 硬件组态。

S..	Module	Order number	Firmware	MPI address	I address	Q address	Comment
1	PS 307 5A	6ES7 307-1EA00-0AA0					
2	CPU 315	6ES7 315-1AF03-0AB0	V1.2	2			
3							
4	DI16/DO16x24V/0.5A	6ES7 323-1BL00-0AA0			0...1	0...1	
5							

图 7-5 PLC 硬件组态

3. 编辑全局符号表

在 SIMATIC Manager 的左视窗内展开 "SIMATIC 300（1）"目录及 "CPU 315"子目

录，单击“S7 Program（1）”程序文件夹图标，在右视窗中双击“Symbols”图标打开符号编辑器，参照图 7-6 编辑符号表。

S7 Program(1) (Symbols) -- 彩灯控制\SIMATIC 300(1)\CPU 315F-2 PN/DP

	Statu	Symbol	Address		Data typ	Comment
1		COMPLETE RESTART	OB	100	OB 100	初始程序
2		SB1	I	0.0	BOOL	启动按钮
3		SB2	I	0.1	BOOL	停止按钮
4		H1	Q	0.0	BOOL	彩灯1
5		H2	Q	0.1	BOOL	彩灯2
6		H3	Q	0.2	BOOL	彩灯3
7		H4	Q	0.3	BOOL	彩灯4
8		H5	Q	0.4	BOOL	彩灯5
9		H6	Q	0.5	BOOL	彩灯6
10		H7	Q	0.6	BOOL	彩灯7
11		H8	Q	0.7	BOOL	彩灯8
12		H9	Q	1.0	BOOL	彩灯9
13		H10	Q	1.1	BOOL	彩灯10
14		H11	Q	1.2	BOOL	彩灯11
15		H12	Q	1.3	BOOL	彩灯12
16		H13	Q	1.4	BOOL	彩灯13
17		H14	Q	1.5	BOOL	彩灯14
18		H15	Q	1.6	BOOL	彩灯15
19		H16	Q	1.7	BOOL	彩灯16
20		T0	T	0	TIMER	左移定时器
21		T1	T	1	TIMER	右移定时器
22						

Press F1 to get Help.

图 7-6　编辑符号表

4．控制程序设计

（1）子程序 FC1 的设计

程序中 Network1 为起动/停止程序。Network 2 和 Network 3 组成左右移动振荡电路，Network 2 控制右移的定时时间，Network 3 控制左移的定时时间，两个定时器交替工作来控制左右移的时间。Network 4 为右移控制，其中 M100.5 作为移位信号发出 1 s 时钟脉冲，T0 控制右移时间，用上升沿检测指令保证每个脉冲下只能移位一次，MW2 为移位存储器。Network 5 为左移控制，其中 T1 控制左移时间。注意：定时器初值的设定不能按照 16 个灯的移动时间 16 s 设置。不论左移还是右移，第一个灯已经亮，不占用移位时间。另外在返回过程中又少 0.5 s 时间。所以，两个定时器的初值均为 14.5 s。Network 6 把移位的结果传送到输出，FC1 子程序如图 7-7 所示。

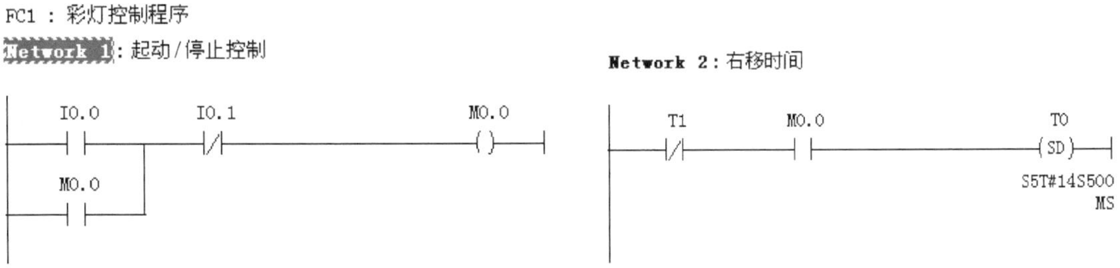

图 7-7　FC1 子程序

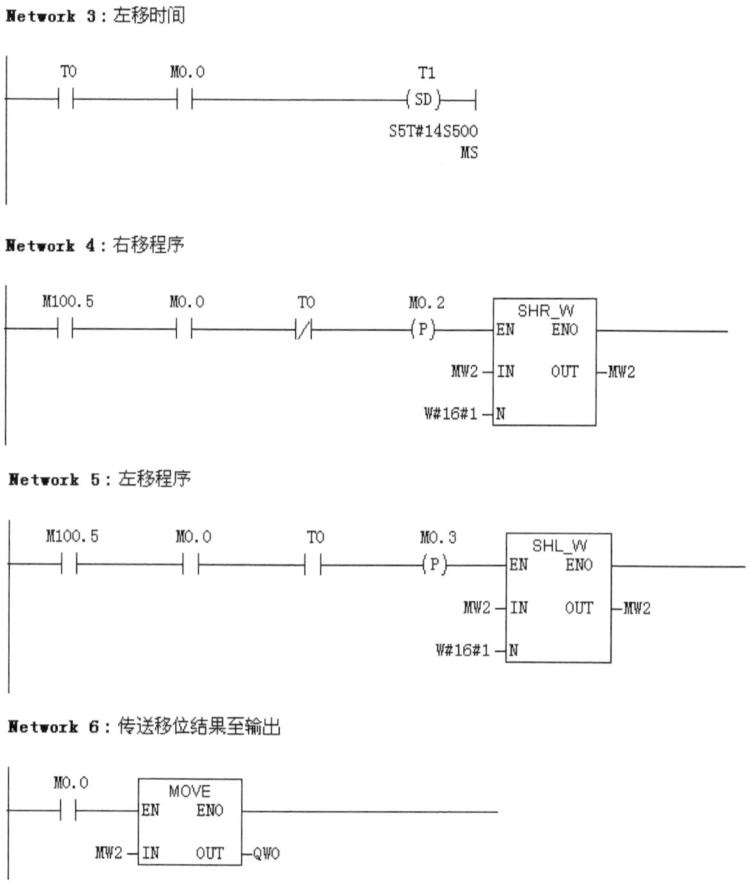

Network 3：左移时间
T0
M0.0
T1
SD
S5T#14S500
MS
Network 4：右移程序
M100.5
M0.0
T0
M0.2
P
SHR_W
EN
ENO
MW2
IN
OUT
MW2
W#16#1
N
Network 5：左移程序
M100.5
M0.0
T0
M0.3
P
SHL_W
EN
ENO
MW2
IN
OUT
MW2
W#16#1
N
Network 6：传送移位结果至输出
M0.0
MOVE
EN
ENO
MW2
IN
OUT
QW0

图 7-7　FC1 子程序（续）

（2）初始化程序 OB100 的设计

程序开始时先进行右移，应该保证最高位为 1，即 M10.7 为 1，在初始化程序中送入数据 W#16#8000，如图 7-8 所示。

（3）主程序 OB1 设计

在 OB1 中要调用子程序 FC1，如图 7-9 所示。

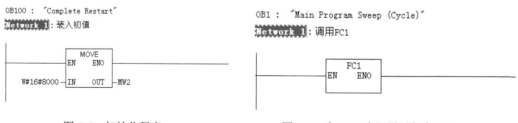

OB100 : "Complete Restart"
Network 1：装入初值
MOVE
EN
ENO
W#16#8000
IN
OUT
MW2

图 7-8　初始化程序

OB1 : "Main Program Sweep (Cycle)"
Network 1：调用FC1
FC1
EN
ENO

图 7-9　在 OB1 中调用子程序 FC1

7.5.4　方案调试

1. 启动仿真工具（PLCSIM）并下载用户程序

在 SIMATIC Manager 窗口内单击仿真工具图标启动仿真工具 PLCSIM，并选择当前项目所用 CPU 作为调试对象，然后下载硬件组态信息及程序块 OB1、OB100、FC1。仿真运行时用 IB0 显示输入信息，QB0 和 QB1 显示输出信息，MB2 和 MB3 显示移位存储器信息，T0 和 T1 显示两个定时器的当前值，仿真运行结果如图 7-10 所示。

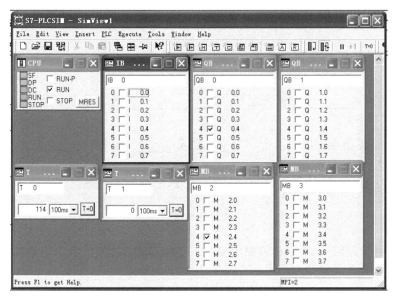

图 7-10　仿真运行结果

2．编辑调试变量表

在 SIMATIC Manager 窗口内单击"Blocks"文件夹，在右视窗内右击，执行弹出的快捷菜单命令"Insert New Object"→"Variable Table"，插入一个调试变量表，然后双击变量表并按图 7-11 输入调试变量并保存，利用变量表进行调试。

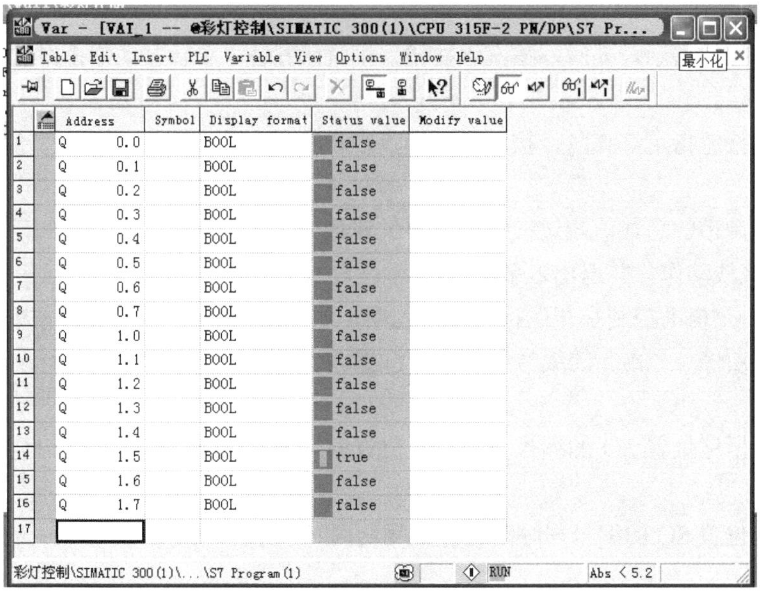

图 7-11　调试变量

7.6 习题

1. 数据装载指令 L 和传输指令 T 可以对_____位、_____位、_____位数据进行操作。

2. 基本算术运算指令可以完成_____、_____、_____、_____等基本运算。

3. 平方指令为_____，平方根指令为_____，指数运算指令为_____，自然对数指令为_____。

4. 字逻辑运算指令可以对两个_____位或_____位的_____进制数据逐位进行逻辑与、逻辑或、逻辑异或运算。

5. 编写完成如下算式的程序：

$$\frac{30\times30-1}{50-1}$$

6. 将两个数分别装在 MW10 和 MW20 中，试编写程序实现大数减小数的功能，结果存入 MW0 中。

7. 编写求 8 的立方的程序。

8. 编写求 10 的阶乘的程序。

9. 半径为 1000，圆周率为 3.141592，编写程序计算圆的周长。

10. 设计一个自动售货机的控制程序，要求如下：

1）此售货机可以识别 1 元、5 元和 10 元钱币；

2）当投入硬币的总数值超过 12 元时，汽水按钮指示灯亮；当投入硬币的总数值超过 15 元时，汽水和咖啡按钮指示灯都亮。

3）当汽水按钮指示灯亮时，按汽水按钮，则汽水排出 7 s 后自动停止，这段时间内汽水指示灯闪烁。

4）当咖啡按钮指示灯亮时，按咖啡按钮，则咖啡排出 7 s 后自动停止，这段时间内咖啡指示灯闪烁。

5）若投入硬币的总数值超过按钮所需要的钱数（汽水 12 元，咖啡 15 元）时，找钱指示灯亮，表示找钱动作，并退出多余的钱。

11. 设计一个自动控制小车运行方向的程序，如图 7-12 所示，工作要求如下：

1）当小车所停位置 SQ 的编号大于呼叫位置编号 SB 时，小车向左运行至等于呼叫位置时停止。

2）当小车所停位置 SQ 的编号小于呼叫位置编号 SB 时，小车向右运行至等于呼叫位置时停止。

3）当小车位置 SQ 的编号与呼叫位置编号相同时，小车不动作。

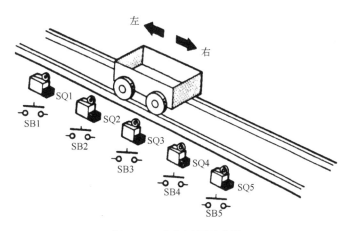

图 7-12 小车运行示意图

第 8 章 模拟量的控制

8.1 模拟量的处理

在生产过程中存在着大量物理量（如温度、压力、流量、液位、速度、pH 值和黏度等）。为了实现对这些物理量的控制，需先经测量传感器将物理量变换为电量（如电压、电流、电阻和电荷等），再经测量变送器将测量结果（电量）转换成标准的模拟量电信号（如 ±500 mV、±10 V、±20 mA、4～20 mA 等），然后再送入模拟量输入模块（AI）进行 A-D 转换，转换成 CPU 能接受的二进制电平信号并送入 CPU 进行存储和数据处理。经 PLC 运算程序加工处理后，二进制电平信号再送入模拟量输出模块（AO）进行 D-A 转换，将二进制电平信号转换为模拟量电信号，然后用模拟量电信号驱动相应的执行器（如加热器、电磁调节阀等），最终实现对物理量的调节与控制。

8.1.1 模拟量输入通道的量程调节

每个模拟量输入模块（AI）都有 2～8 个模拟量输入通道，在使用之前必须对所使用的模拟量输入模块进行相关设置：通过模拟量输入模块内部的跳线，同一个模拟量输入模块每个通道间可以连接不同类型的传感器；通过使用 STEP 7 软件或量程卡可以设置模拟量模块的测量方法和测量范围。

配有量程卡的模拟量输入模块在安装模拟量输入模块之前，应先检查量程卡的测量方法和量程，并根据需要进行调整。模拟量输入模块的标签上提供了各种测量方法及量程的设置方法，量程卡可设置为"A""B""C""D" 4 个位置，其中：

- "A"为热电阻、热电偶测量，测量值通常为毫伏信号，测量范围为–1000～1000 mV。
- "B"为电压测量，测量范围为–10～10 V。
- "C"为四线制变送器测量，传感器电源线与信号线分开，测量范围为 4～20 mA。
- "D"为二线制变送器测量，传感器电源线与信号线共用，传感器的电源通过模拟量输入模块供给，测量范围为 4～20 mA。

二维码 8-1
模拟量的处理

量程卡的调节方法如下。

1）用螺钉旋具将量程卡从模拟量输入模块中卸下来，如图 8-1 所示。

2）对量程卡进行正确设置，然后选择测量范围并按标记方向将量程卡插入模拟量输入模块中，如图 8-2 所示。

对于一些模块，几个通道组合在一起构成一个通道组并共用一套 A-D 转换电路，此时量程卡的设置是针对整个通道组进行的。

在 STEP 7 中，对模拟量模块进行参数化设置时，所选测量传感器类型必须与模块上量程卡设定的类型相匹配。否则模块上的 SF 指示灯将指示模块故障。

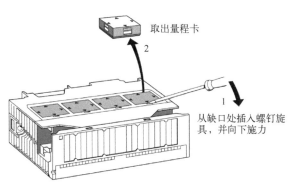

图 8-1 从模拟量输入模块中卸下量程卡

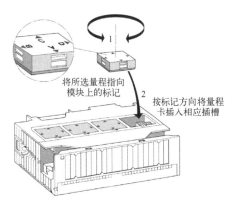

图 8-2 将量程卡插入模拟量输入模块

8.1.2 模拟量模块的系统默认地址

对于模拟量模块，从 0 号机架的 4 号槽位开始，每个槽位占用 16 B（等于 8 个模拟量通道），每个模拟量输入通道或输出通道占用一个字地址。为了避免与开关量的地址发生冲突，模拟量信号的默认首地址从 256 开始，如图 8-3 所示。

二维码 8-2
模拟量模块地址分配

由于模拟量没有对应的输入/输出过程映像区，要直接访问外设，所以模拟量地址前面需要加外设的英文字头 P。实际使用中要根据具体的模块确定实际的地址范围。例如，在 0 号机架上的 5 号槽位安装一个 4 通道的模拟量输入模块，则该模块的地址范围为 PIW272、PIW274、PIW276 和 PIW278；如果在 0 号机架上的 5 号槽位安装一个两通道的模拟量输入模块，则该模块的地址范围为 PIW272、PIW274。

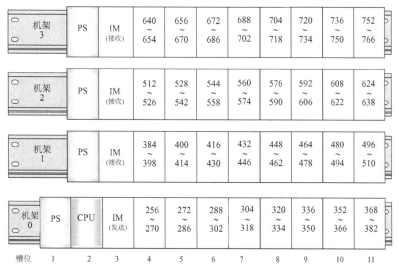

图 8-3 模拟量信号的默认地址

8.1.3 模拟量转换值的分辨率

模拟量转换值的分辨率是指模拟量与数字量之间的转换精度，A-D 或 D-A 转换，对应的数字量转换值以二进制形式表现，可以简单理解为 2 的几次方，8 bit、12 bit 等对应的就是二进制的位数，二进制位数越高，分辨率也就越大，转换精度越高。假设分辨率是 n，那么 2^n 就对应了模拟量的量程，分辨率就是将整个量程分成多少份。

假设一个模拟模块的输入电压范围是 0～10 V，而该模块的分辨率为 10 位，2^{10}=1024，则该模块所能识别的最小电压等级为：10/1024 V=0.009765625 V，即电压每增加 0.009765625 V，数字量增加 1。

S7 系统中一个模拟量的转换值用一个 16 位二进制数的补码表示，其中的第 15 位为符号位，"0" 表示正数，"1" 表示负数；第 14～0 位为数值部分。如果模拟量模块的分辨率小于 15 位，则模拟量写入累加器时向左对齐，未用位填 "0"，模拟量的表达方式及测量值的分辨率如表 8-1 所示，其中的 "*" 为 "0" 或 "1"。

表 8-1 模拟量的表达方式及测量值的分辨率

分辨率（位）	单位		15	14	13	12	11	10	9	8	7	6	5	4	3	2	1	0
	十进制	16进制	符号	2^{14}	2^{13}	2^{12}	2^{11}	2^{10}	2^9	2^8	2^7	2^6	2^5	2^4	2^3	2^2	2^1	2^0
8	128	80	*	*	*	*	*	*	*	*	1	0	0	0	0	0	0	0
9	64	40	*	*	*	*	*	*	*	*	*	1	0	0	0	0	0	0
10	32	20	*	*	*	*	*	*	*	*	*	*	1	0	0	0	0	0
11	16	10	*	*	*	*	*	*	*	*	*	*	*	1	0	0	0	0
12	8	8	*	*	*	*	*	*	*	*	*	*	*	*	1	0	0	0
13	4	4	*	*	*	*	*	*	*	*	*	*	*	*	*	1	0	0
14	2	2	*	*	*	*	*	*	*	*	*	*	*	*	*	*	1	0
15	1	1	*	*	*	*	*	*	*	*	*	*	*	*	*	*	*	1

8.1.4 模拟量的数据表达方式

模拟量模块可测量的模拟量信号有以下几种。

- 对称的电压/电流，如±80 mV、±250 mV、±500 mV、±1 V、±2.5 V、±5 V、±10 V、±3.2 mA、±10 mA、±20 mA，转换结果的额定范围为–32768～+32767。
- 不对称的电压/电流，如 0～2 V、1～5 V、0～10 V、0～20 mA、4～20 mA，转换结果的额定范围为 0～+32767。
- 电阻，如 0～150 Ω、0～300 Ω、0～600 Ω，转换结果的额定范围为 0～32767。
- 温度，如 Pt100（–200～850 ℃，转换结果的额定范围为 2000～8500）、Ni100（60～250 ℃，转换结果的额定范围为 600～2500）、K 型热电偶（–270～1372 ℃，转换结果的额定范围为 2700～13720）、N 型热电偶（–270～1300 ℃，转换结果的额定范围为 2700～13000）、J 型热电偶（–210～1200 ℃，转换结果的额定范围为 2100～12000）、E 型热电偶（–270～1000 ℃，转换结果的额定范围为 2700～10000）。

16 位二进制补码表示的数据范围为-32768～+32767，为了使传感器的输入测量值留有余量，S7-300 PLC 模拟量测量范围对应的转换值是±27648，当传感器的输入测量值超出测量范围时，模拟量模块仍然可以转换，以满足工程的需求。

以电压（±10 V）、电流（4～20 mA）、电阻（0～300 Ω）及 Pt00（–200～850 ℃）为例，不同测量范围下模拟量转换数据的表达方式如表 8-2 所示。

表 8-2 不同测量范围下模拟量转换数据的表达方式

范围	电压（示例）		电流（示例）		电阻（示例）		温度（示例）	
	测量范围 ±10 V	转换值	测量范围 4～20 mA	转换值	测量范围 0～300 Ω	转换值	测量范围 −200～850 ℃	转换值
超上限	≥11.759	32767	≥22.815	32767	≥352.778	32767	≥1000.1	32767
超上界	11.7589 ⋮ 10.0004	32511 ⋮ 27649	22.810 ⋮ 20.0005	32511 ⋮ 27649	352.767 ⋮ 300.011	32511 ⋮ 27649	1000.0 ⋮ 850.1	10000 ⋮ 8501
额定范围	10.00 7.50 ⋮ −7.50 −10.00	27648 20736 ⋮ −20736 −27648	20.000 16.000 ⋮ 4.000	27648 20736 ⋮ 0	300.000 225.000 ⋮ 0.000	27648 20736 ⋮ 0	850.0 ⋮ −200.0	8500 ⋮ −2000
超下界	−10.0004 ⋮ −11.759	−27649 ⋮ −32512	3.9995 ⋮ 1.1852	−1 ⋮ −4864	不允许负值	−1 ⋮ −4864	−200.1 ⋮ −243.0	−2001 ⋮ −2430
超下限	≤11.76	−32768	≤1.1845	−32768		−32768	≤−243.1	−32768

8.1.5 模拟量的规范化读入

模拟量输入模块是将标准电压或电流信号转换成 0～27648 的数字量信号，但工程技术人员习惯使用带有实际工程单位的工程量来计算。

模拟量输入模块的输入信号都与实际的物理量相对应，例如，用一个液位传感器来测量罐的液位，测量范围为 0～500 L，对应的输出电压为 0～10 V。假设将该模拟量信号接入模拟量输入模块，对应 0～10 V 的电压信号，其转换值为 0～27648，该数值应该进一步转换为实际物理量值（如 0～500 L），这个过程称为"规范化"。简单地说就是当程序接收到模拟量输入通道的值为 13824 时，希望知道对应的实际数位值是多少？

二维码 8-3 模拟量的规范化输入

在 STEP 7 中，可以用 FC105 "SCALE"（标量值）块来读取模拟值，使用 FC105 可以将从模拟量输入模块所接收的一个整型值转换为以工程单位表示的介于下限（LO_LIM）和上限（HI_LIM）之间的实型值。FC105 模块位于标准库（Standard Library）中 "TI-S7 Converting Block s" 子文件夹里面，如图 8-4 所示。FC105 的应用示例如图 8-5 所示，各端子的意义如下所述。

- EN：使能输入端，信号状态为 "1" 时激活该功能。
- ENO：使能输出端，如果该功能的执行无错误，则使能输出为 "1"。
- IN：需要转换为以工程单位表示的实型值的输入值（整数类型），可直接从模拟量输入模块接收数据，如 PIW288。
- LO_LIM：以工程单位表示的实型值的下限值。
- HI_LIM：以工程单位表示的实型值的上限值。
- OUT：规范化后的值（物理量），实数类型。
- BIPOLAR：信号状态为 "1" 表示输入值为双极性，信号状态为 "0" 表示输入值为单极性。

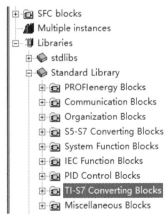

图 8-4 FC105 模块的位置

- RET_VAL：如果该指令的执行没有错误，则返回值为"0"。

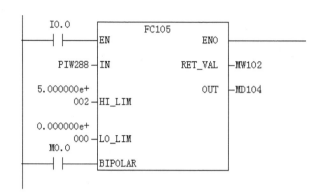

二维码 8-4
模拟量的规范化
输入示例

图 8-5 FC105 应用示例

图 8-5 所示的示例说明，如果 I0.0 为"1"且 M0.0 为"0"，则可将地址为 288 的模拟量输入通道值（0～27648）转换为 0.0～500.0 之间的实型值，并写入 MD104。

FC105 的功能可表示为

$$OUT = \frac{(IN - K1)(HI\_LIM - LO\_LIM)}{K2 - K1} + LO\_LIM$$

式中，常数 K1 和 K2 根据实型输入值是双极性还是单极性来设置。假定输入整型值范围是 $-27648 \sim 27648$，则 K1=-27648.0，K2=+27648.0；假定输入整型值范围是 0～27648，则 K1=0.0，K2=+27648.0。

如果输入整型值大于 K2，输出（OUT）将钳位于 HI_LIM，并返回一个出现错误的信息。如果输入整型值小于 K1，输出（OUT）将钳位于 LO_LIM，并返回一个出现错误的信息。ENO 的信号状态将设置为 0，RET_VAL 等于 W#16#0008。

8.1.6 模拟量的规范化输出

在 STEP 7 的标准库中有一个可用于模拟量输出规范化的功能 FC106（符号名为"UNSCALE"），其功能是接收一个以工程单位表示的、介于下限（LO_LIM）和上限（HI_LIM）之间的实型输入值，并将其转换为一个整型值。FC106 模块也位于标准库"TI-S7 Convertiog Block s"的文件夹里面。FC106 的应用示例如图 8-6 所示，各端子的意义如下所述。

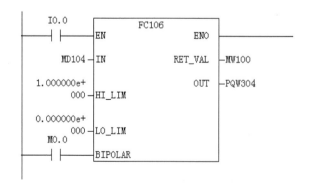

二维码 8-5
模拟量的规范化
输出

图 8-6 FC106 的应用示例

- EN：使能输入端，信号状态为"1"时激活该功能。
- ENO：使能输出端，如果该功能的执行无错误，则使能输出为"1"。
- IN：需要转换为整型值的输入值。
- HI_LIM：以工程单位表示的实型数值的上限值。
- LO_LIM：以工程单位表示的实型数值的下限值。
- BIPOLAR：信号状态为"1"表示输入值为双极性，信号状态为"0"表示输入值为单极性。
- OUT：转换结果，整数类型。
- RET_VAL：如果该指令的执行没有错误，则返回值为"0"。

图 8-6 所示示例说明，如果 I0.0 为"1"，则将用户程序所计算的模拟量在量程范围内的百分比（在 MD104 中），转换为 0~27648 之间以二进制表示的 16 位整数，并通过模拟量输出模块输出与其对应的实际物理量。

二维码 8-6
模拟量的规范化
输出示例

FC106 的功能可表示为

$$OUT = \frac{(IN - LO\_LIM)(K2 - K1)}{HI\_LIM - LO\_LIM} + K1$$

式中，常数 K1 和 K2 根据实型输入值是双极性还是单极性来设置。假定输出整型值范围是 −27648~27648，则 K1=−27648.0，K2=+27648.0；假定输出整型值范围是 0~27648，则 K1=0.0，K2=+27648.0。

如果输入值超出 LO_LIM 和 HI_LIM 范围，输出（OUT）将钳位于距下限或上限较近的一方，并返回一个出现错误的信息。

8.2 技能训练 搅拌器的控制

工业的发展对混合液体的配比准确度提出了更高的要求，其质量取决于设计、制造和检测各个环节，而液位的高低是影响液体质量的关键因素。下面将介绍一种由 PLC 控制的搅拌控制系统，该系统能够检测出液位的高低，对液体的混合生产具有重要意义。

8.2.1 控制要求

图 8-7 所示为一液体搅拌控制系统，液料罐的最大容器为 100 L，由一个模拟量液位传感器（输出为 0~10 V）来检测液位的高低，并进行液位显示。现要求编写对 A、B 两种液体原料按比例混合的控制程序，控制要求如下。

按起动按钮后系统自动运行。首先打开进料泵 1，开始加入液料 A→当液位达到 30%后，则关闭进料泵 1，打开进料泵 2，开始加入液料 B→当液位达到 80%后，则关闭进料泵 2，起动搅拌器→搅拌 10 s 后，关闭搅拌器，起动放料泵→当液料放空后，延时 5 s 关闭放料泵。按停止按钮，系统应立即停止运行。

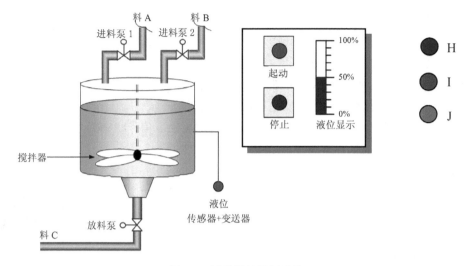

图 8-7 液体搅拌控制系统

8.2.2 任务分析

由于液位传感器产生的信号为 0~10 V 的模拟量电压信号,所以需要通过模拟量输入模块将液位信号送入 PLC 进行比较处理。可以将模拟量输入模块转换后的数字 0~27648 用整数规范化功能子程序(FC105)进一步转换为 0~100 的实型数字。

根据控制要求,进料时系统设置进料高(H1)、中(I1)、低(J1)液位标志。

1)如果液位值<30%,则打开进料泵 1,开始加入液料 A,并显示低液位 J。

2)如果 30%≤液位值<80%,则关闭进料泵 1,打开进料泵 2,开始加入液料 B,并显示中液位 I。

3)如果液位值≥80%,则关闭进料泵 2,起动搅拌器,并显示高液位 H。

根据控制要求,放料时系统设置中放料高(H2)、中(I2)、低(J2)液位标志。

1)如果 30%<液位值≤100%,则放料,并显示高液位 H。

2)如果 0<液位值≤30%,则放料,并显示中液位 I。

3)如果液位值=0,则放料,并显示低液位 J。

液位的高(H)、中(I)、低(J)挡在进料和放料时标准不一致,在程序中用进料标志 F1 和放料标志 F2 加以区别就可以了。

8.2.3 任务实施

1. PLC 系统配置及资源分配

根据控制要求,系统有两个进料泵 YV1 和 YV2,1 个放料泵 YV3,1 个搅拌器 KM,3 个低、中、高液位显示信号灯 J、I、H;1 个起动按钮 SB1,1 个停止按钮 SB2,1 个液位传感器 B,1 个用于显示液位的数字表 M2,所以至少需要 7 个数字量输出信号,两个数字量输入信号,1 个模拟量输入通道,1 个模拟量输出通道。系统可选择如图 8-8 所示的硬件配置。搅拌器控制系统的资源分配表如表 8-3 所示,符号表如图 8-9 所示。

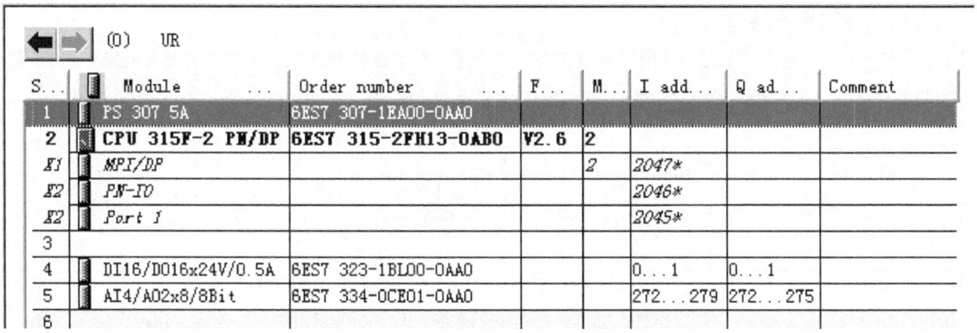

```
(0)  UR
S... | Module           | Order number        | F...  | M... | I add..  | Q ad..  | Comment
1    | PS 307 5A        | 6ES7 307-1EA00-0AA0 |       |      |          |         |
2    | CPU 315F-2 PN/DP | 6ES7 315-2FH13-0AB0 | V2.6  | 2    |          |         |
X1   | MPI/DP           |                     |       | 2    | 2047*    |         |
X2   | PN-IO            |                     |       |      | 2046*    |         |
X2   | Port 1           |                     |       |      | 2045*    |         |
3    |                  |                     |       |      |          |         |
4    | DI16/DO16x24V/0.5A | 6ES7 323-1BL00-0AA0 |     |      | 0...1    | 0...1   |
5    | AI4/AO2x8/8Bit   | 6ES7 334-0CE01-0AA0 |       |      | 272...279| 272...275|
6    |                  |                     |       |      |          |         |
```

图 8-8 搅拌器控制系统的硬件配置

表 8-3 搅拌器控制系统的资源分配表

序号	符号	地址	说 明	序号	符号	地址	说 明
1	SB1	I0.1	起动按钮，常开按钮	11	H	Q0.7	高液位显示
2	SB2	I0.2	停止按钮，常开按钮	12	J1	M1.1	进料低液位
3	MNR	PIW272	液位测量输入通道	13	I1	M1.2	进料中液位
4	YV1	Q0.1	进料泵1	14	H1	M1.3	进料高液位
5	YV2	Q0.2	进料泵2	15	J2	M1.4	放料低液位
6	KM	Q0.3	搅拌器	16	I2	M1.5	放料中液位
7	YV3	Q0.4	放料泵	17	H2	M1.6	放料高液位
8	MNC	PQW272	液位测量输出通道	18	F1	M0.2	进料标志
9	J	Q0.5	低液位显示	19	F2	M0.3	放料标志
10	I	Q0.6	中液位显示	20	F3	M0.4	动作标志

```
S7 Program(1) (Symbols) -- w1\SIMATIC 300(1)\CPU 315F-2 PN/DP
     Status | Symbol | Address  | Data typ | Comment
1    |       | F1     | M   0.2  | BOOL     | 进料标志
2    |       | F2     | M   0.3  | BOOL     | 放料标志
3    |       | F3     | M   0.4  | BOOL     | 动作标志
4    |       | H      | Q   0.7  | BOOL     | 高位指示灯
5    |       | H1     | M   1.5  | BOOL     | 进料高位标志
6    |       | H2     | M   1.6  | BOOL     | 放料高位标志
7    |       | I      | Q   0.6  | BOOL     | 中位指示灯
8    |       | I1     | M   1.3  | BOOL     | 进料中位标志
9    |       | I2     | M   1.4  | BOOL     | 放料中位标志
10   |       | J      | Q   0.5  | BOOL     | 低位指示灯
11   |       | J1     | M   1.1  | BOOL     | 进料低位标志
12   |       | J2     | M   1.2  | BOOL     | 放料低位标志
13   |       | KM     | Q   0.3  | BOOL     | 搅拌器
14   |       | SB1    | I   0.1  | BOOL     | 起动按钮
15   |       | SB2    | I   0.2  | BOOL     | 停止按钮
16   |       | SCALE  | FC  105  | FC  105  | Scaling Values
17   |       | T1     | T   1    | TIMER    | 搅拌延时
18   |       | T2     | T   2    | TIMER    | 放料延时
19   |       | UNSCALE| FC  106  | FC  106  | Unscaling Values
20   |       | YV1    | Q   0.1  | BOOL     | 进料泵1
21   |       | YV2    | Q   0.2  | BOOL     | 进料泵2
22   |       | YV3    | Q   0.4  | BOOL     | 放料泵
23   |       |        |          |          |
```

图 8-9 搅拌器控制系统的符号表

2. PLC 系统端子接线

PLC 系统的 I/O 端子接线图如图 8-10 所示,图中用电位器代替模拟量输入信号。为了防止模拟量信号的波动,应该把模拟量输入和输出信号的公共端连接起来,如图中虚线所示。

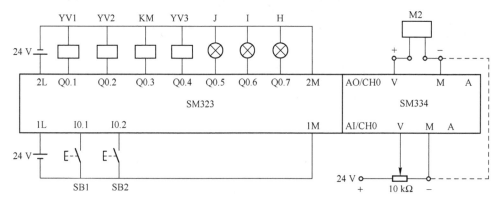

图 8-10　PLC 系统的 I/O 端子接线图

3. 搅拌系统 PLC 控制程序

（1）控制程序 FC1

1）系统运行过程中,按下停止按钮,系统立即停止动作,但是液位显示仍保持。所以进料时显示和动作是两个独立的控制回路,为了区别两个不同的控制,首先设置搅拌器进料标志 F1 和动作标志 F3,如图 8-11 和图 8-12 所示。

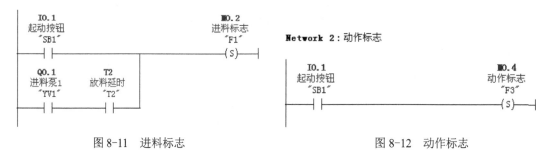

图 8-11　进料标志　　　　　　　　图 8-12　动作标志

2）当进料标志 F1 和动作标志 F3 都动作且液位在进料低位时,打开进料泵 YV1 开始进料 A,如图 8-13 所示。

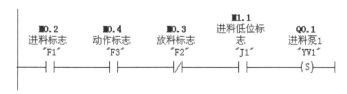

图 8-13　进料 A 子程序

3）当液位上升到进料中液位时,关闭进料泵 YV1 停止进料 A,打开进料泵 YV2 开始进料 B,如图 8-14 所示。

Network 4： 进料泵YV2动作，进料泵YV1复位

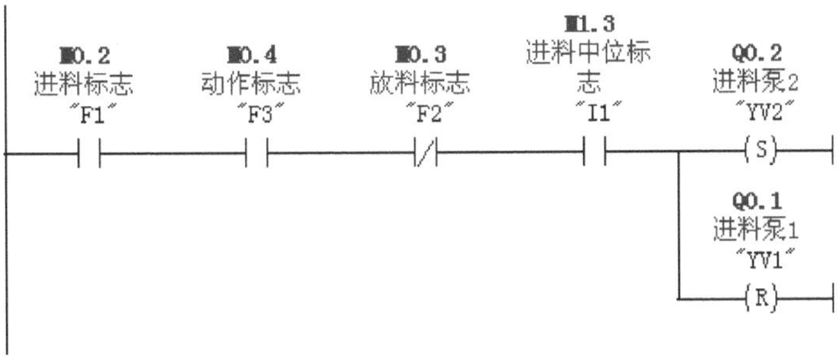

M0.2
进料标志
"F1"
M0.4
动作标志
"F3"
M0.3
放料标志
"F2"
M1.3
进料中位标志
"I1"
Q0.2
进料泵2
"YV2"
S
Q0.1
进料泵1
"YV1"
R

图 8-14　进料 B 子程序

4）当液位上升到进料高液位时，关闭进料泵 YV2 停止进料 B，打开搅拌器 KM 开始搅拌，同时接通定时器 T1 开始搅拌延时，搅拌子程序如图 8-15 所示。

Network 5： 搅拌器KM动作并开始搅拌延时，进料泵YV2复位

M0.4
动作标志
"F3"
M1.5
进料高位标志
"H1"
Q0.3
搅拌器
"KM"
S
Q0.2
进料泵2
"YV2"
R
T1
搅拌延时
"T1"
SD
S5T#10S

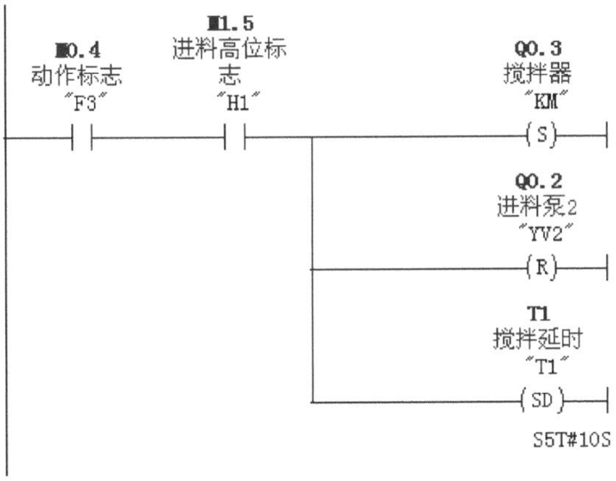

图 8-15　搅拌子程序

5）搅拌延时时间到，停止搅拌，进料标志 F1 复位，放料标志 F2 置位，如图 8-16 所示。

Network 6： 停止搅拌，放料标志F2置位，进料标志F1复位

Q0.3
搅拌器
"KM"
T1
搅拌延时
"T1"
M0.3
放料标志
"F2"
S
Q0.3
搅拌器
"KM"
R
M0.2
进料标志
"F1"
R

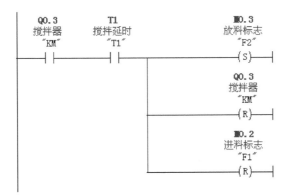

图 8-16　进料、放料标志转换子程序

6）放料标志 F2 和动作标志 F3 都接通时，打开放料泵 YV3 开始放料，如图 8-17 所示。

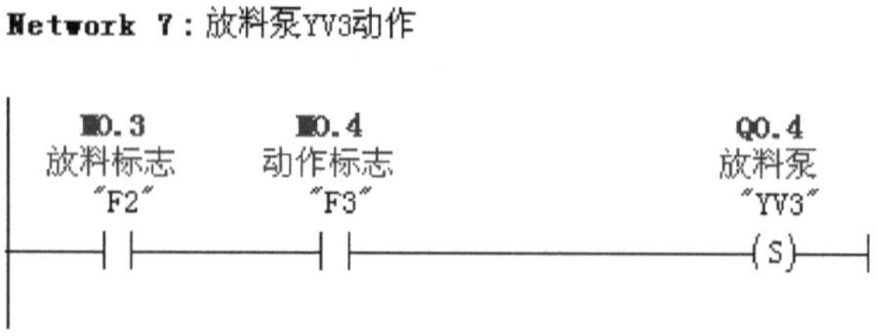

Network 7：放料泵YV3动作

```
   M0.3        M0.4              Q0.4
  放料标志    动作标志            放料泵
   "F2"        "F3"              "YV3"
  ──┤├────────┤├───────────────( S )──
```

图 8-17　放料子程序

7）放料过程中当液位达到放料低液位时，接通放料定时器 T2，开始放料延时，如图 8-18 所示。

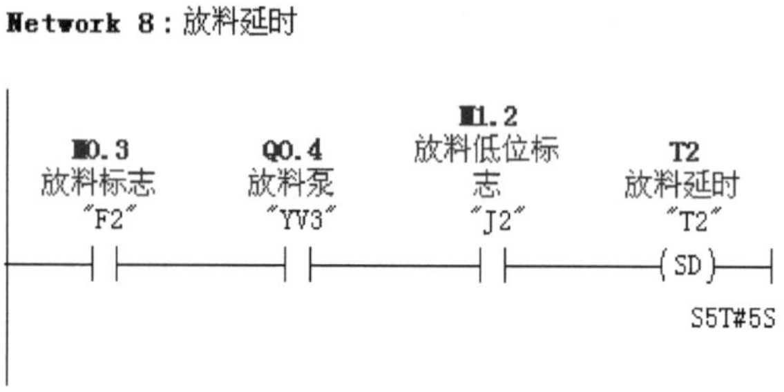

Network 8：放料延时

```
                           M1.2
   M0.3       Q0.4        放料低位标      T2
  放料标志   放料泵          志         放料延时
   "F2"      "YV3"         "J2"         "T2"
  ──┤├───────┤├────────────┤├──────────(SD)──
                                       S5T#5S
```

图 8-18　放料延时子程序

8）放料延时时间到，关闭放料泵 YV3 停止放料，同时放料标志 F2 复位，停止放料子程序如图 8-19 所示。

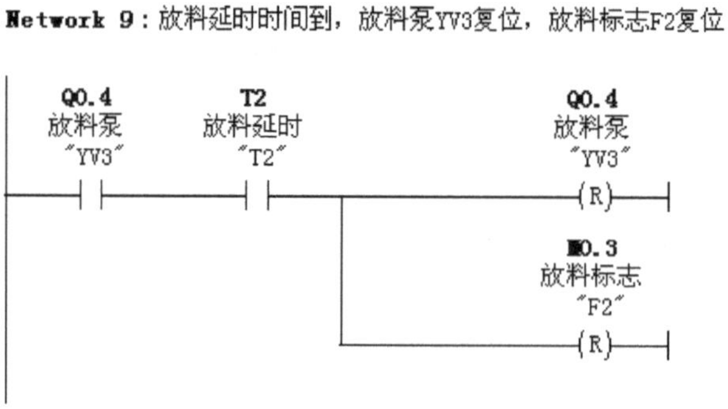

Network 9：放料延时时间到，放料泵YV3复位，放料标志F2复位

```
   Q0.4        T2              Q0.4
   放料泵    放料延时           放料泵
   "YV3"      "T2"              "YV3"
  ──┤├────────┤├───────────────( R )──
                                M0.3
                              放料标志
                                "F2"
                              ──( R )──
```

图 8-19　停止放料子程序

9）在进料和放料过程中，无论何时按下停止按钮，动作标志 F3 复位，同时所有输出动作停止，系统复位子程序如图 8-20 所示。

（2）液位比较和显示子程序 FC2

子程序 FC2 主要根据测量与规范化处理结果来判断液位的高低，以决定进料或者放料，同时控制高、中、低液位的显示。由于进料和放料的比较结果有些不同，每个液位显示程序中由 F1 和 F2 区别进料和放料状态，防止出现不同液位的双重显示。

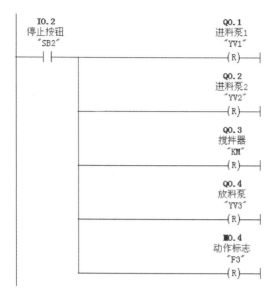

图 8-20 系统复位子程序

1）在进料的过程中，当 0≤进料液位当前值<30%时，进料低液位标志 J1 动作，如图 8-21 所示。

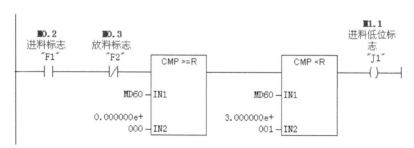

图 8-21 进料低液位标志子程序

2）当 30%≤进料液位当前值<80%时，进料中液位标志 I1 动作，如图 8-22 所示。

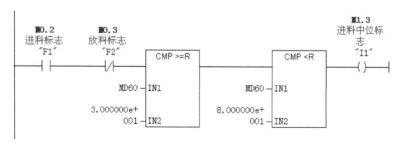

图 8-22 进料中液位标志子程序

3）当进料液位当前值≥80%时，进料高液位标志 H1 动作，如图 8-23 所示。

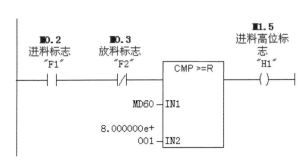

图 8-23　进料高液位标志子程序

4）在放料的过程中，当 30%<放料液位当前值≤100%时，放料高液位标志 H2 动作，如图 8-24 所示。

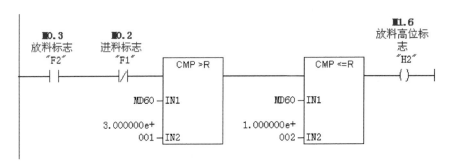

图 8-24　放料高液位标志子程序

5）当 0<放料液位当前值≤30%时，放料中液位标志 I2 动作，如图 8-25 所示。

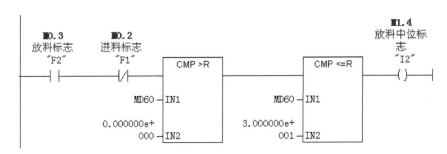

图 8-25　放料中液位标志子程序

6）当放料液位当前值=0 时，放料低液位标志 J2 动作，并显示低液位 J，如图 8-26 所示。

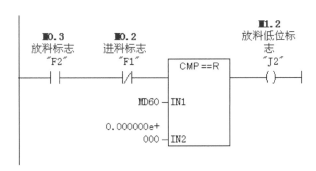

图 8-26 放料低液位标志子程序

7) 根据比较结果,设置高(H)、中(I)、低(J)液位显示,如图 8-27 所示。图中每个液位指示灯显示程序均由两个支路组成,第 1 支路为进料液位显示,第 2 支路为放料液位显示,分别由进料标志 F1 和放料标志 F2 控制。

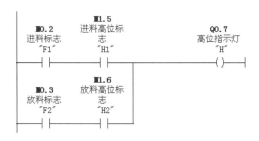

图 8-27 液位显示子程序

(3) 测量与规范化处理子程序 FC3

子程序 FC3 主要完成液位的测量,并进行规范化处理。

1) 测量结果的规范化处理。从标准库中调用规范化处理功能子程序 FC105,直接读取 PIW272 模拟量输入通道测量值(0~+27648),并进行 0~100 的规范化处理,处理结果送入 MD60。测量结果的规范化处理程序如图 8-28 所示。程序中使用 M0.0 的常开触点与常闭触点串联控制 BIPOLAR 端子,可以确保 BIPOLAR 端子状态始终为"0",以实现对单极性数据进行规范化处理。

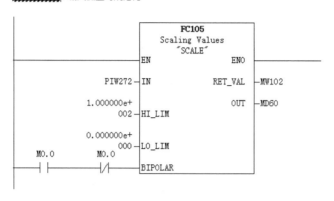

图 8-28 测量结果的规范化处理程序

2）图 8-29 为输出规范化处理程序，从标准库中调用功能 FC106，从 FC106 的输出 OUT 接数字表，显示当前液位对应的电压值。

（4）主循环组织块 OB1

子程序 FC1～FC3 必须通过 OB1 的调用才能被执行并实现相应的控制或处理功能。调用子程序如图 8-30 所示。

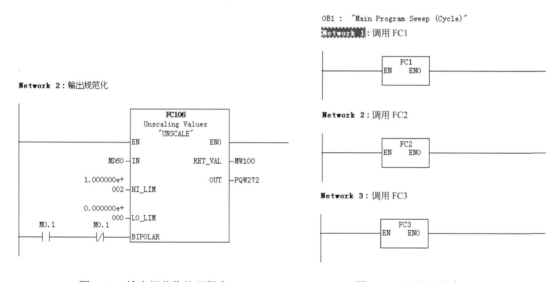

图 8-29 输出规范化处理程序　　　　　　图 8-30 调用子程序 FC1～FC3

8.2.4 方案调试

1．用仿真软件调试

调试搅拌器控制系统时，可打开 PLCSIM 工具采用离线方式进行方案调试。首先打开 PLCSIM 工具，将硬件组态信息及程序块（OB1、FC1～FC3）下载到仿真 PLC，然后在 PLCSIM 窗口内执行菜单命令"Tools"→"Option"→"Attach Symbols"将符号表匹配到

PLCSIM，再按图 8-31 插入调试变量。

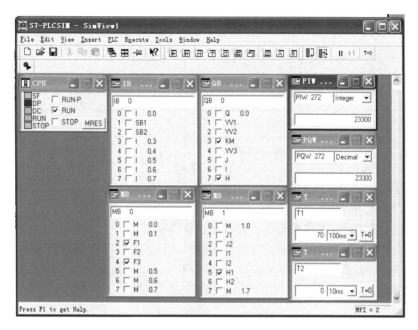

图 8-31　仿真调试程序

模拟量的调试方法为：单击工具栏中的图标 ![icon]（Insert generic Variable，插入通用变量），在视图对象左上角的小窗口写入模拟量地址，如 PIW272 或 PQW272 等。单击视图对象右上角小窗口的选择按钮 ![btn]，可以选择输入变量和输出变量的格式，其中有：Binary（二进制）、Decimal（十进制）、Integer（整数）、Hex（十六进制）、BCD（BCD 码）、Char（字符）、Slider：Dec（单值滑块，输入范围为 0～65535），Slider：Int（双值滑块，输入范围为-32768～+32767）等几种类型。当选择滑块输入时，出现滑块的图标，可以直接拉动滑块来获取不同的模拟量输入信号。用滑块调试模拟量如图 8-32 所示。

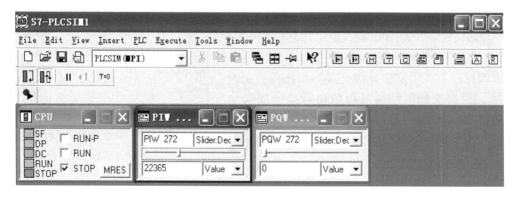

图 8-32　用滑块调试模拟量

方案调试的数据及调试步骤如表 8-4 所示。表中数据 0～8294 对应液位的 0～30%，数据 8295～22184 对应液位的 30%～80%，数据 22185～27648 对应液位的 80%～100%。

表 8-4　方案调试的数据及调试步骤

步骤	调试前活动的变量	需手动设置的变量	调式后活动的变量	说　　明
0	PIW272=0，SB2=0		F1=0	
1	F1=0，F2=0，F3=0	SB1 先为 1 再为 0，PIW272=0～8294	F1=1，F3=1 YV1=1，J=1	按起动按钮 SB1，打开进料泵 1，加入料 A
2	F1=1，F3=1，F2=0 YV1=1，J=1	PIW272=8295～22184	F1=1，F3=1 YV2=1，I=1	关闭进料泵 1，打开进料泵 2，加入料 B
3	F1=1，F3=1，F2=0 YV2= 1，I=1	PIW272=22185～27648	F1=1，F3=1 KM=1，H=1	关闭进料泵 2，起动搅拌器
4	F2=1，F3=1，F1=0 KM=1，H=1	5s 后，PIW272=27648～0	F2=1，3=1 YV3=1，　H=1	关闭搅拌器，起动放料泵
5	F2=1，F3=1，F1=0 YV3=1，H=1	PIW272=0，过 5 s 后	F1=1，F3=1 YV1=1,J=1	5 s 后关闭放料泵

测试过程中，还需要进行以下功能测试。

1）按停止按钮 SB2，观察系统是否进入停止动作状态。

2）停止动作后重新起动时观察搅拌动作和放料动作的延时时间能否保证。

3）调整 PIW272 的值（0～+27648），观察是否能够正确设置动作标志 F1～F3，对应的输出能否正确动作。

2. 用变量表调试

首先关闭 PLCSIM 工具，然后插入一个变量表，再打开变量表按图 8-33 输入调试变量并保存。将硬件组态信息及程序块（OB1、FC1～FC3、FC105 、FC106）下载到 PLC 中，打开变量表的“监控”按钮将变量表切换到监控状态。按下起动按钮，然后从小到大缓慢调节电位器，在变量表窗口观察输出信号的状态，同时观察数字表的读数从 0～10 V 变化情况和液位指示灯的点亮情况能否按照程序进行控制。

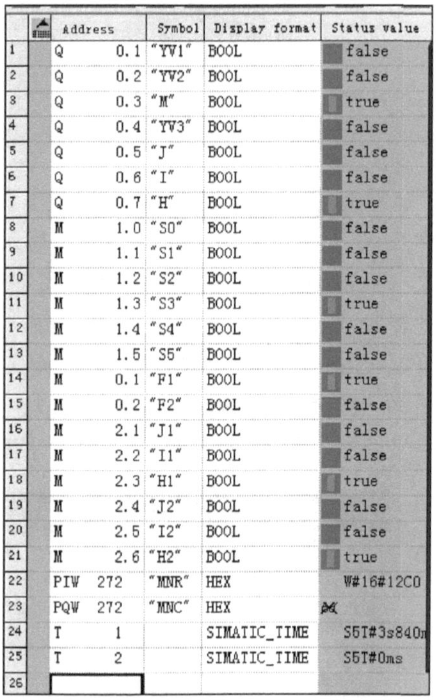

	Address		Symbol	Display format	Status value
1	Q	0.1	"YV1"	BOOL	false
2	Q	0.2	"YV2"	BOOL	false
3	Q	0.3	"M"	BOOL	true
4	Q	0.4	"YV3"	BOOL	false
5	Q	0.5	"J"	BOOL	false
6	Q	0.6	"I"	BOOL	false
7	Q	0.7	"H"	BOOL	true
8	M	1.0	"S0"	BOOL	false
9	M	1.1	"S1"	BOOL	false
10	M	1.2	"S2"	BOOL	false
11	M	1.3	"S3"	BOOL	true
12	M	1.4	"S4"	BOOL	false
13	M	1.5	"S5"	BOOL	false
14	M	0.1	"F1"	BOOL	true
15	M	0.2	"F2"	BOOL	false
16	M	2.1	"J1"	BOOL	false
17	M	2.2	"I1"	BOOL	false
18	M	2.3	"H1"	BOOL	true
19	M	2.4	"J2"	BOOL	false
20	M	2.5	"I2"	BOOL	false
21	M	2.6	"H2"	BOOL	true
22	PIW	272	"MNR"	HEX	W#16#12C0
23	PQW	272	"MNC"	HEX	
24	T	1		SIMATIC_TIME	S5T#3s840m
25	T	2		SIMATIC_TIME	S5T#0ms
26					

图 8-33　用变量表调试程序

搅拌器完成一个周期动作后，如何自动进入下一个循环，请读者自行分析，并设计出程序。

本项目涉及对模拟信号的处理，包括模拟量输入模块、模拟量输出模块及模拟信号的处理等内容。模拟量信号的处理一般都用到数字处理指令，因而也介绍了这一部分指令，根据处理任务的不同可灵活选用相应的字处理指令。

8.3　习题

1．S7-300 PLC 常用的模拟量信号模块有________、________、________、________。

2．标准的模拟量信号经过模拟量输入模块转换后的数据范围是________。

3. S7-300 PLC 主机架上 6 号槽的 4AI/2AO 模块的模拟量输入字默认地址为_____至_____，模拟量输出字默认地址为_____至_____。

4. 量程卡有_____、_____、_____、_____四个位置。

5. 模拟量输入/输出模块的地址如果确定？

6. 程序块 FC105 有什么功能？如何调用？

7. 如何设置程序块 FC105 的参数？

8. 程序块 FC106 有什么功能？如何调用？

9. 如何设置程序块 FC106 的参数？

10. 设计一个水塔水位控制系统。如图 8-34 所示，由两个液位传感器+变送器 X_1 和 X_2（输出 0～10 V）来检测水塔和水池水位的高低。当水池水位低于水池低水位界限（满水位 20%）时，水池低水位指示灯 H_1 亮，进水阀 Y 打开进水，定时器开始计时，如果 30 min 后，中水位界限（满水位 50%）指示灯 H_2 没有亮，表示进水阀 Y 出现故障，故障指示灯闪烁；水位到达高水位界限（满水位 90%）时，高水位指示灯 H_3 亮，进水阀 Y 关闭。当水塔水位低于水塔低水位界限（满水位 20%）时，水塔低水位指示灯 H_4 亮，且水池水位在中水位以上时，电动机 M 运转抽水；当水塔水位高于水塔高水位界限（满水位 95%）时，电动机停止抽水，水塔高水位指示灯 H_5 亮。

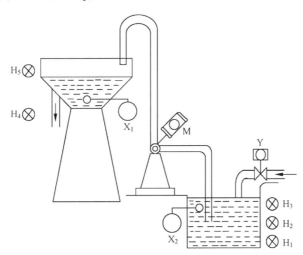

图 8-34 水塔水位控制系统

第9章 顺序控制系统控制方法的设计

9.1 顺序控制系统

9.1.1 顺序控制

所谓顺序控制,就是按照生产工艺预先规定的流程,在各种输入信号的作用下,使生产过程的各执行机构能够自动而有序地工作。

以图9-1所示具有预备、钻、铣和终检4个工位的加工生产线控制为例,该生产线工作过程为:在初始状态 S1 下按起动按钮,则生产线开始工作(步 S2);如果在预备工位放置一个工件(B1 动作),则传送带运行将工件向下一站传送(步 S3);工件被传送到钻加工站(B2 动作)时,对工件进行 5 s 钻加工(步 S4);钻加工时间到达后(T1 定时到),传送带继续运行并将工件向下一站传送(步 S5);当工件被传送到铣加工站(B3 动作)时,则对工件进行 4 s 铣加工(步 S6);铣加工时间到达后(T2 定时到),传送带继续运行并将工件传送到下一站(步 S7);工件被传送到终检站(B4 动作),则对工件进行 2 s 终检(步 S8);终检完毕后(T3 定时到)一个工件的加工流程结束(步 S9)。如果在预备工位上再放置一个工件,将开始下一个工件的检测流程,并如此循环。

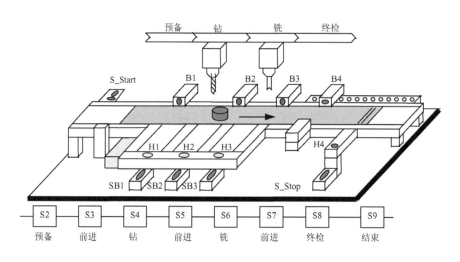

图 9-1 顺序控制示例

从以上描述可以看出,加工过程由一系列步(S)或功能组成,这些步或功能按顺序由转换条件激活,这样的控制就是顺序控制,即传统方法中采用步进传动装置或定时盘来实现的控制过程。

9.1.2 顺序控制系统的结构

如图 9-2 所示，一个完整的顺序控制系统分 4 个部分：方式选择、顺控器、命令输出、故障信号和运行信号。

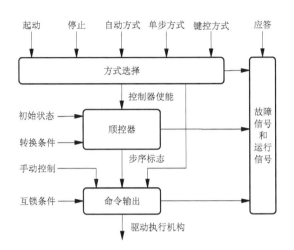

图 9-2 顺序控制系统结构图

1．方式选择

在方式选择部分主要处理各种运行方式的条件和封锁信号。运行方式在操作台上通过选择开关或按钮进行设置和显示。设置的结果形成使能信号或封锁信号，并影响"顺控器"和"命令输出"部分的工作。基本的运行方式有以下几种。

1) 自动方式：在该方式下，系统将按照顺控器中确定的控制顺序，自动执行各控制环节的功能，一旦系统起动后就不再需要操作人员的干预，但可以响应停止和急停操作。

2) 单步方式：在该方式下，系统在操作人员的控制下，依据控制按钮的步骤一步一步地完成整个系统的功能，但并不是每一步都需要操作人员确认。

3) 键控方式：在该方式下，各执行机构（输出端）动作需要由手动控制实现，不需要 PLC 程序。

2．顺控器

顺控器是顺序控制系统的核心，是实现按时间、顺序控制工业生产过程的一个控制装置。这里所述的顺控器专指用 S7 GRAPH 语言或 LAD 语言编写的一段 PLC 控制程序，使用顺序功能图来描述控制系统的控制过程、功能和特性。

3．命令输出

命令输出部分主要实现控制系统各控制步的具体功能，如钻、铣、终检等。

4．故障信号和运行信号

故障信号和运行信号部分主要用于处理控制系统运行过程中的故障及运行状态，如当前系统工作属于哪种方式、已经执行到哪一步，工作是否正常等。

9.2 顺序功能图

顺序功能图（Sequential Function Chart，SFC）是 IEC 标准编程语言，用于编制复杂的顺序控制程序，其编程规律性强，很容易被初学者接受。对于有经验的电气工程师，也会大大提高工作效率。

9.2.1 顺序功能图的结构

假设图 9-1 所示生产线中，当一个工件处理结束后才允许放入下一个工件，也就是说传送带上只能有一个工件。这样的顺序工作过程可用图 9-3 进行描述，这种图称为顺序功能图。顺序功能图由一系列的步（S）、每一步的转移条件及步的动作命令 3 部分组成。

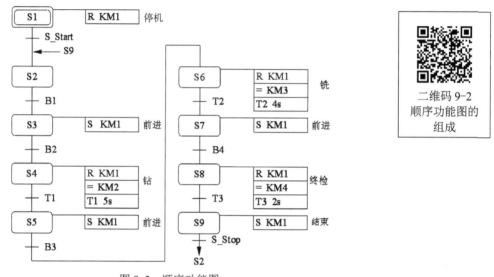

图 9-3 顺序功能图

1．步

步（Step）表示与生产流程对应的工艺过程，用 S1、S2、S3…表示，可以不按顺序使用。其中 S1 一般用来表示初始步，用双线框绘制，代表系统处于等待命令的相对静止状态。每一个顺序功能图至少应有一个初始步。系统在开始运行之前，首先应进入规定的初始步（初始状态）。

2．转移条件

转移条件是由当前步（如 S2）向下一步（如 S3）转移的条件（如 B1）。当转移条件满足时，系统自动从当前步跳到下一步（关闭当前步，激活下一步）。转移条件在当前步下面，用短水平线（若有斜线则表示取反）引出并放置在线的右边（用 S7 GRAPH 编程时则放在左边）。例如，S2 的转移条件为 B1，在 S2 被激活的情况下，若 B1="1"，则关闭 S2，激活 S3。

步的转移不一定按顺序进行。根据工艺要求，在条件满足时也可以从当前步直接跳到当前步前面的某一步或后面的某一步。例如，在 S9 被激活的情况下，若停止按钮未按下，则直接从 S9 跳到 S2。

3．动作命令

动作命令放在步序框的右边，表示与当前步有关的操作，一般用输出类指令（如输出、置位、复位等）。步相当于这些指令的子母线，这些动作命令平时不被执行，只有当对应的步被激活时才被执行。

9.2.2 顺序功能图的类型

二维码 9-3
顺序功能图的类型

顺序功能图有单流程、选择分支流程和并进分支流程 3 种基本类型。

1. 单流程

如图 9-4a 所示，从头到尾只有一条路可走（一个分支）的流程称为单流程。单流程一般做成循环单流程。

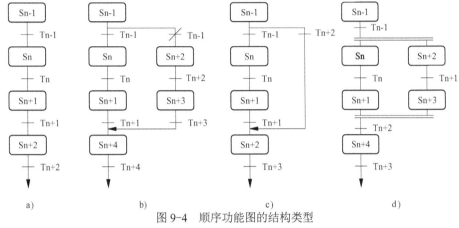

图 9-4 顺序功能图的结构类型
a) 单流程　b) 选择分支流程 1　c) 选择分支流程 2　d) 并进分支流程

2. 选择分支流程

如图 9-4b、图 9-4c 所示，流程中存在两条或两条以上路径，而只能选择其中一条路径来走，这种分支方式称为选择分支。在分支处，同一时间转移条件只能满足一个，体现选择性分支的唯一性。对于具有"自动"和"手动"2 种操作模式的顺控器，一般设计成选择分支流程。

1）选择分支的执行。以图 9-4b 为例，S_n、S_{n+1} 所在的分支和 S_{n+2}、S_{n+3} 所在的分支为两条选择分支。S_{n-1} 步的转移条件（T_{n-1}、$\overline{T_{n-1}}$）分散在各个分支中。在 S_{n-1} 被激活的状态下，若 T_{n-1} 先有效，则执行 S_n、S_{n+1} 所在分支，此后即使 $\overline{T_{n-1}}$ 有效也不再执行 S_{n+2}、S_{n+3} 所在分支；若 $\overline{T_{n-1}}$ 先有效，则执行 S_{n+2}、S_{n+3} 所在分支，此后即使 T_{n-1} 有效也不再执行 S_n、S_{n+1} 所在分支。

2）选择分支的汇合。以图 9-4b 为例，对于选择分支，被选择分支（假设为 S_n、S_{n+1} 所在分支）的最后一个步（S_{n+1}）被激活后，只要其转移条件满足（T_{n+1} 有效），就从汇合处跳出进入下一步（S_{n+4}），而不再考虑其他分支的是否被执行。

注意：作为各分支自身的转移条件，在分支处，转移条件应在分支线的下方，而不能在分支线的上方；在汇合处，转移条件应在汇合线的上方，而不能在汇合线的下方。分支线和汇合线均为单线。

3. 并进分支流程

如图 9-4d 所示，流程中若有两条或两条以上路径且必须同时执行，这种分支方式称为并进分支流程。在各个分支都执行完后,才会继续往下执行。这种有等待功能的汇合方式,称为并进汇合。

需要同时完成两种或两种以上工艺过程的顺序控制任务,必须采用并进分支流程。对于图 9-1 中的控制任务,如果要求工件可以连续不断地传送,这样在钻、铣、终检 3 个工位上则需要同时对 3 个工件分别执行钻、铣、终检操作,设计这类顺序控制系统就必须采用并进分支流程。

1) 并进分支的执行。以图 9-4d 为例,Sn、Sn+1 所在的分支和 Sn+2、Sn+3 所在的分支为一对并进分支。在步 Sn−1 处,转移条件汇集于分支之前,在 Sn−1 被激活的状态下,若转移条件满足(Tn−1 有效),则两个分支同时被执行。

2) 并进分支的汇合。以图 9-4d 为例,只有当 Sn、Sn+1 所在的分支和 Sn+2、Sn+3 所在的分支全部执行完毕后,才进行汇合,执行分支外部的状态步(Sn+4)。

注意:作为各分支公用的转移条件,在分支处,转移条件应在分支线的上方,而不能在分支线的下方;在汇合处,转移条件应在汇合线的下方,而不能在汇合线的上方。分支线和汇合线均为双线。

9.3 顺序功能图的梯形图编程方法

在 STEP 7 环境下,顺序功能图既可以用 S7 GRAPH 进行编程,也可以用梯形图编程。梯形图编程是一种通用的编程方法,适用于各个厂家各种型号的 PLC,是 PLC 工程技术人员必须掌握的编程方法。

9.3.1 简单流程的编程

以图 9-5 所示的简单流程为例,顺序功能图的每一步用梯形图编程时都需要用两个程序段来表示,第 1 个程序段实现从当前步到下一步的转换,第 2 个程序段实现转换以后的步的功能(命令)。一般用一系列的位存储器(如 M0.0、M0.1…)分别表示顺序功能图的各步(如 S1、S2、S3…)。要实现步的转换,就要用当前步及其转换条件的逻辑输出去置位下一步,同时复位当前步,图 9-5 所示简单流程示例的梯形图如图 9-6 所示。

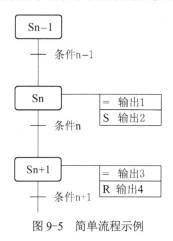

图 9-5 简单流程示例

步的输出逻辑部分可根据设备工艺要求采用一般的输出指令（如输出 1、输出 3）或保持性的置位指令（如输出 2）及复位指令（如输出 4）。

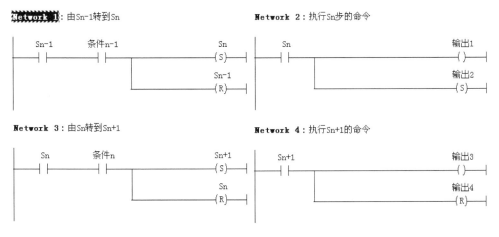

图 9-6　简单流程示例的梯形图

9.3.2　选择分支流程的编程

以图 9-7 所示的选择分支流程为例，用分支前的最后 1 步（Sn-1）及其转换条件（条件 n-1）的逻辑输出置位两个分支中 1 个分支的第 1 步（Sn 或 Sn+2），并对分支前的最后 1 步（Sn-1）复位；其中 1 个选择分支的最后 1 步（Sn+1 或 Sn+3）及其转换条件（条件 n+1 或条件 n+3）的逻辑输出置位汇合后的第 1 步（Sn+4），并对相应分支的最后 1 步（Sn+1 或 Sn+3）复位，选择分支流程示例的梯形图如图 9-8 所示。

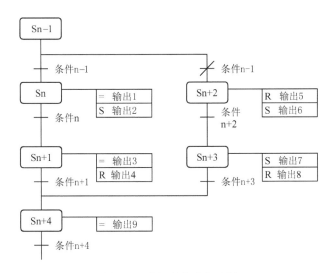

图 9-7　选择分支流程示例

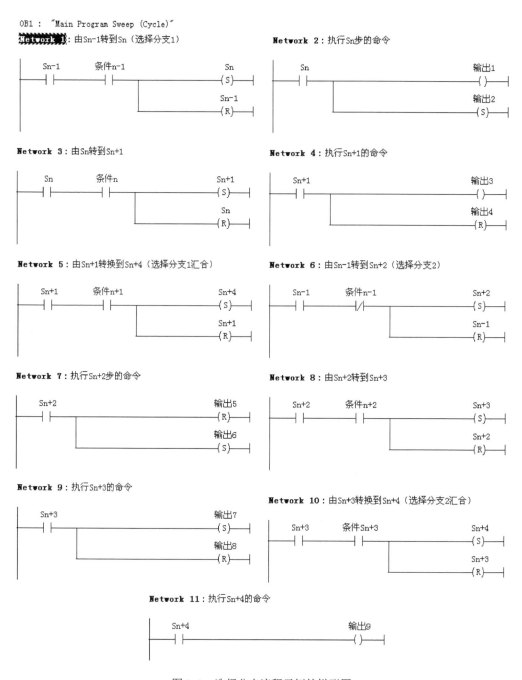

图 9-8 选择分支流程示例的梯形图

9.3.3 并进分支流程的编程

以图 9-9 所示的并进分支流程为例,用分支前的最后 1 步(Sn-1)及其转换条件(条件 n-1)的逻辑输出同时置位各并进分支的第 1 步(Sn 和 Sn+2),并对分支前的最后 1 步(Sn-1)复位;用各并进分支的最后一步(Sn+1 和 Sn+3)及其转换条件(条件 n+2)的逻辑输出置位并进分支汇合后的第 1 步(Sn+4),并对各分支的最后 1 步(Sn+1 和 Sn+3)复位，并进分支流程示例的梯形图如图 9-10 所示。

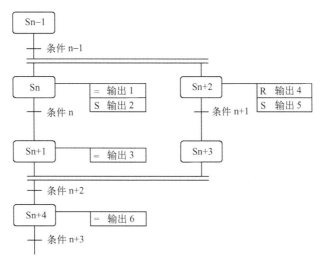

图 9-9　并进分支流程示例

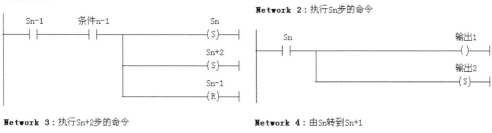

图 9-10　并进分支流程示例的梯形图

9.4 S7 GRAPH 语言

S7-300 系列 PLC 除了支持前面介绍的梯形图（LAD）、语句表（STL）及功能块图（FBD）等基本编程语言之外，如果使用可选软件包（S7 GRAPH）或 STEP 7 专业版，也能进行顺序功能图的编写。

利用 S7 GRAPH 语言，可以快速组织并编写 S7-300 系统 PLC 的顺序控制程序。一个 S7 GRAPH 的功能块（FB）最多可以编写 250 个"步"和 250 个"转换"，可以由多个 Sequencer（顺控器）组成，每个 Sequencer 最多可以编写 256 个分支、249 个并进分支及 125 个选择分支，具体容量与 CPU 的型号有关。

9.4.1 认识 S7 GRAPH 的语言环境

1. 创建使用 S7 Graph 语言的功能块 FB

在 SIMATIC Manager 窗口内单击"Blocks"文件夹，然后执行菜单命令"Insert"→"S7 Block"→"Function Block"，打开"Properties-Function Block"（FB 属性）对话框，如图 9-11 所示。

二维码 9-4
S7 GRAPH 语言的应用

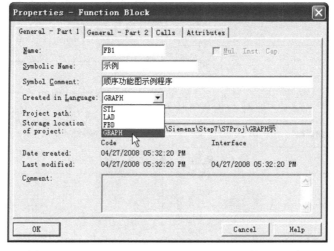

图 9-11 "Properties-Function Block"（FB 属性）对话框

在"Name"文本框中输入功能块的名称，如"FB1"；在"Symbolic Name"文本框中输入 FB 的符号名；在"Symbol Comment"文本框中可输入 FB 的说明文字；在"Created in Language"下拉列表中选择 FB 的编程语言，单击下拉列表按钮 ▼，在下拉列表内选择"GRAPH"语言。最后单击"OK"按钮确认并插入 1 个功能块 FB1。双击功能块图标 FB1，打开 S7 GRAPH 编辑器，编辑器自动为 FB1 生成了第 1 步"S1 Step1"和第一个转换"T1 Trans1"，S7 GRAPH 编辑器如图 9-12 所示。

S7 GRAPH 编辑器由生成和编辑程序的工作区、标准工具栏、视窗工具栏、浮动工具栏、详细信息窗口和浮动浏览窗口（Overview Window）等组成。View 视窗工具栏上各按钮的作用如图 9-13 所示。单击编辑器的左上方"🔓"图标，就显示出浮动工具栏和转换条件。Sequencer 浮动工具栏上各按钮的作用如图 9-14 所示。转换条件编辑工具栏上各指令的含义和移动图标如图 9-15 所示。

174

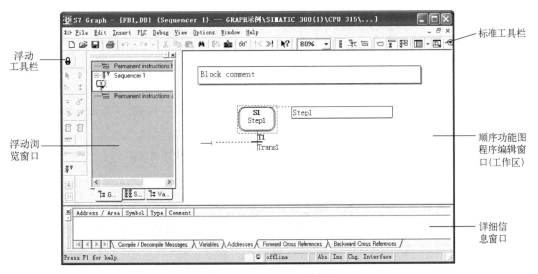

图 9-12　S7 GRAPH 编辑器

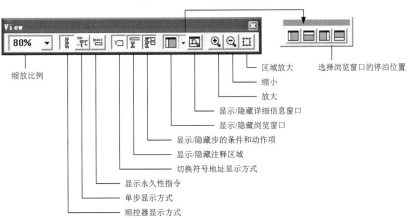

图 9-13　视窗工具栏上各按钮的作用

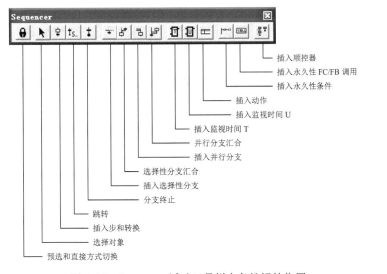

图 9-14　Sequencer 浮动工具栏上各按钮的作用

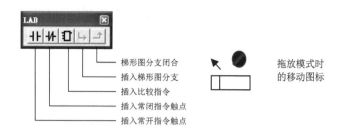

图 9-15　转换条件编辑工具栏上各指令的含义和移动图标

2．两种编辑模式

S7 GRAPH 编辑器有如下两种编辑方式。

1）直接（Direct）编辑模式。执行菜单命令"Insert"→"Direct"将进入直接编辑模式。

2）拖放（Drag-and-Drop）编辑模式。执行菜单命令"Insert"→"Drag-and-Drop"将进入拖放编辑模式。在"拖放"模式下单击工具栏中要插入的元件后，鼠标将会带着图 9-15 右边的图标移动。用图 9-14 所示工具条上最左边的"Preselected/Direct"（预选/直接）按钮可以切换两种编辑模式。

3．顺序功能图的基本框架

在直接编辑模式下，单击打开的 FB 窗口中工作区内初始步下面的转换，该转换变为淡紫色，依次单击工具条中的"步与转换"按钮，将自上而下增加步和转换。单击最下面的转换，单击工具条中的"跳步"按钮，输入跳步的目标步序号。

4．对转换条件编辑

转换条件可以用梯形图或功能块图来表示。单击转换条件中要放置的元件，在图 9-15 所示转换条件编辑工具栏中单击"插入常开指令触点"或"插入常闭指令触点"图标，用它们组成的串/并联电路来对转换条件进行编辑。生成触点后，单击触点上方的问号，可以输入转换条件的地址。

5．浏览窗口选项卡

单击图 9-13 所示工具栏上的 ▇ 图标可显示或隐藏左视窗。左视窗有 3 个选项卡："Graphic"选项卡（图形）、"Sequence"选项卡（顺控器）和"Variables"选项卡（变量），浏览窗口选项卡如图 9-16 所示。

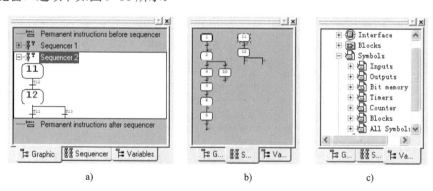

图 9-16　浏览窗口选项卡

a)"Graphic"（图形）选项卡　b)"Sequencer"（顺控器）选项卡　c)"Variables"（变量）选项卡

在"Graphic"（图形）选项卡内可浏览正在编辑的顺控器的结构，其由 Permanent instructions before sequencer（顺控器之前的永久性指令）、Sequencer（顺控器）和 Permanent instructions after sequencer（顺控器之后的永久性指令）3 部分组成。

在"Sequencer"（顺控器）选项卡内可浏览多个顺控器的结构。当一个功能块内有多个顺控器时，可使用该选项卡。

在"Variables"（变量）选项卡内可浏览编程时可能用到的各种基本元素。在该选项卡可以编辑和修改现有的变量，也可以定义新的变量。可以删除变量，但是不能编辑系统变量。

9.4.2 步与步的动作命令

一个 S7 GRAPH 顺控器由多个步组成，其中的每一步都由步序（如 S2）、步名（如 ER_SG）、转换编号（如 T8）、转换名、转换条件（Start）和步的动作等几部分组成，步的组成如图 9-17 所示。步的步序、转换编号和步名由系统自动生成，一般不需要更改，如果需要也可以由用户自己定义，但必须唯一；转换条件可用 LAD 或 FBD 指令编辑；步的动作由命令和操作数组成，左边的方框用来写入命令，右边的方框为操作数地址；动作分为标准动作和与事件有关的动作，动作中可以有定时器、计数器和算术运算。

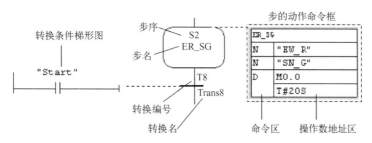

图 9-17 步的组成

（1）常用的标准动作

常用的标准动作如表 9-1 所示。

表 9-1 标准动作中的命令

命 令	操作数类型	功 能 说 明
N	Q、I、M、D	输出：只要该步为活动步，该命令所对应的操作数就会输出"1"；该步变为非活动步时，该命令所对应的操作数为"0"
S	Q、I、M、D	置位：只要该步为活动步，该命令所对应的操作数就会被置位为"1"并保持；当该步变为非活动步时，该命令所对应的操作数可以被其他活动步的复位命令复位为"0"
R	Q、I、M、D	复位：只要该步为活动步，该命令所对应的操作数就会被复位为"0"并保持；当该步变为非活动步时，该命令所对应的操作数可以被其他活动步的置位命令置为"1"
D	Q、I、M、D	延迟：当该步变为活动步时，开始倒计时（时间由 T#xx 指定），如果计时到，则与命令对应的操作数输出"1"；当该步变为非活动步时，则与命令对应的操作数为"0"
L	Q、I、M、D	脉冲限制：当该步变为活动步时，与命令对应的操作数为"1"并开始倒计时（时间由 T#xx 指定），如果计时到，则操作数为"0"；当该步为非活动步时，操作数为"0"
CALL	FC、FB、SFC、SFB	块调用：只要该步为活动步，指定的块被调用

(2) 互锁命令

对标准动作可以设置互锁（Interlock），仅在步处于活动状态且互锁条件满足时，有互锁的动作才被执行。标准动作中的互锁命令如表 9-2 所示。

表 9-2 标准动作中的互锁命令

命　令	操作数类型	功　能　说　明
NC	Q、I、M、D	输出：当该步为活动步且互锁条件满足时，该命令所对应的操作数为"1"；该步变为非活动步时，该命令所对应的操作数为"0"
SC	Q、I、M、D	置位：当该步为活动步且互锁条件满足时，该命令所对应的操作数就会被置位为"1"并保持；当该步变为非活动步时，该命令所对应的操作数可以被其他活动步的复位命令复位为"0"
RC	Q、I、M、D	复位：当该步为活动步且互锁条件满足时，该命令所对应的操作数就会被复位为"0"并保持；当该步变为非活动步时，该命令所对应的操作数可以被其他活动步的置位命令置为"1"
DC	Q、I、M、D	延迟：当该步为活动步且互锁条件满足时，开始倒计时（时间由 T#xx 指定），如果计时到，则操作数为"1"；当该步变为非活动步时，则操作数为"0"
LC	Q、I、M、D	脉冲限制：当该步为活动步且互锁条件满足时，与该命令对应的操作数为"1"并开始倒计时（时间由 T#xx 指定），如果计时到，则操作数为"0"；当该步为非活动步时，操作数为"0"
CALLC	FC、FB、SFC、SFB	块调用：当该步为活动步且互锁条件满足时，指定的块被调用

双击某一步的步序框时，显示对步的 Supervision（监控条件）和 Interlock（互锁条件），如图 9-18 所示，其中 C 表示互锁条件，V 表示监控条件。单击 C 可以加入互锁条件，如图 9-19 所示，加入 M0.0 互锁条件。返回顺序功能图后，在步序框的左上角出现一个 C 标志，表示当前步有互锁条件，如图 9-20 所示。

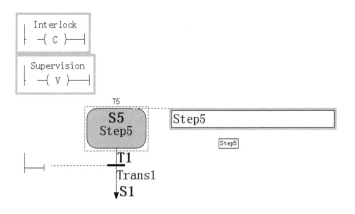

图 9-18 对步的监控和互锁条件

如果单击 V 可以加入监控功能，加入对步的监控条件，返回顺序功能图后，在步序框的左下角出现一个 V 标志，表示当前步有监控条件。

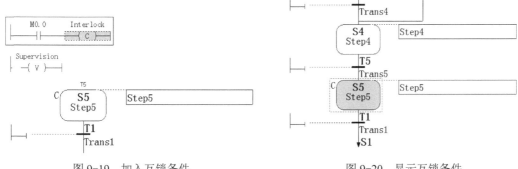

图 9-19 加入互锁条件　　　　　　图 9-20 显示互锁条件

（3）动作事件

动作可以与事件结合，事件是指步、监控信号、互锁信号的状态变化、信息（Message）的确认（Acknowledgment）或记录（Registration）信号被置位等。事件的发生时间如图 9-21 所示，控制动作的事件的意义如表 9-3 所示。命令只能在事件发生的那个循环周期执行。

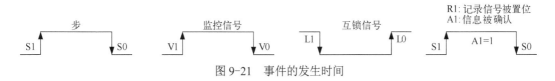

图 9-21 事件的发生时间

表 9-3 控制动作的事件的意义

事件	事件的意义	事件	事件的意义
S1	步变为活动步	S0	步变为非活动步
V1	发生监控错误（有干扰）	V0	监控错误消失（无干扰）
L1	互锁条件解除	L0	互锁条件变为"1"
A1	信息被确认	R1	在输入信号的上升沿，记录信号被置位

（4）ON 命令与 OFF 命令

用 ON 命令或 OFF 命令可以使命令所在步之外的其他步变为活动步或非活动步。ON 和 OFF 命令取决于"步"事件，即该事件决定了该步变为活动步或非活动步的时间，这两个命令可以与互锁条件组合，即可以使用命令 ONC 和 OFFC。指定的事件发生时，可以将指定的步变为活动步或非活动步。如果命令 OFF 的操作数标识符为 S_ALL，可以将除了命令"S1（V1，L1）OFF"所在的步之外的其他步全部变为非活动步。步的动作如图 9-22 所示，当步 8 变为活动步时，各动作按下述方式执行。

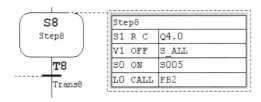

图 9-22 步的动作

当 S8 变为活动步且互锁条件满足时,命令"S1　R　C"使输出 Q4.0 复位为"0"并保持为"0";一旦监控错误发生(出现 V1 事件),除了动作中命令"V1　OFF"所在步 S8 外,其他的活动步均变为非活动步;S8 变为非活动步时(出现事件 S0),步 S5 变为活动步;只要互锁条件满足(出现 L0 事件),就调用指定的功能块 FB2。

(5) 动作中的计数器

动作中计数器的执行与指定的事件有关。互锁功能可以用于计数器。对于有互锁功能的计数器,只有在互锁条件满足且指定的事件出现时,动作中的计数器才会计数。计数值为 0 时计数器的位变量为"0",计数值非 0 时计数器的位变量为"1"。

事件发生时,计数器指令 CS 将初值装入计数器。CS 指令下面一行是要装入的计数器的初值,它可以由 IW、QW、MW、LW、DBW、DIW 来提供,或用常数 C#0~C#999 的形式给出。事件发生时,CU、CD、CR 指令使计数值对应加 1、减 1、将计数值复位为 0。计数器命令与互锁组合时,命令后面要加上"C"。

(6) 动作中的定时器

动作中的定时器与计数器的使用方法类似,事件出现时定时器被执行。互锁功能也可以用于定时器。

1) TL 命令。TL 是扩展的脉冲定时器命令,该命令的下面一行是定时器的定时时间"time"。定时器位没有闭锁功能。定时器的定时时间可以由 IW、QW、MW、LW、DBW、DIW 来提供,或用 S5T#time_constant 的形式给出,"#"后面是时间常数值。

一旦事件发生,定时器立即被起动,起动后将继续定时,而与互锁条件和步是否是活动步无关。在"time"指定的时间内,定时器的位变量为"1",此后变为"0"。正在定时的定时器可以被新发生的事件重新起动。重新起动后,在"time"指定的时间内,定时器的位变量为"1"。

2) TD 命令。TD 命令用来实现定时器位有闭锁功能的延迟。一旦事件发生定时器立即被起动,互锁条件 C 仅仅在定时器被起动的那一时刻起作用。定时器被起动后将继续定时,而与互锁条件和步的活动性无关。在"time"指定的时间内,定时器的位变量为"0"。正在定时的定时器可以被新发生的事件重新起动。重新起动后,在"time"指定的时间内,定时器的位变量为"0",定时时间到时,定时器的位变量变为"1"。

3) TR 命令。TR 是复位定时器命令。一旦事件发生定时器立即停止定时,定时器位与定时值被复位为"0"。

以图 9-23 所示的步 S3 为例,当该步变为活动步时,事件 S1 使计数器 C4 的值加 1;C4 可以用来统计 S3 变为活动步的次数;只要步 S3 变为活动步,事件 S1 使 MW0 的值加 1;S3 变为活动步后 T3 开始定时,定时器 T3 的位变量为"0"状态,5 s 后定时器 T3 的位变量变为"1"状态。

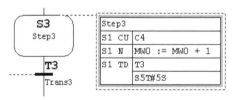

图 9-23　步 S3 示例

除了命令 D(延迟)和 L(脉冲限制)外,其他命令都可以与事件组合使用。常用命令组合示例及说明如表 9-4 所示。

表 9-4 常用命令组合示例及说明

动作命令	命令执行的对象	说　　明
N（C）	Q4.0	当该步被激活（且互锁条件满足时），Q4.0 为"1"并保持一个扫描周期
S（C）	Q4.0	当该步被激活（且互锁条件满足时），Q4.0 为"1"并保持
R（C）	Q4.0	当该步被激活（且互锁条件满足时），Q4.0 为"0"并保持
S1　N（C）	Q4.0	在该步被激活瞬间（且互锁条件满足时），Q4.0 为"1"并保持一个扫描周期
S0　N（C）	Q4.0	在该步变为非活动步的瞬间（且互锁条件满足时），Q4.0 为"1"并保持一个扫描周期
V1　N（C）	Q4.0	在发生监控错误的瞬间（且互锁条件满足时），Q4.0 为"1"并保持一个扫描周期
V0　N（C）	Q4.0	在监控错误消失的瞬间（且互锁条件满足时），Q4.0 为"1"并保持一个扫描周期
L1　N（C）	Q4.0	在互锁条件解除的瞬间（且互锁条件满足时），Q4.0 为"1"并保持一个扫描周期
L0　N（C）	Q4.0	在互锁条件变为"1"的瞬间（且互锁条件满足时），Q4.0 为"1"并保持一个扫描周期
A1　N（C）	Q4.0	在信息被确认的瞬间（且互锁条件满足时），Q4.0 为"1"并保持一个扫描周期
S1　S（C）	Q4.0	在该步被激活瞬间（且互锁条件满足时），Q4.0 为"1"并保持
S0　S（C）	Q4.0	在该步变为非活动步的瞬间（且互锁条件满足时），Q4.0 为"1"并保持
V1　S（C）	Q4.0	在发生监控错误的瞬间（且互锁条件满足时），Q4.0 为"1"并保持
S1　R（C）	Q4.0	在该步被激活瞬间（且互锁条件满足时），Q4.0 为"0"并保持
S1　CALL（C）	FB1	在该步被激活瞬间（且互锁条件满足时），FB1 被调用一次
S1　ON（C）	S8	在该步被激活瞬间（且互锁条件满足时），S8 步被激活
S1　OFF（C）	S8	在该步被激活瞬间（且互锁条件满足时），S8 步变为非活动
S1　OFF（C）	S_ALL	在该步被激活瞬间（且互锁条件满足时），所有步均变为非活动步
S1　SC（C）	C10	在该步被激活瞬间（且互锁条件满足时），将计数器 C10 的当前值为 36（有效范围是 0~999）
	C#36	
S1　CU（C）	C10	在该步被激活瞬间（且互锁条件满足时），C10 加 1
S1　CD（C）	C10	在该步被激活瞬间（且互锁条件满足时），C10 减 1
S1　CR（C）	C10	在该步被激活瞬间（且互锁条件满足时），C10 被复位
S1　TD（C）	T8	在该步被激活瞬间（且互锁条件满足时），定时器 T8 开始以接通延时定时器的方式进行 10 s 定时，定时时间到，T8 输出为"1"
	S5T#10S	
S1　TL（C）	T8	在该步被激活瞬间（且互锁条件满足时），定时器 T8 开始按 MW10 给定的时间以扩展脉冲定时器的方式进行定时，定时时间到，T8 输出为"0"
	MW10	
S1　TR（C）	T8	在该步被激活瞬间（且互锁条件满足时），T8 被复位

9.4.3　在主程序中调用 S7 GRAPH 功能块

1. S7 GRAPH 功能块的参数集

在 S7 GRAPH 编辑器中执行菜单命令"Option"→"Block Setting"可打开用于 S7 GRAPH 功能块参数设置的"Block Settings"对话框，设置 FB 参数集，如图 9-24 所示。

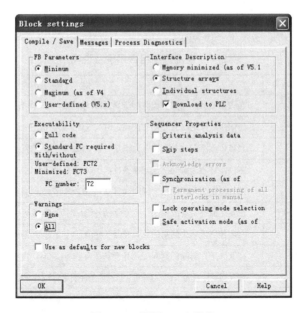

图 9-24　设置 FB 参数集

在"FB Parameters"区域有 4 个单选按钮："Minimum（最小参数集）"、"Standard（标准参数集）"、"Maximum（最大参数集）"、"User-defined（用户自定义参数集）"。S7 GRAPH 功能块的参数集如图 9-25 所示，不同的参数集所对应的功能块图符不同。S7 GRAPA 功能块（FB）的输入参数、S7 GRAPH 功能块（FB）的输出参数分别如表 9-5 和表 9-6 所示。

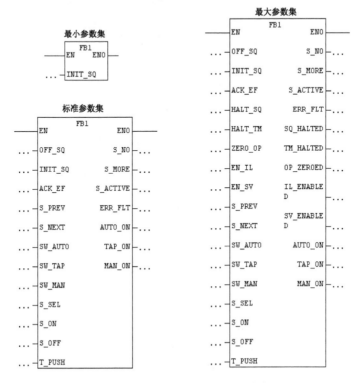

图 9-25　S7 GRAPH 功能块的参数集

表 9-5 S7 GRAPH 功能块（FB）的输入参数

名 称	数据类型	参 数 说 明	最小参数集	标准参数集	最大参数集	自定义参数集
EN	BOOL	使能输入，控制 FI3 的执行，如果直接连接 EN，将一直执行 FB	√	√	√	√
OFF_SQ	BOOL	OFF_SEQUENCE：关闭顺序控制器，使所有的步变为非活动步		√	√	√
INIT_SQ	BOOL	INIT_SEQUENCE：激活初始步，复位顺序控制器	√	√	√	√
ACK_EF	BOOL	ACKNM_ERROR_FAUL：确认错误和故障，强制切换到下一步		√	√	√
REG_EF	BOOL	REGISISTRATE_ERROR_FAUL：记录所有的错误和干扰				√
ACK_S	BOOL	ACKNOWLEDGE_STEP：确认在 S_NO 参数中指明的步				√
REG_S	BOOL	REGISISRATE_STEP：记录在 S_NO 参数中指明的步				√
HALT_SQ	BOOL	HALT_SEQUENCE：暂停后重新激活顺控器			√	√
HALT_TM	BOOL	HALT_TIMES：暂停后重新激活所有步的活动时间和顺控器与时间有关的命令（L 和 N）				√
ZERO_OP	BOOL	ZERO_OPERANDS：将活动步中带有标识符 L、N 和 D 的所有操作数复位为 0，但不执行动作/重新激活的操作数和 CALL 指令			√	√
EN_IL	BOOL	ENABLE_INTERLOCKS：禁用互锁（顺控程序的执行方式与满足互锁条件时相同）/重新启用			√	√
EN_SV	BOOL	ENABLE_SUPERVISIONS：禁用监控条件（顺控程序的执行方式与满足互锁条件时相同）/重新启用			√	√
EN_ACKREQ	BOOL	ENABLE_ACKNOWLEDGE_REQUIRED：激活强制确认请求				√
DISP_SACT	BOOL	DISPLAY_ACTIVE_STEPS：只显示活动步				√
DISP_SEF	BOOL	DISPLAY_STEPS_WITH_ERROR_OR_FAULT：只显示有错误和故障的步				√
DISP_SALL	BOOL	DISPLAY_ALL_STEPS：显示所有的步				√
S_PREV	BOOL	PREVIOUS_STEP：自动模式从当前活动步后退一步，步序号在 S_NO 中显示；手动模式下在 S_NO 参数中指明序号较低的前一步		√	√	√
S_NEXT	BOOL	NEXT_STEP：自动模式下从当前活动步前进一步，步序号在 S_NO 中显示；手动模式下在 S_NO 参数中显示下一步（下一个序号较高的步）		√	√	√
SW_AUTO	BOOL	SWITCH_MODE_AUTOMATIC：切换到自动模式		√	√	√
SW_TAP	BOOL	SWITCH_MODE_TRANSITION_AND_PUSH：切换到 Inching（半自动）模式		√	√	√
SW_TOP	BOOL	SWITCH_MODE_TRANSITION_OR_PUSH：切换到"自动或转向下一步"模式				√
SW_MAN	BOOL	SWITCH_MODE_MANUAL：切换到手动模式，不能触发自动执行		√	√	√
S_SEL	INT	STEP_SELECT：选择用于输出参数 S_ON 的指定的步，手动模式用 S_ON 和 S_OFF 激活或禁止步		√	√	√
S_SELOK	BOOL	STEP_SELECT_OK：将 S_SEL 中的数值用于 S_ON				√
S_ON	BOOL	STEP_ON：在手动模式激活显示的步		√	√	√
S_OFF	BOOL	STEP_OFF：在手动模式使显示的步变为非活动步		√	√	√
T_PREV	BOOL	PREVIOUS_TRANSITION：在 T_NO 参数中显示前一个有效的转换				√
T_NEXT	BOOL	NEXT_TRANSITION：在 T_NO 参数中显示下一个有效的转换				√
T_PUSH	BOOL	PUSH_TRANSITION：条件满足并且在 T_PUSH 的上升沿时转换实现，只用于单步和"Automatic or Step-by-step (SW_TOP)"模式；如果块是 V4 或更早的版本，第一个有效的转换将实现；如果块的版本为 V5 且设置了输入参数 T_NO，被显示编号的转换将实现，否则第一个有效转换将实现		√	√	√
EN_SSKIP	BOOL	ENABLE_STEP_SKIPPING：激活跳步				√

表9-6 S7 GRAPH 功能块（FB）的输出参数

名 称	数 据 类 型	参 数 说 明	最小参数集	标准参数集	最大参数集	自定义参数集
ENO	BOOL	Enable output：使能输出，FB 被执行且没有出错，ENO 为1，否则为0	√	√	√	√
S_NO	INT	STEP_NUMBER：显示步的编号		√	√	√
S_MORE	BOOL	MORE_STEPS：有其他步是活动步		√	√	√
S_ACTIVE	BOOL	STEP_ACTIVE：被显示的步是活动步		√	√	√
S_TIME	TIME	STEP_TIME：步变为活动步的时间				√
S_TIMEOK	TIME	STEP_TIME_OK：在步的活动期内没有错误发生				√
S_CRITLOC	DWORD	STEP_CRITERIA_INTERLOCK：互锁条件位				√
S_CRITLOCERR	DWORD	S_CRITERIA_IL_LAST_ERROR：用于 L1 事件的互锁标准位				√
S_CRITSUP	DWORD	STEP_CRITERIA_SUPERVISION：监控条件位				√
S_STATE	WORD	STEP_STATE：步的状态位				√
T_NO	INT	NUMBER_TRANSITION：有效的转换编号				√
T_MORE	BOOL	TRANSITIONS_MORE：其他用于显示的有效转换				√
T_CRIT	DWORD	TRANSITION_CRITERIA：转换的标准位				√
T_CRITOLD	DWORD	T_CRITERIA_LAST_CYCLE：前一周期的转换标准位				√
T_CRITFLT	DWORD	T_CRITERIA_LAST_FAULT：事件 VI 的转换标准位				√
ERROR	BOOL	INTERLOCK_ERROR：任何一步的互锁错误				√
FAULT	BOOL	SUPERVISION_FAULT：任何一步的监控错误				√
ERR_FLT	BOOL	IL_ERROR_OR_SV_FAULT：组故障	√	√	√	√
SQ_ISOFF	BOOL	SEQUENCE_IS_OFF：顺控器完全停止（没有活动步）				√
SQ_HALTED	BOOL	SEQUENCE_IS_HALTED：顺控器暂停			√	√
TM_HALTED	BOOL	TIMES_ARE_HALTED：定时器停止			√	√
OP_ZEROED	BOOL	OPERANDS_ARE_ZEROED：操作数被复位			√	√
IL_ENABLED	BOOL	INTERLOCK_IS_ENABLED：互锁被使能			√	√
SV_ENABLED	BOOL	SUPERVISION_IS_ENABLED：监控被使能			√	√
ACKREQ_ENABLED	BOOL	ACKNOWLEDGE_REQUIRED_IS_ENABLED：强制确认被激活				√
SSKIP_ENABLED	BOOL	STEP_SKIPPING_IS_ENABLED：跳步被激活				√
SACT_DISP	BOOL	ACTIVE_STEPS WEREDISPLAYED：只显示 S_NO 中的活动步				√
SEF_DISP	BOOL	STEPS_WITH_ERROR_FAULT_WERE_DISPLAYED：在 S_NO 参数中只显示出错的步和有故障的步				√
SALL_DISP	BOOL	ALL_STEPS_WERE_DISPLAYED：在 S_NO 参数中显示所有的步				√
AUTO_ON	BOOL	AUTOMATIC_IS_ON：显示自动模式		√	√	√
TAP_ON	BOOL	T_AND_PUSH_IS_ON：显示单步自动模式		√	√	√
TOP_ON	BOOL	T_OR_PUSH_IS_ON：显示 SW_TOP 模式			√	√
MAN_ON	BOOL	MANUAL_IS_ON：显示手动模式		√	√	√

2. 在主程序中调用功能块

完成了对 S7 GRAPH 程序 FB 的编辑后,将在 SIMATIC 管理器中生成 FB 的背景数据块 DB。打开"Block"文件夹,单击"OB1"图标打开梯形图编辑器。选中网络中水平线,打开编辑器左侧浏览窗口的"FB blocks"文件夹,双击 FB 图标,编辑器右侧窗口中将出现 FB 的方框,在方框上方输入 FB 的背景数据块 DB 的名称,保存 OB1,在主程序中调用功能块如图 9-26 所示。

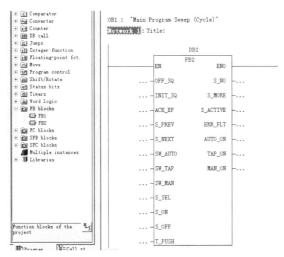

图 9-26 在主程序中调用功能块

9.5 技能训练 洗车的控制

顺序控制是区别于组合逻辑控制的另外一种控制方式,比较适合流水作业式的工业控制系统。下面通过对洗车控制系统的设计与调试,说明如何用梯形图语言及 S7 GRAPH 语言设计顺序控制系统。

图 9-27 所示为洗车控制系统布置图,系统设置"自动"和"手动"两种控制方式,能够实现对汽车的自动或手动清洗。

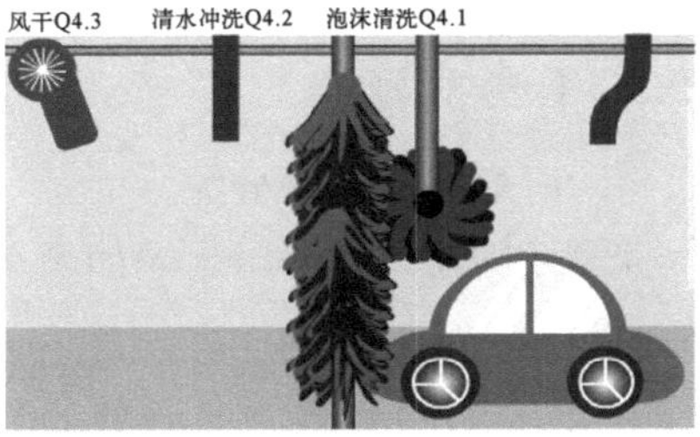

9.5.1 控制要求

洗车过程包含 3 道工艺:泡沫清洗、清水冲洗和

图 9-27 洗车控制系统布置图

风干。若选择开关置于"手动"方式,按起动按钮,执行泡沫清洗→按冲洗按钮后执行清水冲洗→按风干按钮后风干→按结束按钮结束洗车作业;若选择方式开关置于"自动"方式,按起动按钮,则自动执行洗车流程(泡沫清洗 20 s→清水冲洗 30 s→风干 15 s→结束→回到待洗状态)。洗车过程结束需响铃提示,任何时候按下停止按钮 S_Stop,则立即停止洗车作业。

9.5.2 任务分析

分析系统的工作过程,由于"手动"和"自动"工作方式二者只能选择其一,因此使用选择分支来实现,顺序功能图如图 9-28a 所示。初始状态为 S1,待洗状态用 S2 表示;洗车作业流程包括泡沫清洗、清水冲洗、风干 3 个工序，因此在"自动"和"手动"方式下可分别用 3 个状态来表示。自动方式使用 S3～S5，手动方式使用 S6～S8。洗车作业完成状态使用 S9。

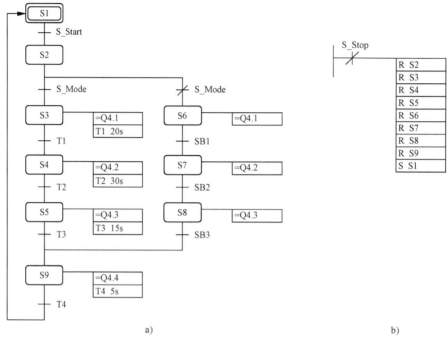

图 9-28 洗车系统控制程序

a) 顺序功能图　b) 复位信号

为了保证按停止按钮时系统中的所有设备都能够立即停机，需在顺序功能图之外设计停机控制程序，如图 9-28b 所示。

9.5.3 任务实施

1. PLC 系统资源分配

洗车控制系统元件分配表如表 9-7 所示。

表 9-7 洗车控制系统元件分配表

符 号	元件地址	说 明	符 号	元件地址	说 明
S_Mode	I0.0	方式选择开关，"1"为自动；"0"为手动	S4	M10.3	步序4
			S5	M10.4	步序5
S_Start	I0.1	起动按钮，常开	S6	M10.5	步序6
S_Stop	I0.2	停止按钮，常闭	S7	M10.6	步序7
SB1	I0.3	清水冲洗按钮，常开	S8	M10.7	步序8
SB2	I0.4	风干按钮，常开	S9	M11.0	步序9
SB3	I0.5	结束按钮，常开			
KM1	Q4.1	控制泡沫清洗电动机		M0.0	Q4.1 的输出缓冲
KM2	Q4.2	控制清水冲洗电动机		M0.1	
KM3	Q4.3	控制风干机		M0.2	Q4.2 的输出缓冲

(续)

符 号	元件地址	说 明	符 号	元件地址	说 明
HA	Q4.4	声光提示器		M0.3	Q4.2 的输出缓冲
S1	M10.0	初始步		M0.4	Q4.3 的输出缓冲
S2	M10.1	步序 2		M0.5	
S3	M10.2	步序 3			

2．设计梯形图程序

编写程序时，将顺序功能图 9-28a 转换为梯形图，并放置在一个功能（FC）子程序中，选择分支流程的梯形图实现如图 9-29～图 9-31 所示。在 OB1 中调用顺序功能图并编写停止控制程序，如图 9-32 所示。这样在系统运行期间，只要按停止按钮，立即设置初始状态 S1 并将其他状态（S2～S9）复位。在启动组织块 OB100 中对系统进行初始化，如图 9-33 所示。

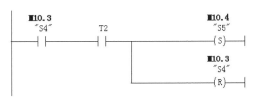
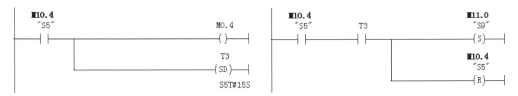

图 9-29 选择分支流程的梯形图实现（分支 1）

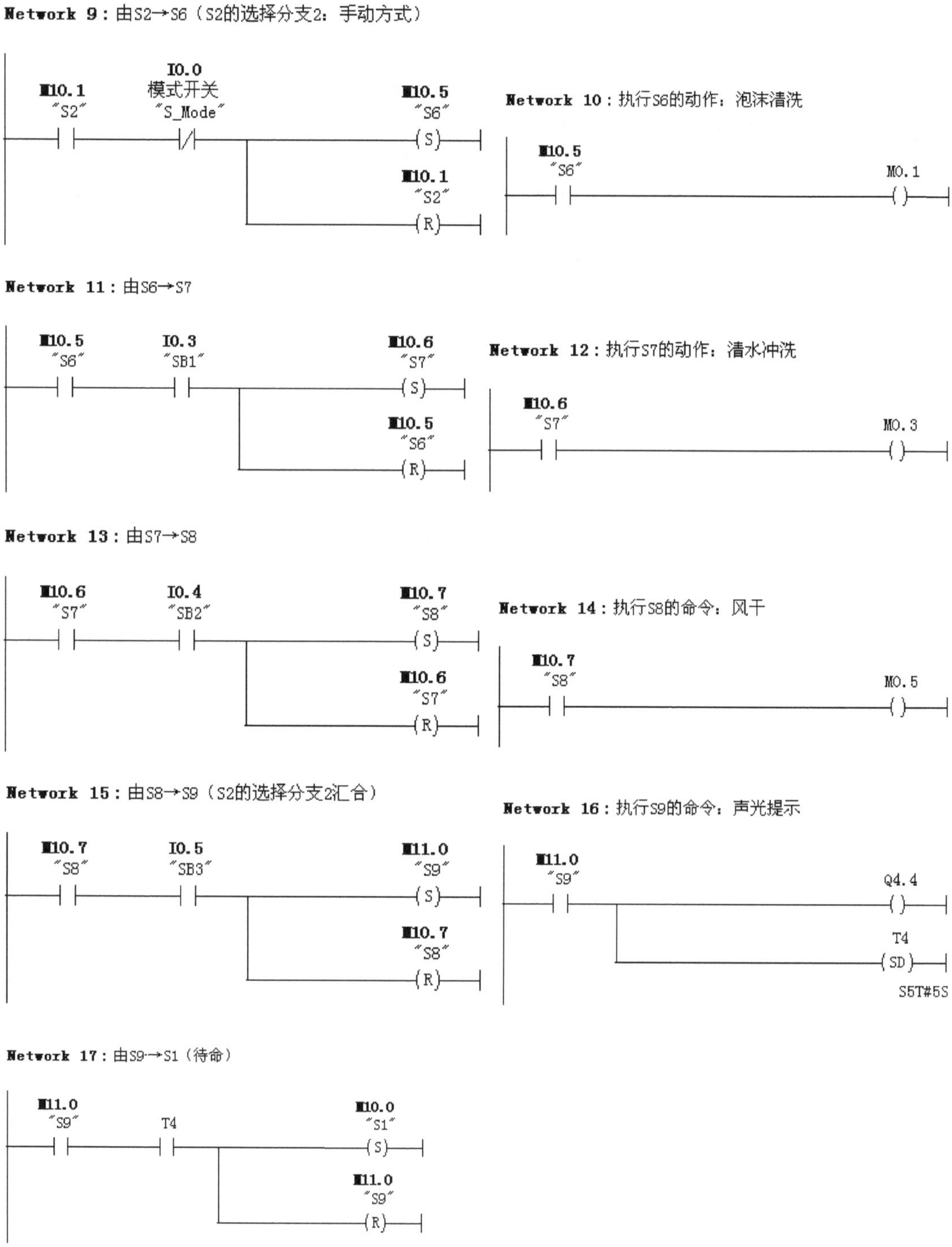
Network 9：由S2→S6（S2的选择分支2：手动方式）
M10.1
"S2"
I0.0
模式开关
"S_Mode"
M10.5
"S6"
S
M10.1
"S2"
R
Network 10：执行S6的动作：泡沫清洗
M10.5
"S6"
M0.1
Network 11：由S6→S7
M10.5
"S6"
I0.3
"SB1"
M10.6
"S7"
S
M10.5
"S6"
R
Network 12：执行S7的动作：清水冲洗
M10.6
"S7"
M0.3
Network 13：由S7→S8
M10.6
"S7"
I0.4
"SB2"
M10.7
"S8"
S
M10.6
"S7"
R
Network 14：执行S8的命令：风干
M10.7
"S8"
M0.5
Network 15：由S8→S9（S2的选择分支2汇合）
M10.7
"S8"
I0.5
"SB3"
M11.0
"S9"
S
M10.7
"S8"
R
Network 16：执行S9的命令：声光提示
M11.0
"S9"
Q4.4
T4
SD
S5T#5S
Network 17：由S9→S1（待命）
M11.0
"S9"
T4
M10.0
"S1"
S
M11.0
"S9"
R

图 9-30　选择分支流程的梯形图实现（分支 2）

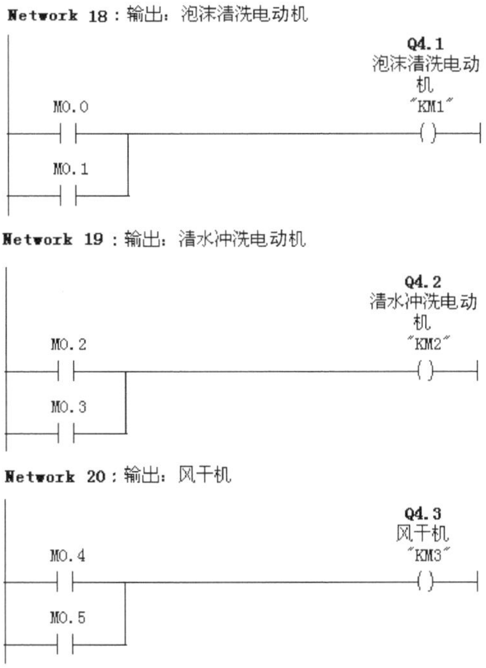

图 9-31 选择分支流程的梯形图实现（输出控制）

图 9-32 在OB1中调用顺序功能图并编写停止控制程序

图 9-33 在OB100中设置初始步

在 OB1 和 OB100 程序中，MW10 由 MB10（高字节）和 MB11（低字节）组成，而 S1～S9 分别与 M10.0～M11.0 对应。当系统为初始状态时 S1=1，对应的 M10.0=1，用 MW10 表示的数据为 W#16#100。

3. 设计 GRAPH 语言程序

编写 GRAPH 程序时，先建立一个功能块 FB1，根据顺序功能图 9-28a 在 FB1 块中将设计好的顺序功能图转换为 S7 GRAPH 功能块，如图 9-34 所示。完成了对 S7 GRAPH 程序 FB1 的编辑后，在主程序块 OB1 中生成 FB1 的背景数据块 DB1，并选择标准参数集，如图 9-35 所示。为了保证按停止按钮时系统中的所有设备都能够立即停机，需在参数集的 INIT_SQ（激活初始步，复位顺序控制器）输入端给出一个停止信号。

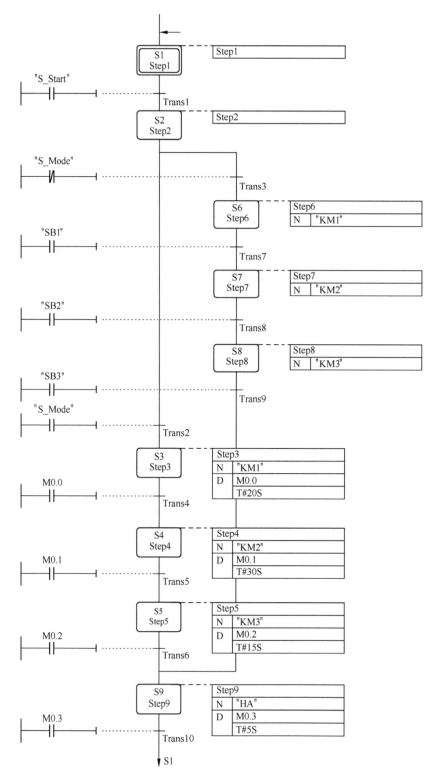

图 9-34 功能块 FB1 中的 S7 GRAPH 功能块

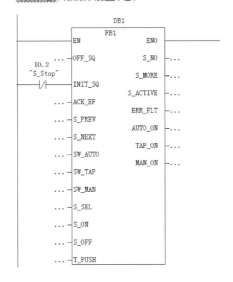

图 9-35 OB1 中生成 FB1 的背景数据块 DB1

9.5.4 方案调试

系统采用仿真调试。首先打开仿真工具 PLCSIM，然后将硬件配置数据并将 OB1、FC1、OB100 下载到 PLC，在 PLCSIM 窗口内添加 IB0、QB4、MB10 及 MB11 等变量并进行符号表的匹配。打开 FC1 并切换到监视状态，将 PLC 置"RUN"模式，然后按表 9-8 准备调试数据，并记录调试结果。

表 9-8 洗车控制系统调试数据

步骤	操作前的状态				需手动操作的对象	活动步	操作后的状态（参考）			
	Q4.1	Q4.2	Q4.3	Q4.4			Q4.1	Q4.2	Q4.3	Q4.4
1	0	0	0	0	勾选 I0.0 和 I0.2，勾选 I0.1 并取消	S3	1	0	0	0
2	1	0	0	0	20 s 后	S4	0	1	0	0
3	0	1	0	0	30 s 后	S5	0	0	1	0
4	0	0	1	0	15 s 后	S9	0	0	0	1
5	0	0	0	1	5 s 后	S1	0	0	0	0
6	0	0	0	0	取消勾选 I0.0，勾选 I0.1 并取消	S6	1	0	0	0
7	1	0	0	0	勾选 I0.3 并取消	S7	0	1	0	0
8	0	1	0	0	勾选 I0.4 并取消	S8	0	0	1	0
9	0	0	1	0	勾选 I0.5 并取消	S9	0	0	0	1
10	0	0	0	1	5 s 后	S1	0	0	0	0
11	0	0	0	0	勾选 I0.0 和 I0.2，勾选 I0.1 并取消	S3	1	0	0	0
12	1	0	0	0	20 s 后	S4	0	1	0	0
13	0	1	0	0	取消然后再勾选 I0.2	S1	0	0	0	0
14	0	0	0	0	勾选 I0.1 并取消	S3	1	0	0	0

9.6 习题

1. 顺序功能图主要由_____、_____、_____三部分组成。
2. 顺序功能图主要有_____、_____、_____三种类型。
3. 选择性分支流程中,在分支处,转移条件应该在分支线的_____方,在汇合处,转移条件应该在分支线的_____方。分支线和汇合线均为_____线。
4. 并进分支流程中,在分支处,转移条件应该在分支线的_____方,在汇合处,转移条件应该在分支线的_____方。分支线和汇合线均为_____线。
5. 用顺序功能图设计习题 5.5 中第 4 题的小车控制程序。
6. 用顺序功能图并行性分支设计习题 4.4 中第 15 题的十字路口交通灯控制程序。
7. 设计运料小车控制程序,要求如下:开始时小车停在原位(SQ1 处),当按下起动按钮(SB1)时,小车前进(KM1);当运行到料斗下方(SQ2 处)时,小车停止前进,料斗底门(YV1)打开加料,延时 10 s 料斗底门关闭,小车后退(KM2)至 SQ1 处停止后退,开门卸料(KM2),8 s 后卸料完毕关门,开始下一个循环。按下停止按钮(SB2),小车完成本次循环停在原位。
8. 设计电动葫芦提升机构的动负荷试验的程序,要求如下:当按下起动按钮 SB 时,上升 5 s 后停 7 s,然后下降 5 s,再停 7 s,反复运行 30 min,停止运行,并发出声光报警信号。
9. 设计工业洗衣机的控制程序,要求如下:当按下起动按钮 SB 时,开始进水,水位到达高水位时停止进水,开始洗涤正转 15 s,暂停 3 s,然后反转 15 s,暂停 3 s 完成一个小循环。小循环完成 3 次开始排水,水位下降到低水位时开始脱水,同时继续排水,脱水 10 s 完成一个大循环,大循环完成 3 次,则发出声光报警 10 s,提醒取衣物,控制过程结束。
10. 图 9-36 所示是由 3 条传送带和料斗组成的物料三级输送系统,为防止物料堆积,要求按下起动按钮后,首先 3 号传送带开始工作,2 s 后 2 号传送带自动起动,再过 2 s 后 1 号传送带自动起动,再过 2 s 后料斗底门打开。按停止按钮后,停机的顺序与起动的顺序相反,间隔为 2 s。试进行 PLC 端口分配,并设计控制梯形图。如果起动中途按下停止按钮,没有起动的电动机不再起动,起动后的皮带按照起动的顺序进行逆序停止。试用顺序功能图进行 PLC 程序设计、调试。

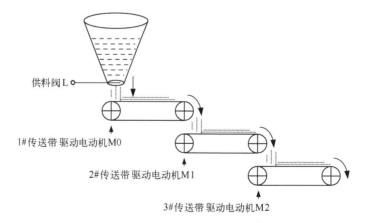

图 9-36 多级传送带的工艺流程图

第10章 PLC通信

10.1 西门子PLC网络

西门子PLC网络结构示意图如图10-1所示。

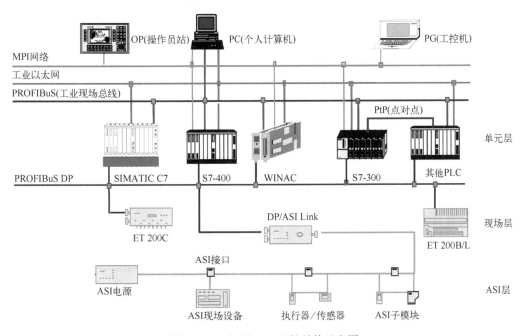

图10-1 西门子PLC网络结构示意图

为了满足在单元层（时间要求不严格）和现场层（时间要求严格）的不同要求，SIEMENS提供了MPI、PROFIBUS DP、PROFINET、PtP、ASI等多种通信协议。

1）MPI网络：可用于单元层，它是SIMATIC S7和C7的多点通信接口。MPI本质上是一个PG接口，它被设计用来连接PG（启动和测试时）和OP（人-机接口）。MPI网络只能用于连接少量的CPU。

2）工业以太网（Industrial Ethernet）：是开放的用于工厂管理和单元层的通信系统。工业以太网被设计为对时间要求不严格、用于传输大量数据的通信系统，可以通过网关设备来连接远程网络。

3）PROFIBUS（工业现场总线）：是开放的用于单元层和现场层的通信系统。有两个版本：一个是对时间要求不严格的 PROFIBUS PA，用于连接单元层上对等的智能节点；另一个是对时间要求严格的PROFIBUS DP，用于智能主机和现场设备间循环的数据交换。

4）PtP（Point-to-Point Connections）点到点连接：通常用于对时间要求不严格的数据交

换，可以连接两个站或 OP、打印机、条码扫描器、磁卡阅读机等。

5）ASI（Actuator-Sensor-Interface）执行器-传感器-接口：是位于自动控制系统最底层的网络，可以将二进制传感器和执行器连接到网络上。

10.2 PROFIBUS 总线技术

PROFIBUS 是 Process Fieldbus 的缩写，属于单元层和现场层的西门子网络，是一种国际性开放式的现场总线标准，可以允许厂商开发各自的符合 PROFIBUS 协议的产品，这些产品可以连接在同一个 PROFIBUS 网络上。PROFIBUS 是全球范围内唯一能够以标准方式应用于包括制造业、物流业及混合自动化领域并贯穿整个工艺过程的单一现场总线技术。它以其独特的技术特点、严格的认证规范、开放的标准、众多厂商的支持和不断发展的应用行规，已成为最重要的现场总线标准。

10.2.1 PROFIBUS 协议结构

PROFIBUS 协议以 ISO/OSI 参考模型为基础，其协议结构如图 10-2 所示。PROFIBUS DP 是高效、快速的通信协议，它使用了第 1 层、第 2 层及用户接口，第 3~6 层 PROFIBUS 未使用。第 1 层为物理层，定义了物理的传输特性；第 2 层为数据链路层；第 7 层为应用层，定义了应用的功能。这种简化的结构确保了 DP 快速、高效的数据传输。直接数据链路映像程序（DDLM）提供了访问用户接口。在用户接口中规定了用户和系统可以使用的应用功能及各种 DP 设备类型的行为特性。

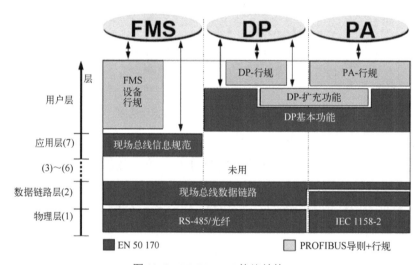

图 10-2　PROFIBUS 协议结构

FMS—现场总线报文规范　DP—分布式外部设备　PA—过程自动化

10.2.2 PROFIBUS 拓扑结构

连接在 PROFIBUS 网络上的站点按照它们的地址顺序组成一个逻辑拓扑环。令牌只在主站（Masters）之间顺序传递，这是由特定的令牌帧定义的。获得令牌的主站可以拥有令牌期间对属于它的从站进行发送和读取数据操作。PROFIBUS 网络拓扑如图 10-3 所示。

1）纯主-从系统（单主站）。一个 PROFIBUS 网络上的逻辑令牌只有一个主站和若干个从站，单主系统可实现最短的总线循环时间。以 PROFIBUS DP 系统为例，一个单主系统由一个 DP-1 类主站和 1~125 个 DP-从站组成。

2）纯主-主系统（多主站）。若干个主站可以用读功能访问一个从站。以 PROFIBUS DP 系统为例，多主系统由多个主设备（1 类或 2 类）和 1~124 个 DP-从设备组成。

3）以上两种配置的组合系统（多主-多从）。

图 10-3 所示是一个由 3 个主站和 7 个从站构成的 PROFIBUS 系统结构的示意图。可以看出，3 个主站构成了一个令牌传递的逻辑环，在这个环中，令牌按照系统预先确定的地址顺序从一个主站传递给下一个主站。当一个主站得到了令牌后，它就能在一定的时间间隔内执行该主站的任务，可以按照主-从关系与所有从站通信，也可以按照主-主关系与所有主站通信。

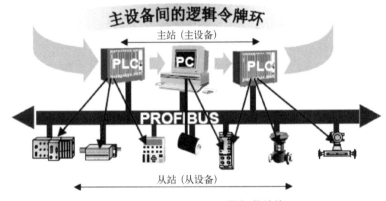

图 10-3 PROFIBUS 网络拓扑结构

10.2.3 PROFIBUS 的组成

PROFIBUS 根据应用特点可分为 PROFIBUS DP、PROFIBUS FMS、PROFIBUS PA 等三个兼容版本。FMS 主要用于通用目的的自动化，是大范围的应用，多主通信；DP 主要用于工厂自动化，它的特点主要是快速，即插即用，高效廉洁；而 PA 主要应用于过程自动化，面向应用，需要总线供电，是要求符合本征安全的规范。目前，主要应用是 PROFIBUS DP 网络。

1）PROFIBUS PA：专为过程自动化设计，可使传感器和执行机构连在一根总线上，并有本征安全规范。电源和通信数据通过总线并行传输，主要用于面向过程自动化系统中单元级和现场级通信。

2）PROFIBUS FMS：用于车间级监控网络，是一个令牌结构、实时多主网络。定义了主站和主站之间的通信模型，主要用于自动化系统中系统级与车间级的过程数据交换。

3）PROFIBUS DP：是一种高速、低成本数据传输，用于自动化系统中单元级控制设备与分布式 I/O（例如 ET 200）的通信。使用 DP 可取代 DC 24 V 或 4~20 mA 信号传输。主站之间的通信为令牌方式，主站与从站之间为主从轮询方式以及这两种方式的混合。一个网络中有若干个被动节点（从站），而它的逻辑令牌只含有一个主动令牌（主站），典型的 PROFIBUS DP 总线纯主-从系统配置如图 10-4 所示，一个主站轮询多个从站。

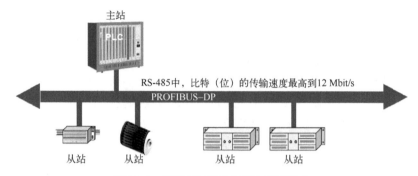

图 10-4 典型 PROFIBUS DP 系统组成

10.2.4 PROBUS DP 网络连接

PROFIBUS 总线符合 EIA RS-485 标准，PROFIBUS 使用两端有终端的总线拓扑结构，如图 10-5 所示。保证在运行期间，接入和断开一个或多个站时，不会影响其他站的工作。PROFIBUS DP 可使用 RS-485 屏蔽双绞线电缆传输或光纤传输。

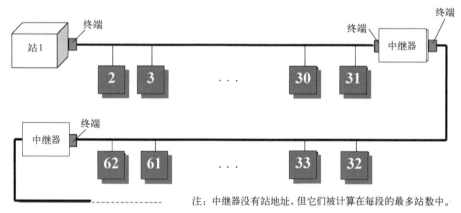

图 10-5 两端有终端的总线拓扑结构

1．RS-485 屏蔽双绞线

PROFIBUS RS-485 的传输程序是以半双工、异步、无间隙同步为基础，传输介质可以是屏蔽双绞线或光纤。

若采用 RS-485 屏蔽双绞线进行电气传输，不用中继器时，每个 RS-485 段最多连接 32 个站；用中继器时，可扩展到 126 个站，传输速度为 9.6 kbit/s～12 Mbit/s，电缆的长度为 100～1200 m，电缆的最大长度与传输速率有关，具体如表 10-1 所列。

表 10-1 传输速率与电缆长度的关系

传输速率（kbit/s）	9.6～93.75	187.5	500	1500	3000～12000
电缆长度/m	1200	1000	400	200	100

2．光纤

为了适应强度很高的电磁干扰环境或使用高速远距离传输，PROFIBUS 可使用光纤传输技术。使用光纤传输的 PROFIBUS 总线段可以设计成星形或环形结构。现在市面上已经有

RS-485 屏蔽双绞线传输链接与光纤传输链接之间的耦合器，这样就实现了系统内 RS-485 屏蔽双绞线和光纤传输之间的转换。

3．总线连接器

PROFIBUS 总线连接器用于连接 PROFIBUS 站与 PROFIBUS 电缆以实现信号传输，一般带有内置的终端电阻，如图 10-6 所示。

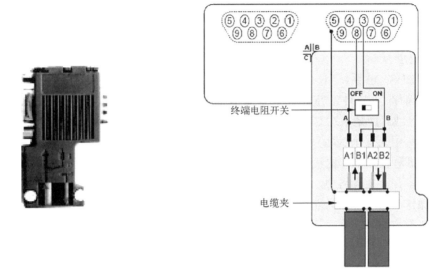

图 10-6　PROFIBUS 总线连接器

10.2.5　PROFIBUS DP 设备分类

PROFIBUS DP 设备在整个 PROFIBUS 应用中，应用最多、最广泛，可以连接不同厂商符合 PROFIBUS DP 的设备。PROFIBUS DP 定义如下 3 种设备类型。

1．DP-1 类主设备（DPM1）

DP-1 类主设备（DPM1）可构成 DP-1 类主站。这类设备是一种在给定的信息循环中与分布式站点（DP 从站）交换信息，并对总线通信进行控制和管理的中央控制器。典型的设备有可编程控制器（PLC）、计算机数字控制（CNC）、个人计算机（PC）等。

2．DP-2 类主设备（DPM2）

DP-2 类主设备（DPM2）可构成 DP-2 类主站。这类设备在 DP 系统初始化时用来生成系统配置，是 DP 系统中组态或监视工程的工具。除了具有 1 类主站的功能外，还可以读取 DP 从站的输入/输出数据和当前的组态数据，可以给 DP 从站分配新的总线地址。属于这一类的装置包括编程器、组态装置和诊断装置、上位机等。

3．DP-从设备

DP-从设备可构成 DP 从站。这类设备是 DP 系统中直接连接 I/O 信号的外围设备。典型 DP-从设备有分布式 I/O（如 ET200）、变频器、驱动器、阀、操作面板等。根据它们的用途和配置，可将 SIMATIC S7 的 DP 从站设备分为以下 3 种。

（1）紧凑型 DP 从站

紧凑型 DP 从站具有不可更改的固定结构的输入和输出区域。ET200B 电子终端系列（B 代表 I/O 块）就是紧凑型 DP 从站。

（2）模块式 DP 从站

模块式 DP 从站具有可变的输入和输出区域，可以用 SIMATIC Manager 的 HW config 工具进行组态。ET 200M 是模块式 DP 从站的典型代表，可使用 S7-300 全系列模块，最多可有 8 个 I/O 模块，连接 256 个 I/O 通道。ET 200M 需要一个 ET 200M 接口模块（IM 153）与 DP 主站连接。

（3）智能 DP 从站

在 PROFIBUS DP 系统中，带有集成 DP 接口的 CPU，或 CP342-5 通信处理器可用作智能 DP 从站，简称"I 从站"。智能从站提供给 DP 主站的输入/输出区域不是实际的 I/O 模块所使用的 I/O 区域，而是从站 CPU 专用于通信的输入/输出映像区。

在 DP 网络中，一个从站只能被一个主站所控制，这个主站是这个从站的 1 类主站；如果网络上还有编程器和操作面板控制从站，这个编程器和操作面板是这个从站的 2 类主站。另外一种情况，在多主网络中，一个从站只有一个 1 类主站，1 类主站可以对从站执行发送和接收数据操作，其他主站只能可选择性地接收从站发给 1 类主站的数据，这样的主站也是这个从站的 2 类主站，它不直接控制该从站。各种站的基本功能如图 10-7 所示。

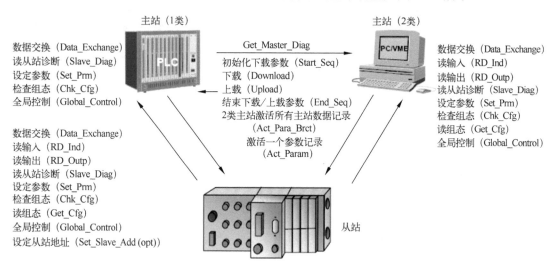

图 10-7　PROFIBUS DP 各种站的基本功能

10.2.6　PROFIBUS DP 的 DX 通信

PROFIBUS DP 通信是一个主站依次轮询从站的通信方式，该方式称为 MS（Master-Slave）模式。基于 PROFIBUS DP 的 DX（Direct data exchange）通信，是在主站轮询从站时，从站除了将数据发送给主站，同时还将数据发送给已经组态的其他 DP 从站。通过 DX 方式可以实现 PROFIBUS 从站之间的数据交换，不需再在主站中编写通信和数据转移程序。系统中至少需要一台 PROFIBUS-1 类主站和 2 台 PROFIBUS 智能从站（如 S7-300 站、S7-400 站、带有 CPU 的 ET 200S 站或 ET 200X 站等）才能够实现 DX 模式的数据交换。下面以由一个主站和 2 个从站所构成的 PROFIBUS 系统为例，介绍实现 DX 通信的过程。

1. PROFIBUS 系统结构

PROFIBUS 系统由一个 DP 主站和 2 个 DP 从站构成，系统结构如图 10-8 所示。

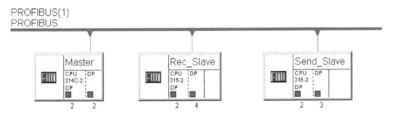

图 10-8　PROFIBUS 系统结构

1）主站：采用 CPU 314C-2DP；
2）接收数据的从站：采用 CPU 315-2DP；
3）发送数据的从站：由一个 CPU 315-2DP、一个 8DI/8DO×DV24V 模块组成。

2. 建立工作站

启动 SIMATIC Manager，创建一个 S7 项目，并命名为"Profibus_DX"。分别插入一个主站（命名为"Master"）、一个接收数据的从站（命名为"Rec_Slave"）和一个发送数据的从站（命名为"Send_Slave"），如图 10-9 所示。

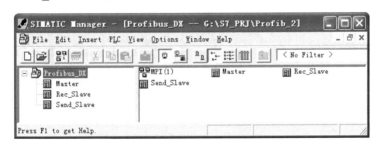

图 10-9　建立 1 个主站和 2 个从站

3. 组态发送数据的从站

在左视窗中单击从站"Send_Slave"，在右视窗中双击 Hardware 图标，进入硬件配置窗口，按硬件安装次序依次插入机架 Rail、电源 PS307 5A、CPU 315-2DP（订货号为 6ES7 315-2AG10-0AB0）、8DI/8DO×DV24V（订货号为 6ES7 323-1BH01-0AA0）等，如图 10-10 所示。

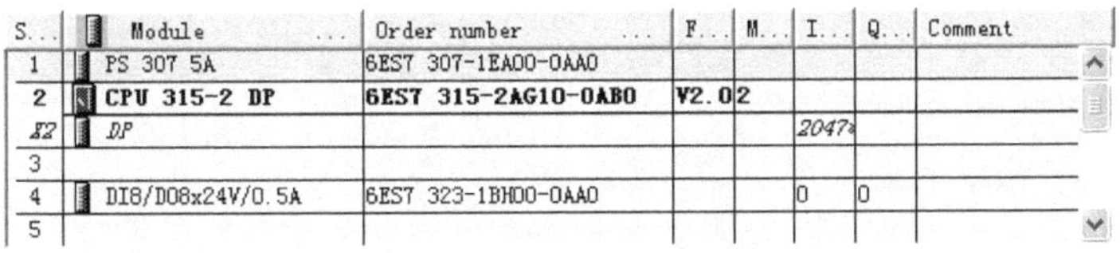

S...	Module	Order number	F...	M...	I...	Q...	Comment
1	PS 307 5A	6ES7 307-1EA00-0AA0					
2	CPU 315-2 DP	6ES7 315-2AG10-0AB0	V2.0	2			
X2	DP				2047*		
3							
4	DI8/DO8x24V/0.5A	6ES7 323-1BH00-0AA0			0	0	
5							

图 10-10　硬件组态

如图 10-11 所示，插入 CPU 时会同时弹出 PROFIBUS 接口组态窗口。单击"New"按钮新建 PROFIBUS 网络，将 PROFIBUS 站地址"Address"设为"3"。选择"Network

199

Setting"选项卡进行网络参数设置,"Transmission Rate(波特率)"设为 1.5 Mbit/s,"Profile(行规)"设为 DP。最后单击"OK"按钮确认。

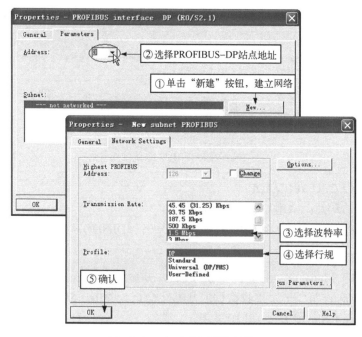

图 10-11　组态从站网络属性

双击图 10-10 硬件组态中 CPU 下的 DP 插槽,在弹出的对话框中激活"DP Slave"操作模式,如图 10-12 所示,单击"OK"按钮确认即可。

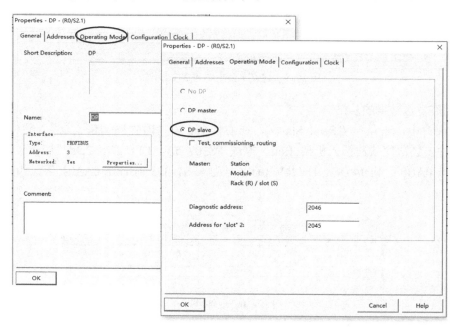

图 10-12　激活"DP slave"操作模式

在 DP 属性设置对话框中,选择"Configuration"选项卡(图 10-11b),打开 I/O 通信接口区属性设置窗口,单击 New... 按钮新建数据交换映射区,选择 Input 和 Output 区,设定地址和通信字节长度,数据一致性设置为 ALL。

本例在发送数据的从站(3 号从站)中以 MS 模式建立了 2 个数据区:IB100~IB107、QB100~QB107,每个数据区的长度均为 8 个字节,如图 10-13 所示。

最后单击工具栏上的保存按钮 ,对组态数据编译并保存。

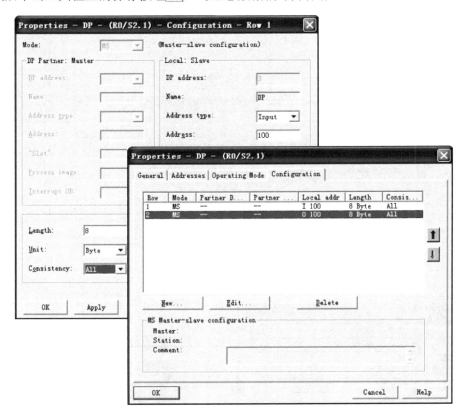

图 10-13 创建数据交换映射区

4. 组态 DP 主站

按照上述方法组态主站:CPU 选用 CPU 314C-2DP,将 PROFIBUS 地址设为 2,波特率设为 1.5 Mbit/s,行规设为 DP。在"Properties-DP(DP 属性)"设置对话框中,切换到"Operating Mode"选项卡,选择"DP Master"操作模式。

5. 连接从站

在硬件组态(HW Config)窗口中,打开硬件目录,选择"PROFIBUS DP"→"Configured Stations"子目录,将 CPU 31X 拖拽到连接主站 CPU 集成 DP 接口的 PROFIBUS 总线符号————上,这时会同时弹出 DP 从站连接属性对话框(见图 10-14),在此对话框中选择所要连接的从站后,单击对话框右下角的"Couple"按钮以确认。连接以后的系统如图 10-15 所示。

图 10-14　DP 从站连接属性

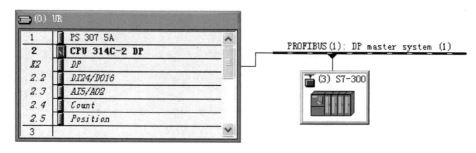

图 10-15　连接发送数据的从站

连接完成后，单击 DP-Slave Properties"（DP 从站属性）"对话框的"Configuration"选项卡，设置主-从数据交换区：从站的输出区与主站的输入区相对应，从站的输入区与主站的输出区相对应，如图 10-16 所示。注意将数据通信的一致性设置为 ALL。

本例在 DP 主站中配置了 2 个数据区，与发送数据的从站数据区之间的对应关系如下：

	DP 主站（2 号）	发送数据的从站（3 号）
MS 模式	IB100～IB107	QB100～QB107
MS 模式	QB100～QB107	IB100～IB107

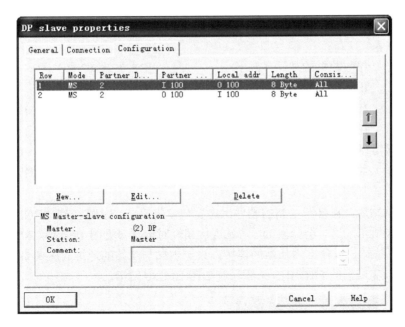

图 10-16 主-从数据交换区配置

6．组态接收数据的从站

按照与发送数据的从站（3 号）相同的方法组态接收数据的从站（4 号）。

在插入该从站 CPU 时创建 PROFIBUS 网络，注意将 PROFIBUS 地址设为 4，波特率设为 1.5 Mbit/s，行规设为 DP。并在"DP-Slave Properties"对话框中的"Configuration"选项卡中新建两个数据交换区，分别设置为 MS（主-从）模式和 DX（直接交换）模式，如图 10-17 所示。设定 DX 模式下的通信交换区时，需要设定发送数据从站的站地址，本例为 3。

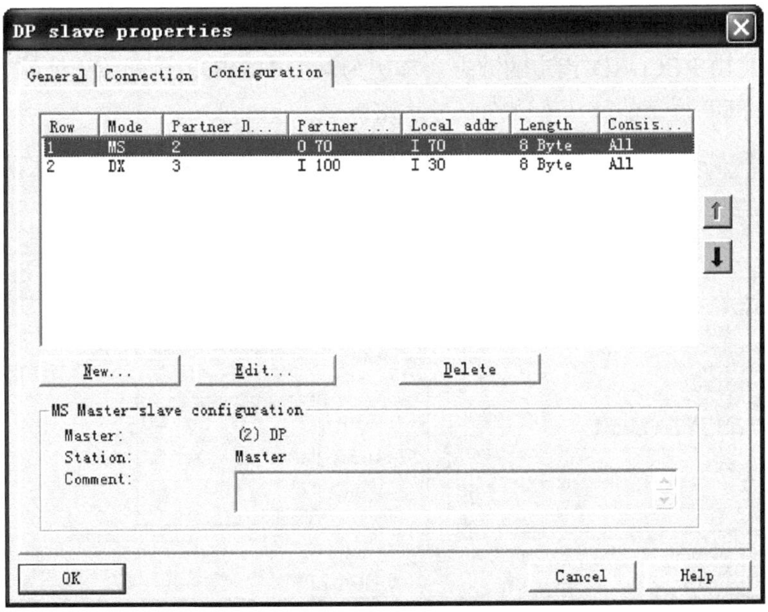

图 10-17 建立 MS 和 DX 数据区

203

本例在接收数据的从站中配置了 2 个数据区,分别与发送数据的从站和 DP 主站建立如下的数据交换关系:

	接收数据的从站(4 号)	DP 主站(2 号)
MS 模式	IB70~IB77	QB70~QB77
	接收数据的从站(4 号)	发送数据的从站(3 号)
DX 模式	IB30~IB37	QB100~QB107

对比数据区可以发现:发送数据的从站(3 号),其输出数据区 QB100~QB107 同时对应 DP 主站的输入数据区 IB100~IB107(MS 模式)及 4 号从站的输入数据区 IB30~IB37(DX 模式)。

组态完该从站后,再打开主站的硬件组态窗口,将第二个从站挂到 PROFIBUS 总线上去,如图 10-18 所示。这时会弹出 DP 从站连接属性对话框(见图 10-14),单击对话框右下角的"Couple"按钮,以建立主从站的连接。设定主站与从站的地址对应关系,并将数据一致性选为 ALL。完成后的 PROBUS 总线系统如图 10-18b 所示。

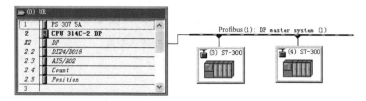

图 10-18　PROFIBUS 总线系统

到此,系统的硬件组态完成,分别将各个站的组态信息下载到 PLC 中。

7. 编写读/写程序

在数据发送从站的 OB1 中编写调用系统功能 SFC15 的程序,并插入发送数据区 DB1,发送程序如图 10-19 所示。调用 SFC15 可向标准 DP 从站写入连续数据,最大数据长度与 CPU 有关。可将由 RECORD 指定的数据(本例为从 DB1.DBX0.0 开始连续的 8 个字节)连续传送到寻址的 DP 标准从站(本例为 4 号从站)中。

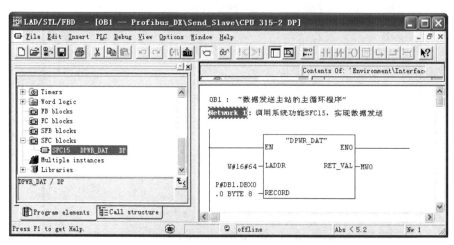

图 10-19　在数据发送从站的 OB1 中调用 SFC15

在数据接收从站中的 OB1 中编写调用系统功能 SFC14 的程序，并插入接收数据区 DB2，接收程序如图 10-20 所示。调用 SFC14 可读取标准 DP 从站（本例为 3 号从站）的连续数据，最大数据长度与 CPU 有关，如果数据传送中没有出现错误，则直接将读到的数据写入由 RECORD 指定的目的数据区（本例为从 DB2.DBX0.0 开始连续的 8 个字节）中。目的数据区的长度应与在 STEP 7 中所配置的长度一致。

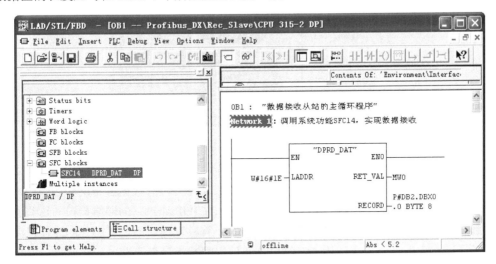

图 10-20　在数据接收从站的 OB1 中调用 SFC14

SFC14 和 SFC15 各参数的含义如下：
- LADDR：对应 MS 模式、DX 模式下的 Local addr 中的地址值，采用 16 进制格式，所以 W#16#64 对应 100，W#16#1E 对应 30。
- RET_VAL：状态返回参数，采用字格式。
- RECORD：本地数据区，长度应与 STEP 7 中所配置的长度一致，并且只能采用 Byte 格式。

将编写好的 OB1、SFC14、SFC15、DB1、DB2 分别下载到两个从站当中，同时为了避免从站掉电时导致主站停机，应向主站下载 OB1、OB82、OB86、OB122 等程序块。

10.3　工业以太网

工业以太网是应用于工业领域的以太网技术，在技术上与商用以太网（即 IEEE 802.3 标准）兼容。它与 MPI、DP 总线等通信方式相比，具有速度快，稳定性高，抗干扰能力强，互联性和兼容性好等优点。缺点是以太网通信模块价格较高，在某些工业环境下，推广的力度并不是很大。目前，传统的基于 RS 485、CAN 等总线的各种集散控制系统，由于其固有的缺陷，正在被基于 TCP/IP 的工业以太网所取代。

10.3.1　工业以太网的 TCP/IP

工业以太网（IE）以 ISO/OSI 参考模型为基础，工业以太网总线采用统一的 TCP/IP，与现在使用的局域网是一致的，避免了不同协议间通信不

二维码 10-1
工业以太网

了的困扰，如图 10-21 所示。

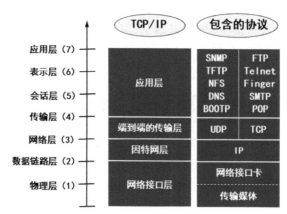

图 10-21　工业以太网 TCP/IP 结构图

对应于 ISO/OSI 的 7 层通信模型，TCP/IP 模型只有 4 层，最下面的网络接口层是网络层和底层的接口，并不是通常实际意义的层。TCP/IP 本身并没有数据链路层和物理层，实际应用时借用其他通信网络上的数据链路层和物理层，TCP/IP 通过它的网络接口与这些通信网络连接起来。正因为如此，它可以直接与局域网的计算机互连而不需要额外的硬件设备，方便数据在局域网内的共享；可以用 IE 浏览器访问终端数据，而不要专门的软件；可以和现有的基于局域网的 ERP 数据库管理系统实现无缝连接；配合电话交换网、GSM（全球移动通信系统）和 GPRS（通用无线分组业务）无线电话网实现远程数据采集。

10.3.2　工业以太网的拓扑结构

工业以太网提供了一个开放标准，通过交换机组成的以太网有总线型、星形和环形 3 种网络拓扑结构。

1. 总线型拓扑结构

总线型以太网结构简单，易于扩展，可靠性较好，且总线不封闭，便于增加或减少节点。多个节点共享一条总线，以广播通信方式，即总线上任何一个节点发送的信息，能被总线上的其他所有节点接收，信道利用率高，通信速度快。但由于同一时刻只允许一个设备发送，总线型结构会出现节点之间竞争总线控制权，导致降低传输效率。节点本身的故障对整个系统的影响较小，但对通信总线要求较高，如果通信总线发生故障，所有节点的通信都会中断，总线网络结构通常会采用冗余总线技术来确保通信总线可靠工作。另外，总线型结构的故障诊断、隔离较为困难，接入节点数有限，通信的实时性较差，已经逐渐被以集线器和交换机为核心的星形网络所代替。

2. 星形拓扑结构

星形网络几乎是以太网专用，目前是企业以太网中应用最为普遍的，如图 10-22 所示。星形网络中各工作站节点设备通过一个网络集中设备（如集线器或者交换机）连接在一起，各节点呈星状分布。星形拓扑可以通过级联的方式使网络得到扩展，因此被绝大部分的以太网所采用。这类网络目前用得最多的传输介质是双绞线，如常见的五类线、超五类双绞线等。担当集中连接的设备为具有双绞线 RJ-45 以太网端口的集线器或交换机。

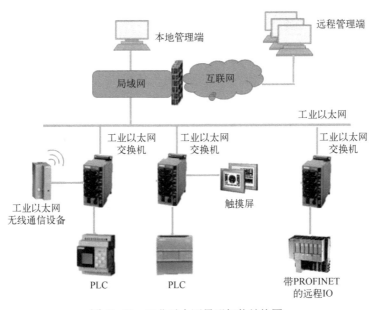

图 10-22 工业以太网星形拓扑结构图

3. 环形拓扑结构

环形结构由节点和连接节点的链路组成一个闭合环,如图 10-23 所示。所有节点共享一条环形传输总线,以广播方式把信息在一个方向上从源节点传输到目的节点,节点之间也有竞争使用环形传输总线的问题,需用软件协调控制。这种结构的优点是结构简单、信道利用率高、电缆长度短、控制方式比较简单,每个节点只是以"接力"的方式把数据传输到下一个节点,传输信息误码率低,数据传输效率高。其缺点是当某个节点或某段环线发生故障时,都会导致整个网络瘫痪,可靠性较差,故障诊断、排除困难。为了提高可靠性,可采用双环或多环等冗余措施。

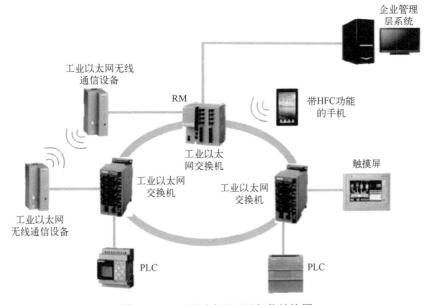

图 10-23 工业以太网环形拓扑结构图

10.3.3 工业以太网的网络连接

1. 传输介质

工业以太网常用的物理传输介质为屏蔽双绞线和光纤。

（1）屏蔽双绞线与RJ45接头

屏蔽双绞线（Fast Connection Twist Pair），简称FC TP，用于将DTE设备快速连接到工业以太网上，配合西门子FC TP RJ45接头使用，连接方式如图10-24a所示。也可用普通的非屏蔽双绞线（UTP）配合普通RJ45接头，如图10-24b所示。

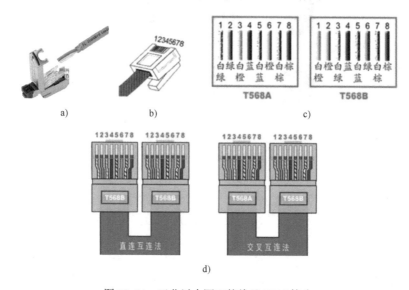

图10-24 工业以太网双绞线及RJ45接头

将双绞线按照图10-24c所示RJ45接头标示的颜色插入连接孔中，可快捷、方便地将DTE设备连接到工业以太网上。使用FC TP双绞线从DTE到交换机最长通信距离为100 m。使用普通RJ45接头，为了保证数据传输的可靠性，在无干扰情况下最长通信距离为5 m。RJ45连接有两种连接方式，交叉连接和直通连接，如图10-24d所示。交叉连接用于网卡之间的连接或集线器之间的连接；直通连接用于网卡与集线器之间或网卡与交换机之间的连接。

（2）光纤

按光在光纤中的传输模式不同，光纤可分为单模光纤和多模光纤。多模光纤的中心玻璃芯较粗（50 μm或62.5 μm），可传多种模式的光。多模光纤传输的距离比较近，一般只有几千米。单模光纤的中心玻璃芯较细（芯径一般为9 μm或10 μm），只能传一种模式的光，适用于远程通信，对光源的谱宽和稳定性有较高的要求，即谱宽要窄，稳定性要好。

光纤技术只允许点对点的连接，即一个发送装置只对应一个接收装置。因而两个站点之间需要有发送和接收两根光纤进行连接。所有SIMATIC NET标准的光缆都是两根光纤。光纤的连接头有很多种，如图10-25所示。

图 10-25 工业以太网光纤接头

2. 工业以太网交换机

以太网交换机使用透明而统一的 TCP/IP，其开放性好、应用广泛，已经成为工业控制领域的主要通信标准。局域网所有站点都连接到一个交换式集线器或局域网交换机上。所有端口平时都不连通，当工作站需要通信时，交换式集线器或局域网交换机能同时连通许多端口，使每一对端口都能像独占通信媒体那样无冲突地传输数据，通信完成后断开连接。图 10-26 所示为西门子 SCALANCE X 型工业以太网交换机。SCALANCE X 交换机可为 RJ45、M12 或光纤提供快速连接（FastConnect）技术，还可提供光学或电气的不同接口并支持多种 IT 标准。

图 10-26 西门子 SCALANCE X 型工业以太网交换机

3. 西门子工业以太网通信处理器

西门子工业以太网通信处理器 CP，可以将控制器直接接入工业以太网中，也可以实现 SIMATIC S7-200、S7-1200/S7-1500、S7-300 和 S7-400 控制器之间的通信，或与基于 PC 的系统通信。图 10-27 所示为 S7-300 PLC 相关的工业以太网通信处理器，可将 S7-300 PLC 连接到工业以太网，并支持 PROFINET IO。

图 10-27 S7-300 PLC 工业以太网处理器

10.3.4 CPU 31x-2PN/DP 之间的工业以太网通信

CPU 31x-2PN/DP 自身具有 PN 接口，如 CPU 314C-2PN/DP、315-2PN/DP、315F-2PN/DP 等。利用 CPU 自身的 PN（Profinet）接口，通过以太网交换机建立硬件连接。在网络组态时，将一个 PN 接口设置为服务器（Service），其他 PN 接口设置为客户机（Client），分别编写通信程序和用户程序。最后将硬件组态数据和程序分别下载到各自的 CPU 中，即可实现 CPU 之间的以太网通信。

1. 工业以太网通信系统结构

基于 TCP/IP 的工业以太网系统结构如图 10-28 所示。系统由一个 PN 服务器站和 PN 客户机站组成。服务器站和客户机站均由 CPU 315F-2PN/DP（6ES7 315F-2FH13-0AB0）构成。

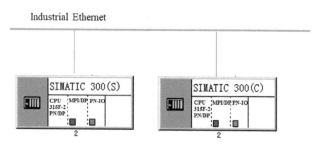

图 10-28　S7-300 PLC 工业以太网通信系统结构

图 10-25 所示的连接方法为，先使用 RJ45 连接器的双绞线电缆，将计算机的以太网卡连接到交换机 X208 的 PN 接口上，建立 PG/PC 与交换机的以太网连接。其次，使用带有 RJ45 连接器的双绞线电缆通过工业以太网将交换机连接到 CPU 的 PN 接口 X2，建立 PG/PC 与交换机的连接。

2. 硬件组态

（1）新建 S7 项目

启动 SIMATIC Manager，创建一个 S7 项目，并命名为"S7_TCP"。执行菜单命令"Insert"→"Station"→"SIMATC 300 Station"，分别插入一个服务器站（命名为"Service"，简称"S"）、一个服务器站（命名为"Client"，简称"C"），如图 10-29 所示。

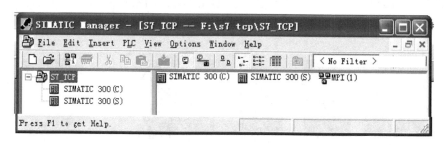

图 10-29　建立以太网通信项目

（2）设置 PG/PC 接口

在 SIMATIC 管理器中，选中"Option"菜单下的"Set PG/PC InterFace"命令，打开"Set-PG/PC Interface（PG/PC 接口设置）"对话框，根据计算机与 S7-300 CPU 的接口连接通信电缆的类型设置 PG/PC 参数，将 PG/PC 接口改为"TCP/IP"→"Realtek PCIe GBE Fmily"（本地网卡），如图 10-30 所示。

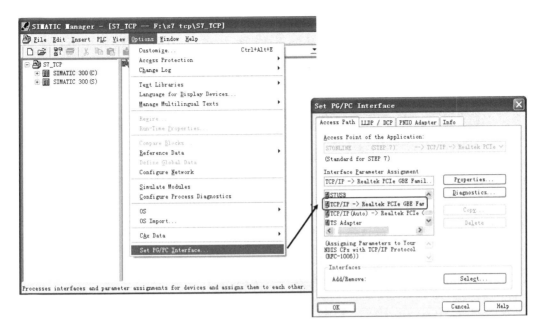

图 10-30　组态以太网通信网络属性

（3）SIMATIC 300（S）服务器站硬件组态

在 SIMATIC Manager 管理器的左侧视图单击"SIMATIC 300（S）"站，在其右侧视窗双击 Hardware 图标，打开硬件组态窗口，参照图 10-31 所示依次插入电源、CPU、信号模块。

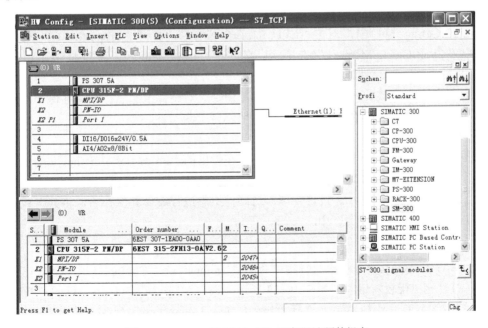

图 10-31　SIMATIC 300（S）服务器站硬件组态

在插入 CPU 315F-2PN/DP 的同时，自动弹出"Properties Ethernet interface PN-IO"对

211

话框，如图 10-32 所示；填写相应的 IP 地址和子网掩码（如 IP 地址为"192.168.0.12"，子网掩码为"255.255.255.0"），并组建一个工业以太网"Ethernet（1）"。如有需要，单击"Properties"按钮，可查看或修改 IP 地址，单击其他相应标签，可查看或修改其他属性。

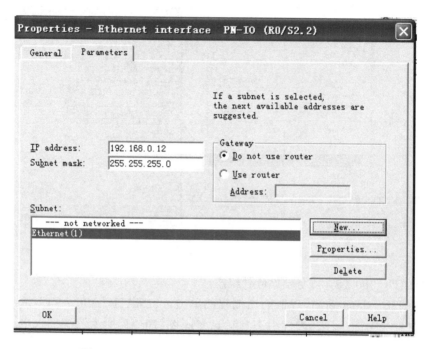

图 10-32　组态 SIMATIC 300（S）服务器站网络属性

在 HW-Config 窗口中，双击"CPU 315F-2PN/DP"，打开"Properties-CPU31"对话框，选中"Cycle/Clock Memory"选项卡，勾选"Clock Memory"复选按钮，地址设为"100"。其作用是为后续数据发送提供时钟信号。

设置完毕，单击"Save and Compile"菜单命令，对硬件组态进行编译并保存。然后将其下载到服务器站"SIMATIC 300（S）"CPU 中。

（4）客户机站硬件组态

按照同样的方法对客户机站进行硬件组态，在弹出的"Properties Ethernet interface PN-IO"对话框中，填写 IP 地址为"192.168.0.14"，子网掩码为"255.255.255.0"，并新组建一个工业以太网"Ethernet（1）"。设置完毕，对硬件组态进行编译并保存后，将其下载到服务器站"SIMATIC 300（C）"CPU 中。

3．配置网络

在 SIMATIC Manager 窗口内执行菜单命令"Options"→"Configure Network"，或选择 图标，打开网络配置对话框，如图 10-33 所示。选中 SIMATIC 300（S）站的 CPU，右击（单击鼠标右键）打开快捷菜单，选择"Insert New Connection"命令，弹出"Insert New Connection"对话框。在"Connection"选项区域内选择连接类型，本例选择"S7 connection"。设置完毕后单击"OK"按钮。

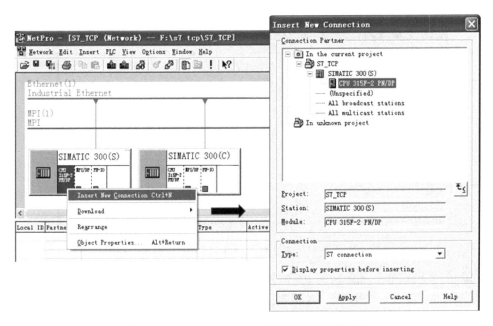

图 10-33　SIMATIC 300（S）服务器站网络配置

单击"OK"按钮后出现"Properties-S7 Connection（连接属性）"对话框，如图 10-34 所示。选中"Established an active connection"复选按钮以激活新连接；记住或修改本地 ID 号，本例 ID 号为"1"。此号作为后续通信模块标识。单击"Address Details"按钮，打开其对话框，如图 10-35 所示，可查看网络节点的地址详细信息。然后执行"Save and Complied"菜单命令，对网络配置进行编译并保存。

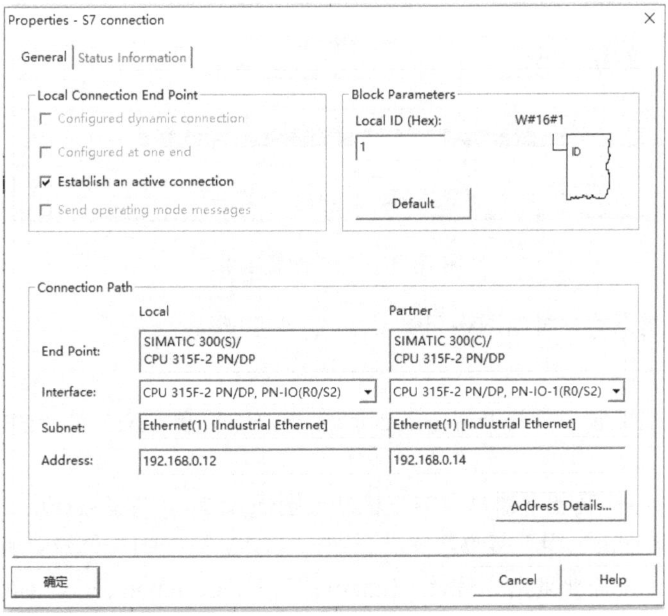

图 10-34　SIMATIC 300（S）服务器站网络配置属性

213

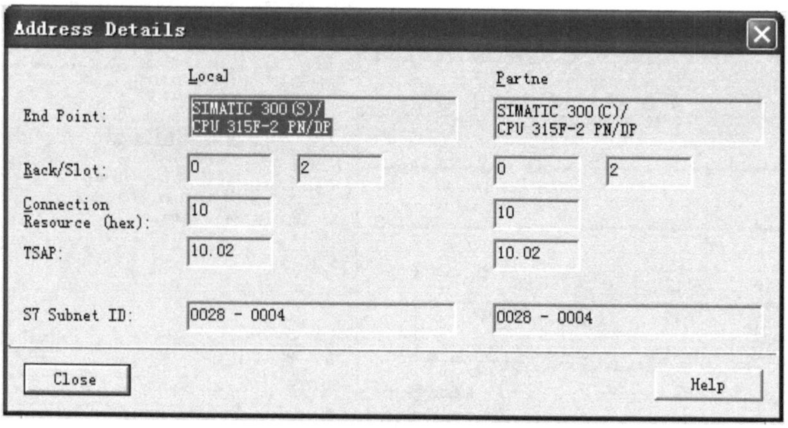

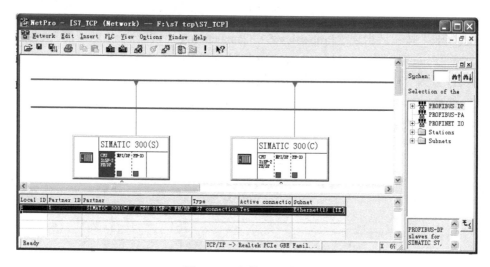

图 10-35　SIMATIC 300（S）服务器站网络节点地址信息

完成后的"Net Pro"画面如图 10-36 所示。可以看到下视窗中第一行出现了一个连接，包括通信双方的 ID 号、CPU 号、连接类型、连接的激活状态和子网名等信息。将其下载到相应的 PLC 中。

图 10-36　网络配置结果

用同样的方法组态客户机站网络配置，其 ID 号可设为"2"。

4．编写通信程序

为了进行数据的传送，需要调用 FB12 的"BSENG"和 FB13 的"BRCV"模块进行数据发送和接收。

如图 10-37 所示，在服务器站和客户机站分别插入 2 个共享数据块 DB1、DB2，其中 DB1 用于发送数据，DB2 用于接收数据。分别为 FB12 和 FB13 创建背景数据块 DB12 和 DB13。FB12 和 FB13 需要到指令目录"Libraries"→"Communication Blocks"内调用，如图 10-38 所示，不能直接插入到 Blocks 文件夹中。

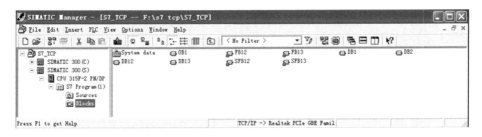

图 10-37 SIMATIC 300（S）服务器站程序块

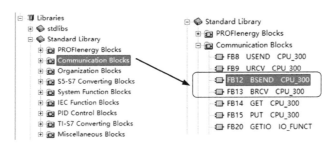

图 10-38 在指令目录"Libraries"中调用 FB12 和 FB13

表 10-2 为功能块 FB12 参数说明，表 10-3 为功能块 FB13 参数说明。

表 10-2 功能块 FB12 参数说明

参数名	数据类型	参数说明
REQ	BOOL	上升沿触发工作
R	BOOL	为"1"时，终止数据交换
ID	INT	连接 ID 号
R_ID	DWORD	连接号，相同连接号的功能块互相对应着发送/接收数据
DONE	BOOL	为"1"时，发送完成
ERROR	BOOL	为"1"时，有故障发生
STATUS	WORD	故障代码
SD_1	ANY	发送数据区
LEN	WORD	发送数据长度（小于发送数据区长度范围）

表 10-3 功能块 FB13 参数说明

参数名	数据类型	参数说明
EN_R	BOOL	为"1"时，准备接收
ID	WORD	连接 ID 号
R_ID	DWORD	连接号，相同连接号的功能块互相对应着发送/接收数据
NDR	BOOL	为"1"时，接收完成
ERROR	BOOL	为"1"时，有故障发生
STATUS	WORD	故障代码
RD_1	ANY	接收数据区
LEN	WORD	接收数据长度（小于接收数据区长度范围）

SIMATIC 300（S）服务器站通信程序如图 10-39 所示。Network 1 为发送数据程序段，将

服务器站的数据块 DB1 中 DB0~DB3 共 4 个字节的数据发送到客户机站。Network 2 为接收数据程序段，接收来自客户机的数据，并存放在数据块 DB2 的 DB0~DB3 共 4 个字节中。

OB1: "Main Program Sweep (Cycle)"

服务器通信程序

Network 1：将服务器DB1中的DB0~DB3共4个字节的数据发送到客户机站

Comment:
ID号在网络组态时确定为"1"；发送方"R_ID"和接收方"R_ID"一致时，才能进行数据传输。本例中设定为"1"。发送数据开始地址为DB1中的DB0，发送数据长度为4个字节。在时钟信号M100.5上升沿时，进行数据发送。发送数据长度由MW4中数据定义。

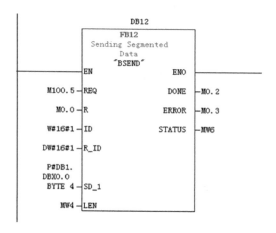

Network 2：接收客户机站发送的数据，并存到DB2中的DB0~DB3共4个字节中

Comment:
ID号在网络组态时确定为"2"；发送方"R_ID"和接收方"R_ID"一致时，才能进行数据传输。本例中设定为"2"。接收数据开始地址为DB2中的DB0，接收数据区长度为4个字节。在EN_R为1时，接收客户机站发送的数据。

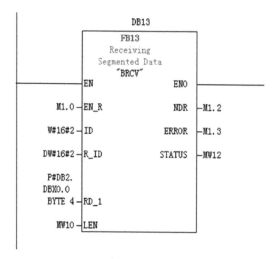

图 10-39　SIMATIC 300（S）服务器站通信程序

SIMATIC 300（C）客户机站通信程序如图 10-40 所示。Network 1 为接收数据程序段，接收来自服务器站的数据，并存放在数据块 DB2 的 DB0～DB3 共 4 个字节中。Network 2 发送数据程序段，将客户机站的数据块 DB1 中 DB0～DB3 共 4 个字节的数据发送到服务器站。

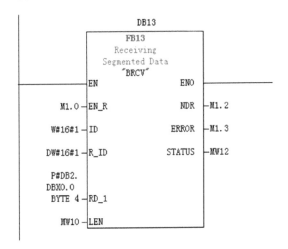

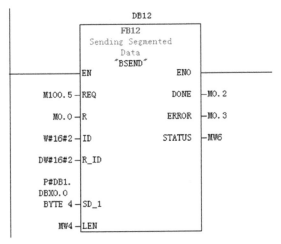

图 10-40　SIMATIC 300（C）客户机站通信程序

5．调试通信程序

首先将硬件组态、网络配置和程序块下载到各自的 CPU 中，然后修改计算机属性，如图 10-41 所示。打开"设置 PG/PC 接口"对话框，选择计算机所支持的以太网卡，单击"属性"按钮，修改计算机的 IP 地址，使之与 2 个 CPU 的 PN 接口在同一个子网内，如计算机 IP 地址修改为"192.168.0.28"。

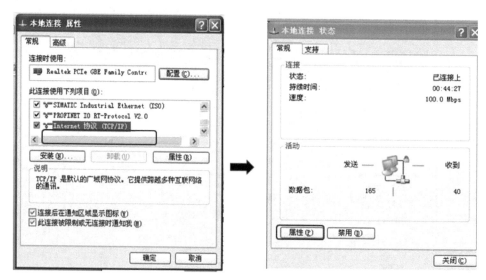

图 10-41　修改计算机网络属性

在两个站点的变量表中分别添加需要观测的变量，进入监控界面，如图 10-42 所示。向 SIMATIC 300（S）服务器站的数据块 DB1 的 DB0 中写入数据 8，DB1 中写入数据 5；则 SIMATIC 300（C）客户机站 DB2 数据块的 DB0 显示数据为 8，DB1 显示数据为 5。同样，向 SIMATIC 300（C）客户机站的数据块 DB1 的 DB0 中写入数据 13，DB1 中写入数据 7，如果在 SIMATIC 300（S）服务器站 DB2 数据块的 DB0 显示数据为 13，DB1 显示数据为 7，则说明以太网数据发送成功，成功实现两个 CPU 站之间的通信。

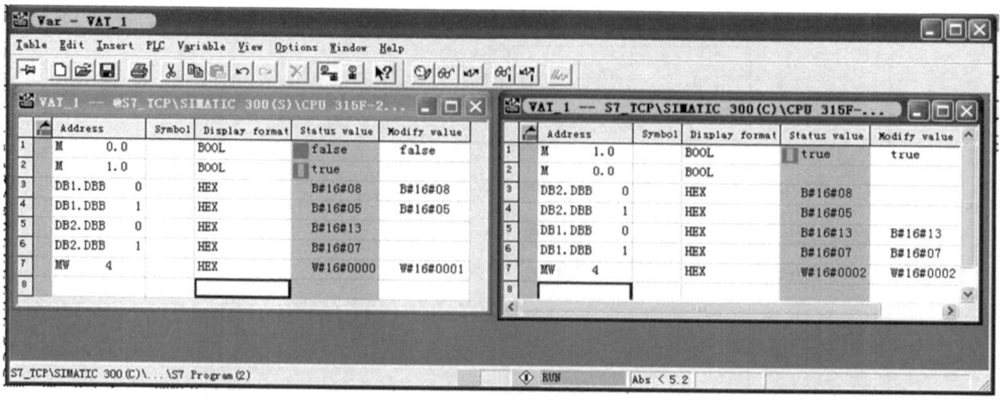

图 10-42　监控以太网通信结果

同样的方法可以推广到多个 CPU 进行以太网通信。

10.4 习题

1．什么是半双工通信方式？

2．PROFIBUS 由哪 3 部分组成？

3．DP 从站有哪几种类型？其智能从站有什么特点？

4．A 站和 B 站的 MPI 地址分别为 2 和 3，在 A 站的 OB35 中调用发送功能 SFC68 "X_PUT"，编写程序，将 A 站的 IW521～IW542（16 个字）发送到 B 站的 MW100～MW130 中。

5．简述工业以太网的构成。

6．TCP/IP 模型分为几层？分别是什么？

参 考 文 献

[1] 胡健. 西门子 S7-300 PLC 应用教程[M]. 北京：机械工业出版社，2007.
[2] 崔坚. 西门子 S7 可编程序控制器——STEP 7 编程指南[M]. 北京：机械工业出版社，2007.
[3] 廖常初. 跟我动手学 S7-300/400 PLC[M]. 北京：机械工业出版社，2017.
[4] 侍寿永. S7-300/400 PLC、变频器与触摸屏综合应用教程[M]. 北京：机械工业出版社，2018.
[5] 柴瑞娟，陈海霞. 西门子 PLC 编程技术及工程应用[M]. 北京：机械工业出版社，2007.
[6] 廖常初. S7-300/400 PLC 应用技术[M]. 4 版. 北京：机械工业出版社，2016.
[7] 廖常初. S7-200 PLC 基础教程[M]. 北京：机械工业出版社，2007.
[8] 陈瑞阳. 工业自动化技术[M]. 北京：机械工业出版社，2011.
[9] 吴丽. 西门子 S7-300 PLC 基础与应用[M]. 2 版. 北京：机械工业出版社，2015.
[10] 廖常初. S7-300/400 PLC 应用教程[M]. 3 版. 北京：机械工业出版社，2016.
[11] 吴丽. 电气控制与 PLC 应用技术[M]. 3 版. 北京：机械工业出版社，2017.